U0180958

土木建筑类"1+X证书"课证融通教材

BIM施工组织设计与管理

BIM SHIGONG ZUZHI SHEJI YU GUANLI

主 编　李　宁　北京经济管理职业学院
　　　　熊　燕　江西现代职业技术学院
　　　　刘　涛　青岛理工大学

副主编　刘莉虹　江西现代职业技术学院
　　　　孙倩倩　枣庄职业学院
　　　　张永锋　广东创新科技职业学院

参　编　赵富荣　甘肃建筑职业技术学院
　　　　张卓如　青岛理工大学
　　　　张景丽　郑州科技学院
　　　　康欢欢　河南建筑职业技术学院
　　　　兰　丽　北京财贸职业学院

重庆大学出版社

内容提要

本书是校企合作开发的"双元"教材。全书以编制广联达员工宿舍楼工程单位工程施工组织设计为主线,以施工组织管理人员岗位技能为培养目标,运用"掌握重点知识、获取难点技能"的设计理念,基于 BIM 技术基础,依托实际项目案例模拟"接受任务—分析任务—执行任务"的过程,全面介绍施工组织设计的内容及编制方法,辅以广联达斑马进度计划软件、BIM 施工场地布置软件、BIM 模板脚手架设计软件、广联达 BIM 工序动画制作软件、广联达 BIM 施工组织模拟软件在施工组织设计中的应用和技巧,加强学生编制施工组织设计的业务能力及 BIM 综合应用能力的培养。为便于教学,本书配套了 PPT、学习视频、"线上+线下"测试等资源。

本教材可作为高等院校"施工组织设计"课程专业教材,也可作为(BIM)职业技能中级证书的培训教材,还可作为建设、施工、设计、监理和咨询等单位的 BIM 人才培训教材和 BIM 等级考试机构的培训课教材。

图书在版编目(CIP)数据

BIM 施工组织设计与管理 / 李宁,熊燕,刘涛主编
. -- 重庆:重庆大学出版社,2022.6(2024.2 重印)
土木建筑类"1+X 证书"课证融通教材
ISBN 978-7-5689-3305-6

Ⅰ. ①B… Ⅱ. ①李… ②熊… ③刘… Ⅲ. ①建筑工程—施工组织—应用软件—高等学校—教材②建筑工程—施工管理—应用软件—高等学校—教材 Ⅳ. ①TU71-39

中国版本图书馆 CIP 数据核字(2022)第 078956 号

土木建筑类"1+X 证书"课证融通教材
BIM 施工组织设计与管理
主 编:李 宁 熊 燕 刘 涛
副主编:刘莉虹 孙倩倩 张永锋
策划编辑:林青山
责任编辑:陈 力 版式设计:林青山
责任校对:谢 芳 责任印制:赵 晟

*

重庆大学出版社出版发行
出版人:陈晓阳
社址:重庆市沙坪坝区大学城西路 21 号
邮编:401331
电话:(023)88617190 88617185(中小学)
传真:(023)88617186 88617166
网址:http://www.cqup.com.cn
邮箱:fxk@ cqup.com.cn(营销中心)
全国新华书店经销
重庆巍承印务有限公司印刷

*

开本:787mm×1092mm 1/16 印张:18.5 字数:451 千
2022 年 6 月第 1 版 2024 年 2 月第 2 次印刷
印数:2 001—5 000
ISBN 978-7-5689-3305-6 定价:49.00 元

前言
FOREWORD

经济高质量发展和制造强国的宏伟目标对"大国工匠"提出了更高的要求,也促使我国亟须破解技能型人才短缺的难题。正是在这一背景下,2019年我国职业教育的顶层设计出台了《国家职业教育改革实施方案》(以下简称《方案》)。《方案》提出后全国高等职业院校、应用型本科高校启动"学历证书+若干职业技能等级证书"(即"1+X证书")制度试点工作。

"1+X证书"制度作为职业教育中的一种类型教育,是落实立德树人根本任务,完善职业教育和培训体系,深化产教融合、校企合作的重大制度设计,为打通复合型技术技能型人才成长通道,推动三教改革、创新人才培养培训模式等方面的作用逐步彰显。本教材立足"1+X证书"建筑信息模型(BIM)职业技能等级证书(中级)。第一,通过课程思政与职业素养、知识积淀与技能操作、传统思维与现代信息技术的融合,协同推进复合型技术技能人才培养、实验实训条件升级改造、教师教学与培训团队建设。第二,通过"1"与"X"相互融通,将职业技能等级证书反映的新技术、新工艺、新规范、新要求融入人才培养过程,促进职业教育主动适应科技发展趋势和行业企业人才需求,深化教师、教材、教法改革,提高职业院校服务区域经济社会发展需求的能力。

本教材主要依据《建筑施工组织设计规范》(GB/T 50502—2009)和"1+X"建筑信息模型(BIM)技能等级标准设置课程内容,参考《建设工程安全生产管理条例》(1511211635)、《建筑施工塔式起重机安装、使用、拆卸安全技术规程》(JGJ 196—2010)、《建设工程施工现场消防安全技术规范》(GB 50720—2011)、《建筑施工安全检查标准》(JGJ 59—2011)、《施工现场临时建筑物技术规范》(JGJ/T 188—2009)、《建设工程施工现场环境与卫生标准》(JGJ 146—2013)等,将规范标准融入知识模块,引入数字化进度计划编制工具、BIM施工现场布置工具、BIM工序动画制作工具、BIM模板脚手架设计工具、BIM施工组织模拟软件、BIM5D平台管理思维等,将现代建筑信息技术赋能于技能培养,集知识、技术、素养、技能、应用于一身、配套大量数字化教学资源形成"互联网+"新形态教材体系。以"教、学、做、用"的模式实现"1"+"X"的有效衔接,为学习者提供清晰的学习思路和系统的逻辑思维方法,同时为"1+X"考生提供参考。

本教材以编制广联达员工宿舍楼工程单位工程施工组织设计为主线,以施工组织管理人员岗位技能为培养目标,用"掌握重点知识、获取难点技能"的设计理念,基于 BIM 技术基础,依托实际项目案例模拟"接受任务—分析任务—执行任务"的过程,全面介绍施工组织设计的内容及编制方法,辅以广联达斑马进度计划软件、BIM 施工场地布置软件、BIM 模板脚手架设计软件、广联达 BIM 工序动画制作软件、广联达 BIM 施工组织模拟软件在施工组织设计中的应用和技巧,加强学生编制施工组织设计的业务能力及 BIM 综合应用能力的培养。

本教材由李宁、熊燕、刘涛担任主编,刘莉虹、孙倩倩、张永锋担任副主编,赵富荣、张卓如、张景丽、康欢欢参编。具体编写分工如下:项目1认识建筑工程施工组织设计,熊燕、刘涛;项目2管理与组织施工准备工作,李宁;项目3流水施工的参数计算与设计,张卓如;项目4编制与优化网络计划,康欢欢;项目5编制单位工程施工进度计划,张景丽;项目6单位工程施工现场平面布置设计,赵富荣;项目7专项工程施工方案设计,孙倩倩;项目8单位工程施工组织设计的编制,刘莉虹;兰丽协助全书审核。本教材既可作为高等院校"施工组织设计"课程教材,也可作为(BIM)职业技能中级证书的培训教材,还可作为建设、施工、设计、监理和咨询等单位的 BIM 人才培训教材。

本教材配备 PPT、学习视频、"线上+线下"测试,希望能对同学起到一定的帮助,由于编写人员水平有限,书中难免存在疏漏之处,恳请读者多加批评指正。在此,我代表所有编写人员对重庆大学出版社以及为本教材提供帮助的人员深表谢意,我们也将继续努力,与老师们、同学们共同进步。

编 者

2022 年 4 月

目录
CONTENTS

项目 1　认识建筑工程施工组织设计

【教学目标】

1) 知识目标

(1) 掌握建设项目的建设程序及组织项目施工的基本原则。

(2) 掌握施工组织总设计、单位工程施工组织设计的编制内容。

(3) 掌握 BIM 在施工组织中的应用价值及实现方式。

2) 能力目标

(1) 能根据项目建设所处阶段做好各阶段项目建设的准备工作。

(2) 能根据已知工程资料编制施工组织设计的大纲。

(3) 能根据工程特点运用 BIM 技术编制施工组织总设计应用框架。

3) 素质目标

(1) 培养理论结合实践的应用能力。

(2) 提升相应的职业技能技术及工程项目管理能力。

4) 思政目标

(1) 培养文明诚信、团结协作的职业素养。

(2) 提升对岗位工作严谨务实的执业精神。

【思维导图】

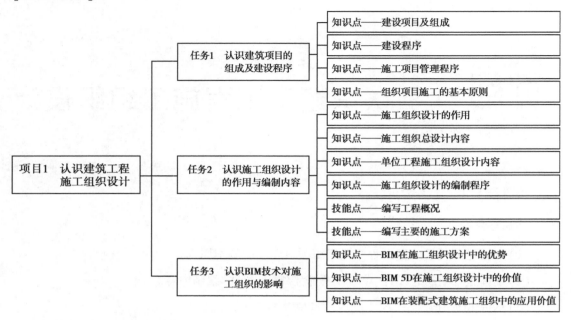

项目1 认识建筑工程施工组织设计
- 任务1 认识建筑项目的组成及建设程序
  - 知识点——建设项目及组成
  - 知识点——建设程序
  - 知识点——施工项目管理程序
  - 知识点——组织项目施工的基本原则
- 任务2 认识施工组织设计的作用与编制内容
  - 知识点——施工组织设计的作用
  - 知识点——施工组织总设计内容
  - 知识点——单位工程施工组织设计内容
  - 知识点——施工组织设计的编制程序
  - 技能点——编写工程概况
  - 技能点——编写主要的施工方案
- 任务3 认识BIM技术对施工组织的影响
  - 知识点——BIM在施工组织设计中的优势
  - 知识点——BIM 5D在施工组织设计中的价值
  - 知识点——BIM在装配式建筑施工组织中的应用价值

任务 1 认识建筑项目的组成及建设程序

1.1.1 任务说明

1）背景

根据广联达员工宿舍楼工程施工图确定该项目组织施工的建设程序、项目管理组织机构及组织施工的基本方式。

2）资料

资料包含广联达员工宿舍楼工程施工图等。

3）要求

根据给定的"广联达员工宿舍楼"工程资料完成下列工作：
①完成本工程施工项目的划分。
②确定本工程的建设程序。
③确定本工程的施工管理程序。

1.1.2 任务分析

根据提供的知识点结合本工程的施工图等资料确定本工程的项目组成,同时确定对应项目管理的组织机构及组织施工的基本方式。

1.1.3　知识链接

1）知识点——建设项目及组成

(1) 项目

项目是指在一定的约束条件(如限定的时间、限定费用及限定质量标准等)下,具有特定的明确目标和完整的组织结构的一次性任务或管理对象。根据这一定义,可以归纳出项目所具有的3个主要特征,即项目的一次性(单件性)、目标的明确性和项目的整体性。只有同时具备这3个主要特征的任务才能称为项目。而那些大批量的、重复进行的、目标不明确的、局部性的任务,不能称作项目。

项目的种类应当按其最终成果或专业特征为标志进行划分。按专业特征划分,项目主要包括科学研究项目、工程项目、航天项目、维修项目、咨询项目等,还可以根据需要对每一类项目进行分类。对项目进行分类的目的是有针对性地进行管理,以提高完成任务的效果和水平。

工程项目是项目中数量最大的一类,既可以按照专业将其分为建筑工程、公路工程、水电工程、港口工程、铁路工程等项目,也可以按管理的差别将其划分为建设项目、设计项目、工程咨询项目和施工项目等。

(2) 建设项目

建设项目是固定资产投资项目,是作为建设单位的被管理对象的一次性建设任务,是投资经济科学的一个基本范畴。固定资产投资项目又包括基本建设项目(新建、扩建等扩大生产能力的项目)和技术改造项目(以改进技术、增加产品品种、提高产品质量、治理"三废"、劳动安全、节约资源为主要目的的项目)。

建设项目在一定的约束条件下,以形成固定资产为特定目标。约束条件:一是时间约束,即一个建设项目有合理的建设工期目标;二是资源约束,即一个建设项目有一定的投资总量目标;三是质量约束,即一个建设项目有预期的生产能力、技术水平或使用效益目标。

建设项目的管理主体是建设单位,项目是建设单位实现目标的一种手段。在国外,投资主体、业主和建设单位一般是三位一体的,建设单位的目标就是投资者的目标;而在我国,投资主体、业主和建设单位三者有时是分离的,给建设项目的管理带来了一定困难。

(3) 施工项目

施工项目是施工企业自施工投标开始到保修期满为止的全过程中完成的项目,是作为施工企业的被管理对象的一次性施工任务。

施工项目的管理主体是施工承包企业。施工项目的范围是由工程承包合同界定的,可能是建设项目的全部施工任务,也可能是建设项目中的一个单项工程或单位工程的施工任务。

(4) 建设项目的组成

按照建设项目分解管理的需要,可将建设项目分解为单项工程、单位工程(子单位工程)、分部工程(子分部工程)、分项工程和检验批,如图1.1所示。

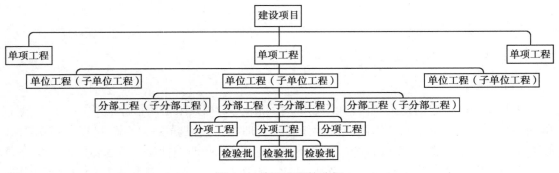

图 1.1 建设项目的分解

①单项工程。凡是具有独立的设计文件,竣工后可以独立发挥生产能力或效益的一组工程项目,称为一个单项工程。一个建设项目可由一个单项工程组成,也可由若干个单项工程组成。单项工程体现了建设项目的主要建设内容,其施工条件往往具有相对独立性。

②单位工程(子单位工程)。具备独立施工条件(具有单独设计能力,可以独立施工),并能形成独立使用功能的建筑物及构筑物为一个单位工程。单位工程是单项工程的组成部分,一个单项工程一般都由若干个单位工程所组成。

一般情况下,单位工程是一个单体的建筑物或构筑物;建筑规模较大的单位工程,可将其能形成独立使用功能的部分作为一个子单位工程。

③分部工程(子分部工程)。组成单位工程的若干个分部称为分部工程。分部工程的划分应按专业性质、建筑部位确定。例如,一栋房屋的建筑工程,可以划分为土建工程分部和安装工程分部,而土建工程分部又可划分为地基与基础、主体结构、建筑装饰装修和建筑屋面等 4 个分部工程。

当分部工程较大或复杂时,可按材料种类、施工特点、施工程序、专业系统及类别等划分为若干个子分部工程。如主体结构分部工程可划分为混凝土结构、劲钢(管)混凝土结构、砌体结构、钢结构、木结构及网架和索膜结构等子分部工程。

④分项工程。组成分部工程的若干个施工过程称为分项工程。分项工程应按照主要工种、材料、施工工艺、设备类别等进行划分。如主体混凝土结构可划分为模板、钢筋、混凝土、预应力、现浇结构、装配式结构等分项工程。

⑤检验批。按现行《建筑工程施工质量验收统一标准》(GB 50300—2013)规定,建筑工程质量验收时,可将分项工程进一步划分为检验批。检验批是指按同一生产条件或按规定的方式汇总起来供检验用的,由一定数量样本组成的检验体。一个分项工程可由一个或若干个检验批组成,检验批可根据施工及指令控制和专业验收需要按楼层、施工段、变形缝等进行划分。

2) 知识点——建设程序

建设是把投资转化为固定资产的经济活动,是一种多行业、多部门密切配合的综合性比较强的经济活动,其涉及面广、环节多。因此,建设活动必须有组织、有计划、按顺序地进行,这个顺序就是建设程序。建设程序是建设项目从决策、设计、施工和竣工验收到投产交付使用的全过程中,各个阶段、各个步骤、各个环节的先后顺序,是拟建建设项目在整个建设过程中必须遵循的客观规律。

建设程序是人们进行建设活动中必须遵守的工作制度,是经过大量实践工作所总结出来的工程建设过程的客观规律的反映。一方面,建设程序反映了社会经济规律的制约关系。在国民经济体系中,各个部门之间要保持比例平衡,建设计划与国民经济计划要协调一致,成为国民经济计划的有机组成部分。因此,我国建设程序中的主要阶段和环节,都与国民经济计划密切相连。另一方面,建设程序反映了技术经济规律的要求。例如,在提出生产性建设项目建议书后,必须对建设项目进行可行性研究,从建设的必要性和可能性、技术的可行性与合理性、投产后正常生产条件等方面作出全面的、综合的论证。

建设项目按照建设程序进行建设是社会经济规律的要求,是建设项目技术经济规律的要求,也是建设项目的复杂性决定的。根据几十年建设的实践经验,我国形成了一套科学的建设程序。我国的建设程序可划分为项目建议书、可行性研究、勘察设计、施工准备(包括招投标)、建设实施、生产准备、竣工验收、后评价 8 个阶段。这 8 个阶段基本上反映了建设工作的全过程。这 8 个阶段还可以进一步概括为项目决策、建设准备、工程实施 3 大阶段。

(1)项目决策阶段

项目决策阶段以可行性研究为工作中心,还包括调查研究、提出设想、确定建设地点、编制可行性研究报告等内容。

①项目建议书。项目建议书是建设单位向主管部门提出要求建设某一项目的建议性文件,是对拟建项目的轮廓设想,是从拟建项目的必要性及可能性加以考虑的。项目建议书经批准后才能进行可行性研究,也就是说,项目建议书并不是项目的最终决策,而仅仅是为可行性研究提供依据。项目建议书的内容一般包括以下 5 个方面:

a.建设项目提出的必要性和依据。

b.拟建工程规模和建设地点的初步设想。

c.资源情况、建设条件、协作关系等的初步分析。

d.投资估算和资金筹措的初步设想。

e.经济效益和社会效益的估计。

项目建议书按要求编制完成后,报送有关部门审批。

②可行性研究。项目建议书经批准后,应紧接着进行可行性研究工作。可行性研究是项目决策的核心,是对建设项目在技术上、工程上和经济上是否可行,进行全面科学分析论证工作,是技术经济的深入论证阶段,为项目决策提供可靠的技术经济依据。其研究的主要内容包括:

a.建设项目提出的背景、必要性、经济意义和依据。

b.拟建项目规模、产品方案、市场预测。

c.技术工艺、主要设备、建设标准。

d.资源、材料、燃料供应和运输及水、电条件。

e.建设地点、场地布置及项目设计方案。

f.环境保护、防洪、防震等要求与相应措施。

g.劳动定员及培训。

h.建设工期和进度建议。

i.投资估算和资金筹措方式。

j.经济效益和社会效益。

可行性研究的主要任务是对多种方案进行分析、比较,提出科学的评价意见,推荐最佳方案。在可行性研究的基础上编制可行性研究报告。

我国对可行性研究报告的审批权限做出明确规定,必须按规定编制好可行性研究报告送交有关部门审批。

经批准的可行性研究报告是初步设计的依据,不得随意修改和变更。如果在建设规模、产品方案等主要内容上需要修改或突破投资控制数时,应经原批准单位复审同意。

(2)建设准备阶段

建设准备阶段主要是根据批准的可行性研究报告,成立项目法人,进行工程地质勘察、初步设计和施工图设计,编制设计概算,安排年度建设计划及投资计划,进行工程发包,准备设备、材料,做好施工准备等工作,这个阶段的工作核心是勘察设计。

①勘察设计。设计文件时安排建设项目和进行建筑施工的主要依据。设计文件一般由建设单位通过招投标或直接委托有相应资质的设计单位进行设计。编制设计文件是一项复杂的工作,设计之前和设计之中都要进行大量的调查和勘测工作,在此基础之上,根据批准的可行性研究报告,将建设项目的要求逐步具体化为指导施工的工程图纸及其说明书。

设计是分阶段进行的。一般项目进行两阶段设计,即初步设计和施工图设计。技术上比较复杂和缺少设计经验的项目采用三阶段设计,即在初步设计阶段后增加技术设计阶段。

a.初步设计:初步设计是对批准的可行性研究报告提出的内容进行概略设计,作出初步的实施方案(大型、复杂的项目,还需绘制建筑透视图或制作建筑模型),进一步论证该建设项目在技术上的可行性和经济上的合理性,解决工程建设中重要的技术和经济问题,并通过对工程项目所作出的基本技术经济规定,编制项目总概算。

初步设计由建设单位组织审批,初步设计经批准后,不得随意改变建设规模、建设地址、主要工艺过程、主要设备和总投资等控制指标。

b.技术设计:技术设计是在初步设计的基础上,根据更详细的调查研究资料,进一步确定建筑、结构、工艺、设备等的技术要求,以使建设项目的设计更具体、更完善,技术经济指标达到最优。

c.施工图设计:施工图设计是在前一阶段的设计基础上进一步形象化、具体化、明确化,完成建筑、结构、水、电、气、工业管道以及场内道路等全部施工图纸、工程说明书、结构计算书以及施工图预算等。在工艺方面,应具体确定各种设备的型号、规格及各种非标准设备的制作、加工和安装图。

②施工准备。施工准备工作在可行性研究报告批准后就可着手进行。通过技术、物资和组织等方面的准备,为工程施工创造有利条件,使建设项目能连续、均衡、有节奏地进行。其主要工作内容有:

a.征地、拆迁和场地平整。

b.工程地质勘察。

c.完成施工用水、电、通信及道路等工程。

d.收集设计基础资料,组织设计文件的编审。

e.组织设备和材料订货。

f.组织施工招投标,择优选定施工单位。

g.办理开工报建手续。

施工准备工作基本完成,具备了工程开工条件之后,由建设单位向有关部门提交开工报告。有关部门对工程建设资金的来源、资金是否到位以及施工图出图情况等进行审查,符合要求后批准开工。

做好建设项目的准备工作,对提高工程质量,降低工程成本,加快施工进度都有着重要的保证作用。

（3）工程实施阶段

工程实施阶段是项目决策的实施、建成投产发挥投资效益的关键环节。该阶段是在建设程序中时间最长、工作量最大、资源消耗最多的阶段。这个阶段的工作中心是根据设计图纸进行建筑安装施工,还包括做好生产或使用准备、试车运行、进行竣工验收、交付生产或使用等内容。

①建设实施。建设实施即建筑施工,是将计划和施工图变为实物的过程,是建设程序中的一个重要环节。要做到计划、设计、施工3个环节互相衔接,投资、工程内容、施工图纸、设备材料、施工力量5个方面的落实,以保证建设计划的全面完成。

施工之前要认真做好图纸会审工作,编制施工图预算和施工组织设计,明确投资、进度、质量的控制要求。施工中要严格按照施工图和图纸会审记录施工,如需变动应取得建设单位和设计单位的同意;要严格执行有关施工标准和规范,确保工程质量;按合同规定的内容全面完成施工任务。

②生产准备。生产准备是项目投产前由建设单位进行的一项重要工作,是衔接建设和生产的桥梁,是建设阶段转入生产经营的必要条件。建设单位应及时组成专门班子或机构做好准备工作。

生产准备工作的内容根据工程类型的不同而有所区别,一般应包括以下内容:

a.组建生产经营管理机构,制订管理制度和有关规定。

b.招收并培训生产和管理人员,组织人员参加设备的安装、调试和验收。

c.生产技术的准备和运营方案的确定。

d.原材料、燃料、协作产品、工具、器具、备品和备件等生产物资的准备。

e.其他必需的生产准备。

③竣工验收。按批准的设计文件和合同规定的内容建成的工程项目,其中生产性项目经负荷试运转和试生产合格,都要及时组织验收,办理移交固定资产手续。竣工验收是全面考核建设成果、检验设计和工程质量的重要步骤,是投资成果转入生产或使用的标志。建筑工程施工质量验收应符合以下要求:

a.参加工程施工质量验收的各方人员应具备规定的资格。

b.单位工程完工后,施工单位应自行组织有关人员进行检查评定,并向建设单位提交工程验收报告。

c.建设单位收到工程验收报告后,应由建设单位(项目)负责人组织施工(含分包单位)、设计、监理等单位(项目)负责人进行单位(子单位)工程验收。

d.单位工程质量验收合格后,建设单位应在规定时间内将工程竣工验收报告和有关文件报建设行政管理部门备案。

④后评价。建设项目一般在经过1~2年生产运营(或使用)后,要进行一次系统的项目后评价。建设项目后评价是我国建设程序新增加的一项内容,目的是肯定成绩、总结经验、研究问题、吸取教训、提出建议、改进工作,不断提高项目决策水平和投资效果。项目后评价一般分为:项目法人的自我评价、项目行业的评价和计划部门(或主要投资方)的评价3个层次组织实施。建设项目后评价包括以下主要内容:

a.影响评价:对项目投产后各方面的影响进行评价。

b.经济效益评价:对投资效益、财务效益、技术进步、规模效益、可行性研究深度等进行评价。

c.过程评价:对项目的立项、设计、施工、建设管理、竣工投产、生产运营等全过程进行评价。

3)知识点——施工项目管理程序

施工项目管理是企业运用系统的观点、理论和科学技术的方法对施工项目进行的计划、组织、监督、控制、协调等全过程的管理。施工项目管理应体现管理的规律,企业应利用制度保证项目管理按规定程序运行,以提高建设工程施工项目管理水平,促进施工项目管理的科学化、规范化和法制化,适应市场经济发展的需要,与国际惯例接轨。

施工项目管理程序是拟建工程项目在整个施工阶段中必须遵循的客观规律,它是长期施工实践经验的总结,反映了整个施工阶段必须遵循的先后次序。施工项目管理程序由下列各环节组成。

(1)编制项目管理规划大纲

项目管理规划分为项目管理规划大纲和项目管理实施规划两个部分。项目管理规划大纲就是由企业管理层在投标之前编制的,作为投标依据,满足招标文件要求及签订合同要求的文件。当承包人以编制施工组织设计代替项目管理规划时,施工组织设计应满足项目管理规划的要求。

项目管理规划大纲(或施工组织设计)的内容应包括项目概况、项目实施条件、项目投标活动及签订施工合同的策略、项目管理目标、项目组织结构、质量目标和施工方案、工期目标和施工总进度计划、成本目标、项目风险预测和安全目标、项目现场管理和施工平面图、投标和签订施工合同、文明施工及环境保护等。

(2)编制投标书并进行投标,签订施工合同

施工单位承接任务的方式一般有3种:国家或上级主管部门直接下达;受建设单位委托而承接;通过投标而中标承接。招投标方式是最具有竞争机制、较为公平合理的承接施工任务的方式,在我国已得到广泛应用。

施工单位要从多方面掌握大量信息,编制既能使企业盈利、又有竞争力、有望中标的投标书。如果中标,则与招标方进行谈判,依法签订施工合同。签订施工合同之前要认真检查签订施工合同的必要条件是否已经具备,如工程项目是否有正式的批文、是否落实投资等。

(3)选定项目经理,组建项目经理部,签订"项目管理目标责任书"

签订施工合同后,施工单位选定项目经理,项目经理接受企业法定代表人的委托组建项目经理部、配备管理人员。企业法定代表人根据施工合同和经营管理目标要求与项目经理签订"项目管理目标责任书",明确规定项目经理部应达到的成本、质量、进度和安全等控制目标。

(4)项目经理部编制"项目管理实施规划",进行项目开工之前的准备

项目管理实施规划(或施工组织设计)是在工程开工前由项目经理主持编制的,用于指导施工项目实施阶段管理活动的文件。

编制项目管理实施规划的依据是项目管理规划大纲、项目管理目标责任书和施工合同。项目管理实施规划的内容应包括工程概况、施工部署、施工方案、施工进度计划、项目风险管理、信息管理和技术经济指标分析等。

项目管理实施规划应经会审后,由项目经理签字并报企业主管领导人审批。

根据项目管理实施规划,对首批施工的各单位工程,应抓紧落实各项施工准备工作,使现场具备开工条件,有利于进行文明施工。具备开工条件后,提出开工申请报告,经审查批准后即可正式开工。

(5)施工期间按"项目管理实施规划"进行管理

施工过程是一个自开工到竣工的实施过程,是施工程序中的主要阶段。在这一过程中,项目经理部应从整个施工现场的全局出发,按照项目管理实施规划(或施工组织设计)进行管理,精心组织施工,加强各单位、各部门的配合与协作,协调解决各方面问题,使施工活动顺利开展,保证质量目标、进度目标、安全目标、成本目标的实现。

(6)验收、交工与竣工结算

项目竣工验收是在承包人按施工合同完成了项目全部任务,经检验合格,由发包人组织验收的过程。

项目经理应全面负责工程交付竣工验收前的各项准备工作,建立竣工收尾小组,编制项目竣工收尾计划并限期完成。项目经理部应在完成施工项目竣工收尾计划后,向企业报告,提交有关部门进行验收。承包人在企业内部验收合格并整理好各项交工验收的技术经济资料后,向发包人发出预约竣工验收的通知书,由发包人组织设计、施工、监理等单位进行项目竣工验收。

通过竣工验收程序,办理完竣工结算后,承包人应在规定期限内向发包人办理工程移交手续。

(7)项目考核评价

施工项目完成后,项目经理部应对其进行经济分析,做出项目管理总结报告并送企业管理层有关职能部门。

企业管理层组织项目考核评价委员会,对项目管理工作进行考核评价。项目考核评价的目的是规范项目管理行为,鉴定项目管理水平,确认项目管理成果,对项目管理进行全面考核和评价。项目终结性考核的内容应包括确认阶段性考核的结果,确认项目管理的最终结果,确认该项目经理部是否具备"解体"的条件。经考核评价后,兑现"项目管理目标责任书"中的奖惩承诺,项目经理部解体。

(8)项目回访保修

承包人在施工项目竣工验收后,对工程使用状况和质量问题向用户访问了解,并按照施工合同的约定和"工程质量保修书"的承诺,在保修期内对发生的质量问题进行修理并承担相应经济责任。

4)知识点——组织项目施工的基本原则

编制施工组织设计和组织项目施工时,应遵循以下原则:

①认真贯彻执行党和国家对工程建设的各项方针和政策,严格执行现行建设程序。

②遵循建筑施工工艺及其技术规律,坚持合理的施工程序和施工顺序,在保证工程质量的前提下,加快建设速度,缩短工程工期。

③采用流水施工方法和网络计划技术等先进技术,组织有节奏、连续和均衡的施工,科学地安排施工进度计划,保证人力、物力充分发挥作用。

④统筹安排,保证重点,合理安排冬、雨期施工项目,提高施工的连续性和均衡性。

⑤认真贯彻建筑工业化方针,不断提高施工机械化水平,贯彻工厂预制和现场预制相结合的方针,扩大预制范围,提高预制装配程度;改善劳动条件,减轻劳动强度,提高劳动生产率。

⑥采用国内外先进施工技术,科学确定施工方案,贯彻执行施工技术规范、操作规程,提高工程质量,确保安全施工,缩短施工工期,降低工程成本。

⑦精心规划施工平面图,节约用地;尽量减少临时设施,合理储存物资,充分利用当地资源,减少物资运输量。

⑧做好现场文明施工和环境保护工作。

1.1.4 任务实施

(1)本工程施工项目划分

本工程施工项目划分为审阅施工图,根据已知相关工程资料按照前述图1.1分解本工程的施工组织管理项目,以便更好地实施项目组织与管理。

(2)本工程的建设程序

本工程的项目建设程序分为项目决策阶段、建设准备阶段和工程实施阶段3大阶段,每个阶段又根据工程的实际情况分解工程内容和建设流程。

(3)本工程的施工管理程序

本工程的施工管理程序为编制项目管理规划大纲→编制投标书并进行投标,签订施工合同→选定项目经理、组建项目经理部,签订"项目管理目标责任书"→项目经理部编制"项目管理实施规划",进行项目开工之前的准备→施工期间按"项目管理实施规划"进行管理→验收、交工与竣工结算→项目考核评价→项目回访保修。

1.1.5　任务总结

通过了解建设项目的组成、建筑产品的特点等,掌握建设程序及组织项目施工的基本原则。

任务 2　认识施工组织设计的作用与编制内容

1.2.1　任务说明

1）背景

明确施工组织设计的作用,根据知识点提供施工组织设计的编制内容,结合本工程确定施工组织设计的编制内容。

2）资料

广联达员工宿舍楼工程施工图等。

3）要求

根据给定的"广联达员工宿舍楼"工程资料,完成下列工作:
①认识施工组织设计在项目建设中的作用。
②确定本项目施工组织设计的类型。
③确定本工程施工组织设计编制目录。

1.2.2　任务分析

根据提供的知识点结合本工程的施工图等资料确定施工组织设计在项目建设中的作用,同时根据项目建设的特点完成施工组织设计目录的编制。

1.2.3　知识链接

1）知识点——施工组织设计的作用

①施工组织设计是施工准备工作的重要组成部分,又是做好施工准备工作的主要依据和重要保证。
②施工组织设计是对拟建工程施工全过程实行科学管理的重要手段,是编制施工预算和施工计划的主要依据,是建筑企业合理组织施工和加强项目管理的重要措施。
③施工组织设计是检查工程施工进度、质量、成本三大目标的依据,是建设单位与施工单位之间履行合同、处理关系的主要依据。
④施工组织设计是投标过程中的重要组成文件。

2) 知识点——施工组织总设计内容

施工组织总设计是以整个建设工程项目为对象（如一家工厂、一个机场），在初步设计或扩大初步设计阶段，对整个建设工程的总体战略部署；或以若干单位工程组成的群体工程或特大型项目为主要对象，对整个施工过程起统筹规划、重点控制作用的施工组织设计，是指导全局性施工的技术和经济纲要。

施工组织总设计是以若干单位工程组成的群体工程或大型项目为主要对象编制的施工组织设计，对整个项目的施工过程起统筹规划、重点控制的作用。

根据《建筑施工组织设计规范》（GB/T 50502—2009）中"施工组织总设计"内容如下：

一、工程概况

1.1 工程概况应包括项目主要情况和项目主要施工条件等。

1.2 项目主要情况应包括下列内容：

1.2.1 项目名称、性质、地理位置和建设规模；

1.2.2 项目的建设、勘察、设计和监理等相关单位的情况；

1.2.3 项目设计概况；

1.2.4 项目承包范围及主要分包工程范围；

1.2.5 施工合同或招标文件对项目施工的重点要求；

1.2.6 其他应说明的情况。

1.3 项目主要施工条件应包括下列内容：

1.3.1 项目建设地点气象状况；

1.3.2 项目施工区域地形和工程水文地质状况；

1.3.3 项目施工区域地上、地下管线及相邻的地上、地下建（构）筑物情况；

1.3.4 与项目施工有关的道路、河流等状况；

1.3.5 当地建筑材料、设备供应和交通运输等服务能力状况；

1.3.6 当地供电、供水、供热和通信能力状况；

1.3.7 其他与施工有关的主要因素。

二、总体施工部署

2.1 施工组织总设计应对项目总体施工做出下列宏观部署：

2.1.1 确定项目施工总目标，包括进度、质量、安全、环境和成本目标；

2.1.2 根据项目施工总目标的要求，确定项目分阶段（期）交付的计划；

2.1.3 确定项目分阶段（期）施工的合理顺序及空间组织。

2.2 对项目施工的重点和难点应进行简要分析。

2.3 总承包单位应明确项目组织机构的形式，并采用框图的形式表示。

2.4 对项目施工中开发和使用的新技术、新工艺应做出部署。

2.5 对主要分包项目施工单位的资质和能力应提出明确要求。

三、施工总进度计划

3.1 施工总进度计划应按照项目总体施工部署的安排进行编制。

3.2　施工总进度计划可采用网络图或横道图表示,并附必要说明。

四、总体施工准备与主要资源配置计划

4.1　总体施工准备应包括技术准备、现场准备和资金准备等。

4.2　技术准备、现场准备和资金准备应满足项目分阶段(期)施工的需要。

4.3　主要资源配置计划应包括劳动力配置计划和物资配置计划等。

4.4　劳动力配置计划应包括下列内容:

4.4.1　确定各施工阶段(期)的总用工量;

4.4.2　根据施工总进度计划确定各施工阶段(期)的劳动力配置计划。

4.5　物资配置计划应包括下列内容:

4.5.1　根据施工总进度计划确定主要工程材料和设备的配置计划;

4.5.2　根据总体施工部署和施工总进度计划确定主要施工周转材料和施工机具的配置计划。

五、主要施工方法

5.1　施工组织总设计应对项目涉及的单位(子单位)工程和主要分部(分项)工程所采用的施工方法进行简要说明。

5.2　对脚手架工程、起重吊装工程、临时用水用电工程、季节性施工等专项工程所采用的施工方法应进行简要说明。

六、施工总平面布置

6.1　施工总平面布置应符合下列原则:

6.1.1　平面布置科学合理,施工场地占用面积少;

6.1.2　合理组织运输,减少二次搬运;

6.1.3　施工区域的划分和场地的临时占用应符合总体施工部署和施工流程的要求,减少相互干扰;

6.1.4　充分利用既有建(构)筑物和既有设施为项目施工服务降低临时设施的建造费用;

6.1.5　临时设施应方便生产和生活,办公区、生活区和生产区宜分离设置;

6.1.6　符合节能、环保、安全和消防等要求;

6.1.7　符合当地主管部门和建设单位关于施工现场安全文明施工的相关规定。

6.2　施工总平面布置图应符合下列要求:

6.2.1　根据项目总体施工部署,绘制现场不同施工阶段(期)的总平面布置图;

6.2.2　施工总平面布置图的绘制应符合国家相关标准要求并附必要说明。

6.3　施工总平面布置图应包括下列内容:

6.3.1　项目施工用地范围内的地形状况;

6.3.2　全部拟建的建(构)筑物和其他基础设施的位置;

6.3.3　项目施工用地范围内的加工设施、运输设施、存储设施、供电设施、供水供热设施、排水排污设施、临时施工道路和办公、生活用房等;

6.3.4　施工现场必备的安全、消防、保卫和环境保护等设施;

6.3.5　相邻的地上、地下既有建(构)筑物及相关环境。

3）知识点——单位工程施工组织设计内容

单位工程施工组织设计指以单位工程为主要对象编制的施工组织设计,对单位工程的施工过程起指导和制约作用。单位工程施工组织设计应根据拟建工程的性质、特点及规模不同,同时考虑到施工要求及条件进行编制。

《建筑施工组织设计规范》(GB/T 50502—2009)中"单位工程施工组织设计"的内容如下:

一、工程概况

1.1　工程概况应包括工程主要情况、各专业设计简介和工程施工条件等。

1.2　工程主要情况应包括下列内容:

1.2.1　工程名称、性质、地理位置;

1.2.2　工程的建设、勘察、设计、监理和总承包等相关单位的情况;

1.2.3　工程承包范围和分包工程范围;

1.2.4　施工合同、招标文件或总承包单位对工程施工的重点要求;

1.2.5　其他应说明的情况。

1.3　各专业设计简介应包括下列内容:

1.3.1　建筑设计简介应依据建设单位提供的建筑设计文件进行描述,包括建筑规模、建筑功能、建筑特点、建筑耐火、防火及节能要求等,并应简单描述工程的主要装修做法;

1.3.2　结构设计简介应根据建设单位提供的结构设计文件进行描述,包括结构形式、地基基础形式、结构安全等级、抗震设防类别、主要结构构件类型及要求等;

1.3.3　机电及设备安装专业设计简介应依据建设单位提供的各相关专业设计文件进行描述,包括给水、排水及采暖系统、通风与空调系统,电气系统、电梯等各个专业系统的做法要求。

1.4　工程施工条件应参照"知识点——施工组织总设计内容"中工程概况第1.3条所列内容进行说明。

二、施工部署

2.1　工程施工目标应根据施工合同、招标文件以及本单位对工程管理目标的要求确定,包括进度、质量、安全、环境和成本等目标。各项目标应满足施工组织总设计中确定的总体目标。

2.2　施工部署中的进度安排和空间组织应符合系列规定:

2.2.1　工程主要施工内容及进度安排应明确说明,施工顺序应符合工序逻辑关系;

2.2.2　施工流水段应结合工程具体情况分阶段进行划分;单位工程施工阶段的划分一般包括地基基础、主体结构、装修装饰和机电设备安装3个阶段。

2.3　对工程施工的重点和难点应进行分析,包括组织管理和施工技术两个方面。

2.4　工程管理的组织机构形式应按照"知识点——施工组织总设计内容"中总体施工部署第2.3条的规定执行,并确定项目经理部的工作岗位设置及其职责划分。

2.5　对工程施工中开发和使用的新技术、新工艺应做出部署,对新材料和新设备的使用应提出技术及管理要求。

2.6　对主要分包工程施工单位的选择要求及管理方式应进行简要说明。

三、施工进度计划

3.1　单位工程施工进度计划应按照施工部署的安排进行编制。

3.2　施工进度计划可采用网络图或横道图表示,并附必要说明;对于工程规模较大或较复杂的工程,宜采用网络图表示。

四、施工准备与资源配置计划

4.1　施工准备应包括技术准备、现场准备和资金准备等。

4.1.1　技术准备应包括施工所需技术资料的准备、施工方案编制计划、试验检验及设备调试工作计划、样板制作计划等。

①主要分部(分项)工程和专项工程在施工前应单独编制施工方案,施工方案可根据工程进展情况,分阶段编制完成;对需要编制的主要施工方案应制订编制计划。

②试验检验及设备调试工作计划应根据现行规范、标准中的有关要求及工程规模、进度等实际情况制订。

③样板制作计划应根据施工合同或招标文件的要求并结合工程特点制订。

4.1.2　现场准备应根据现场施工条件和实际需要,准备现场生产、生活等临时设施。

4.1.3　资金准备应根据施工进度计划编制资金使用计划。

4.2　资源配置计划应包括劳动力计划和物资配置计划等。

4.2.1　劳动力配置计划应包括下列内容:

①确定各施工阶段用工量;

②根据施工进度计划确定各施工阶段劳动力配置计划。

4.2.2　物资配置计划应包括下列内容:

①主要工程材料和设备的配置计划应根据施工进度计划确定,包括各施工阶段所需主要工程材料、设备的种类和数量;

②工程施工主要周转材料和施工机具的配置计划应根据施工部署和施工进度计划确定,包括各施工阶段所需主要周转材料、施工机具的种类和数量。

五、主要施工方案

5.1　单位工程应按照《建筑工程施工质量验收统一标准》(GB 50300—2013)中分部、分项工程的划分原则,对主要分部分项工程制订施工方案。

5.2　对脚手架工程、起重吊装工程、临时用水用电工程、季节性施工等专项工程所采用的施工方案应进行必要的验算和说明。

六、施工现场平面布置

6.1　施工现场平面布置图应参照"知识点——施工组织总设计内容"中施工总平面布置图的第6.1和第6.2条规定并结合施工组织总设计,按不同施工阶段分别绘制。

6.2　施工现场平面布置图应包括下列内容:

6.2.1　工程施工场地状况;

6.2.2 拟建建(构)筑物的位置、轮廓尺寸、层数等;

6.2.3 工程施工现场的加工设施、存储设施、办公和生活用房等的位置和面积;

6.2.4 布置在工程施工现场垂直运输设施、供电设施、供水供热设施、排水排污设施和临时施工道路等;

6.2.5 施工现场必备的安全、消防、保卫和环境保护等设施;

6.2.6 相邻的地上、地下既有建(构)筑物及相关环境。

4)知识点——施工组织设计的编制程序

施工组织设计的编制程序如下:

①收集和熟悉编制施工组织总设计所需的有关资料和图纸,进行项目特点和施工条件的调查研究。

②计算主要工种的工程量。

③确定施工的总体部署。

④拟订施工方案。

⑤编制施工总进度计划。

⑥编制资源需求量计划。

⑦编制施工准备工作计划。

⑧施工总平面图设计。

⑨计算主要技术经济指标。

以上施工组织设计的编制程序中有些顺序可以相应调整,有些顺序不可逆转,如拟订施工方案后才可编制施工总进度计划,因为进度的安排取决于施工方案;编制施工总进度计划后才可编制资源需求量计划,因为资源需求量计划要反映各种资源在时间上的需求。

以上顺序中也有些顺序应根据具体项目而定,如确定施工的总体部署和拟订施工方案,两者有紧密的联系,往往可以交叉进行。

5)技能点——编写工程概况

在编制工程概况时,为了清晰易读,宜采用图表说明,一般编写方法如下:

①介绍项目名称、性质、地理位置、使用功能、建设规模(包括项目的占地总面积、投资规模、分期分批建设范围)等。

②介绍项目的建筑面积、建筑高度、建筑层数、结构形式、建筑结构及装饰用料、建筑抗震设防烈度、安装工程和机电设备的配置等情况。

③介绍项目建设地点的气温、雨、雪、风和雷电等气候变化情况以及冬、雨期的期限和冬季土的冻结深度等情况。

④介绍项目施工区域地形变化和绝对标高,地质构造、土的性质和类别、地基土的承载力,河流流量和水质、最高洪水和枯水期水位,地下水位的高低变化,含水层的厚度、流向、流量和水质等情况。

⑤介绍建设项目的主要材料、特殊材料和生产工艺设备供应条件及交通运输条件。

⑥根据当地供电供水、供热和通信情况,按照施工需求描述相关资源提供能力及解决方案。

6）技能点——编写主要的施工方案

项目中主要施工方案的编制核心内容是施工方法及工艺要求。编写时需满足以下要求：

①明确分部（分项）工程或专项工程施工方法并进行必要的技术核算，对主要分项工程（工序）明确施工工艺要求。

②对易发生质量通病、易出现安全问题、施工难度大、技术含量高的分项工程（工序）等应做出重点说明。

③对开发和使用新技术、新工艺以及采用新材料、新设备应通过必要的试验或论证并制订计划。

④对季节性施工应提出具体要求。

1.2.4   任务实施

①反复学习，深入理解和领会施工组织设计在项目建设中的作用。

②确定本项目施工组织设计的类型为：本任务要求编写土建部分的施工组织设计，即单位工程施工组织设计。

③确定本工程施工组织设计编制目录为：工程概况、施工部署、施工准备及资源配置计划、施工进度计划、主要分部分项工程施工方案、施工现场平面布置图、施工技术保障措施。

1.2.5   任务总结

根据提供的工程资料结合施工图纸确定本项目施工组织设计的编制类型，学习前述理论知识编制施工组织设计的大纲，理解施工组织设计在项目建设中的作用。

任务 3   认识 BIM 技术对施工组织的影响

1.3.1   任务说明

1）背景

根据施工图、本工程 BIM 模型、造价等相关资料了解 BIM 对项目施工组织的应用价值。

2）资料

广联达员工宿舍楼工程施工图、BIM 模型、造价文件等。

3）要求

根据给定的"广联达员工宿舍楼"工程资料，结合工程项目至少说出 1 项 BIM 的应用价值。

根据提供的文件结合工程项目至少说出一项 BIM 的应用价值。

1.3.2　任务分析

根据提供的理论知识结合本工程 BIM 模型、技术资料、造价文件等理解 BIM 对施工组织的影响及应用价值。

1.3.3　知识链接

1)知识点——BIM 在施工组织设计中的优势

(1)BIM 的含义

BIM 的全称是 Building Information Modeling,即建筑信息模型。BIM 技术是一种多维(三维空间、思维时间、五维成本、N 维更多应用)模型信息集成技术,可以使建设项目的所有参与方(包括政府主管部门、业主、设计、施工、监理、造价、运营管理、项目用户等)在项目从概念产生到完全拆除的整个生命周期内能够在模型中操作信息和在信息中操作模型,从而从根本上改变从业人员依靠符号文字形式图纸进行项目建设和运营管理的工作方式,实现在建设项目全生命周期内提高工作效率和质量以及减少错误和风险的目标。

BIM 的含义总结为以下 3 点:

①BIM 是以三维数字技术为基础,集成了建筑工程项目各种相关信息的工程数据模型,是对工程项目设施实体与功能特性的数字化表达。

②BIM 是一个完善的信息模型,能够连接建筑项目全生命周期不同阶段的数据、过程和资源,是对工程对象的完整描述,提供可自动计算、查询、组合拆分的实时工程数据,可被建设项目各参与方普遍使用。

③BIM 具有单一工程数据源,可解决分布式、异构工程数据之间的一致性和全局共享问题,支持建设项目生命周期中动态的工程信息创建、管理和共享,是项目实时的共享数据平台。

(2)BIM 的优点

BIM 的优点体现在以下几个方面:

①可视化:BIM 比 CAD 图纸更形象、直观。

②协调性:建筑物建造前期对各专业的碰撞问题进行协调,生成协调数据。

③模拟性:在设计阶段,BIM 可以进行一些模拟实验。

④优化性:通过对比不同的设计方案,选择最优方案。

⑤可出图性:出具各专业图纸及深化图纸,使工程表达更加详细。

(3)BIM 在施工组织设计中的优势

①施工现场布置。施工现场布置策划是在拟建工程的建筑平面上(包括周边环境),布置为施工服务的各种临时建筑、临时设施及材料、施工机械等的过程。施工现场布置方案是施工方案在现场的空间体现,它反映已有建筑与拟建工程间、临时建筑与临时设施间的相互空间关系,表达建筑施工生产过程中各生产要素的协调与统筹。施工现场布置的恰当与否对现场的施工组织、文明施工、施工进度、工程成本、工程质量和安全都将产生直接的影响。

施工现场布置策划是施工管理策划最重要的内容之一,也是最具"含金量"的部分。合理、前瞻性强的总平面管理策划可以有效地降低项目成本,保证项目的发展进度。

传统模式下的施工场地布置策划是由编制人员依据现场情况及自己的施工经验指导现场的实际布置。一般在施工前很难分辨其布置方案的优劣,更不能在早期发现布置方案中可能存在的问题。施工现场活动本身是一个动态变化的过程,施工现场对材料、设备、机具等的需求也是随着项目施工的不断推进而变化的。传统模式下的施工场地布置普遍采用不参照项目进度进行的二维静态布置方案,随着项目的进行,很有可能变得不适应项目施工的需求。这样一来,就得重新对场地布置方案进行调整,再次布置必然会需要更多的拆卸、搬运等程序,需要投入更多的人力、物力,进而增加施工成本,降低项目效益。布置不合理的施工场地甚至会产生施工安全问题。所以,随着工程项目的大型化、复杂化,传统静态的二维施工场地布置方法已经难以满足实际需要。

基于BIM模型及理念,运用BIM工具对传统施工场地布置策划中难以量化的潜在空间冲突进行量化分析,同时结合动态模拟从源头减少安全隐患,可方便后续施工管理、降低成本、提高项目效益。

"1+X"建筑信息模型(BIM)职业技能等级证书中BIM职业技能中级(建设工程管理类专业BIM专业应用)考评大纲对基于BIM的施工现场管理技能要求如下:

7.6　基于BIM的施工现场管理

7.6.1　熟悉施工现场布置要求与规范及相关软件功能;

7.6.2　掌握建立施工现场布置BIM模型的方法;

7.6.3　掌握运用BIM施工场地布置软件进行施工模拟的方法;

7.6.4　掌握场地布置的合理性分析方法;

7.6.5　掌握依据施工的不同阶段进行场地布置方案调整的方法;

7.6.6　掌握根据施工场地布置模型生成场地布置平面图、输出材料统计表。

基于BIM的场地布置策划运用三维信息模型技术表现建筑施工现场,运用BIM动画技术形象模拟建筑施工过程,结合建筑施工过程中施工现场场景布置的实际情况或远景规划,将现场的施工情况、周边环境和各种施工机械等运用三维仿真技术形象地表现出来,并通过虚拟模拟进行合理性、安全性、经济性评估,实现施工现场场地布置的合理、合规。

②施工进度计划的编制。施工进度计划是施工单位进行生产和经济活动的重要依据,它从施工单位取得建设单位提供的设计图纸进行施工准备开始,直到工程竣工验收为止,是项目建设和指导工程施工的重要技术和经济文件。进度控制是施工阶段的重要内容,是质量、进度、成本三大建设管理环节的中心,直接影响工期目标的实现和投资效益的发挥。工期控制是实现项目管理目标的主要途径,施工项目进度控制与质量控制、成本控制一样,是项目施工中的主要内容之一,是实现项目管理目标的主要有效途径。因此,项目的前期策划工作是目标和进度整体的确立,其对项目的整体进展起着决定性作用,项目的智慧施工策划工作,是目标和进度的实施,对整个项目的成败有着重要的影响。通过分析可知,传统施工进度计划编制流程及方法存在以下问题。

a.编制过程杂乱。工作量大、进度计划的编制过程考虑因素多、相关配套资源分析预测难度大、丢项漏项时有发生,不合理的进度安排会给后续施工埋下进度隐患。

b.编制审核工作效率低。传统的施工进度计划大部分工作都要由人工来完成,比如工作项目的划分、逻辑关系的确定、持续时间的计算,以及最后进度计划的审核、调整、优化等一系列的工作。

c.进度信息的静态性施工进度计划一旦编制完成,就以数字、横道、箭线等方式存储在横道图或者网络图中,不能表达工程的变更信息。工程的复杂性、动态性、外部环境的不确定性等都可能导致工程变更的出现。由于进度信息的静态性,常常会出现施工进度计划与实际施工不一致的情况。

利用 BIM 技术对编制的计划进行模拟。在计划编制期间利用 BIM 模型提供的各类工程量信息,结合工种工效、设备工效等业务积累数据更加科学地预测出施工期间的资源投入,并进行合理性评估,为支撑过程提供了有力帮助。在施工策划阶段编制切实有效的进度计划是项目成功的基石,通过基于 BIM 技术进行模拟策划以确保计划的最优及最合理性。

③资源计划的制订。策划阶段的资源控制作为进度计划的重要组成部分,是决定工程进度能否执行、能否按期交工的重要环节。资源控制的核心是制订资源的相关计划,资源计划是通过识别和确定项目的资源需求,确定出项目需要投入的劳动力、材料、机械、场地交通等资源种类,包括项目资源投入的数量和项目资源投入的时间,从而制订出项目资源供应计划,满足项目从立项阶段到实施过程使用的目的。

在传统的资源计划制订过程中,主要依据平面图、施工进度计划、技术文件要求等进行,资源计划编制时依据文件多、涉及资源多,对人员计算的能力要求较高,在策划阶段,难免会在施工过程中对资源种类、工程量计算有缺失疏忽,由此导致在策划阶段埋下较大的不可控因素、进度计划不合理等隐患。施工资源管理的现状不尽人意,施工资源管理往往涉及多种劳动力,不同规格、数量的材料,种类繁多的机械设备等,正是由于其复杂性,导致在实际管理过程中,资源管理出现各种问题。通过分析可以发现传统的资源计划存在以下不足。

a.各类资源(主要包括劳动力、材料、机械设备等)的名称及项目种类杂多,常造成漏项情况的发生。

b.策划阶段时间紧迫,难以在有限的时间内高效计算、精确计算,造成计划的工程量不准确、偏差较大,给后期施工造成资源供应不足等情况,影响施工进度。

c.资源计划投入时间的节点与进度计划的制订不匹配,造成进度计划难以直接指导后期施工,导致资金的价值难以做到最大化、施工安排不合理的情况发生。

d.劳动力计划在策划阶段制订不合理时,可能会导致劳动力安排与实际用工需要不对应,在后期的施工过程中经常会出现人员闲置、窝工或少工和断工等现象;人数安排不当导致在小的工作面安排人员过多,在大的工作面安排人员过少,不能充分发挥出劳动力的工作效率,影响工程进度;各劳动工种人数结构安排不合理,各工种之间协调性差,效率低。

上述问题给项目造成进度和资金两方面的损失是很大的,使用 BIM 技术对解决上述问题有较好的效果。BIM 模型包含了建筑物的所有信息,需要什么直接对模型操作即可,BIM 技术的可视化及虚拟施工等特性,能让管理者在策划阶段即可提前直观地了解建筑物完成后的形态,以及具体的施工过程,通过 BIM 模型可以获取完整的实体工程量信息,进而计算出劳动力需求量,以及其他资源信息,通过 BIM 模拟技术来评估资源投入量的合理性,可在策划阶段制订出合理完善的资源项目、资源工程量及进场时间等信息,为后期施工过程中减少返工和浪费、保证进度的正常进行提供前期保障。

④施工方案的编制。施工策划的一项重要工作就是确定项目主要的施工方案和特殊部位的作业流程。当前,施工方案编制主要依靠项目技术人员的经验及借鉴类似项目案例经验,实施过程主要依靠简单的技术交底和作业人员自身技术素养。面对越来越庞大且复杂的建筑工程项目,传统的方案编制和作业工人交底模式显得越来越力不从心,给工程项目的安全、质量和成本带来了很大的压力。

在智慧施工策划模式下,运用基于 BIM 技术的施工方案及工艺模拟不仅可以检查和比较不同的施工方案、优化施工方案,还可以提高向作业人员技术交底的效果。整个模拟过程包括施工工序、施工方法、设备调用、资源(包括建筑材料和人员等)配置等。通过模拟发现不合理的施工程序、设备调用程序与冲突、资源的不合理利用、安全隐患、作业空间不充足等问题,也可以及时更新施工方案,以解决相关问题。施工过程模拟、优化是一个重复的过程,即"初步方案→模拟→更新方案",直至找到一个最优的施工方案,尽最大可能实现"零碰撞、零冲突、零返工",从而降低不必要的返工成本,减少了资源浪费与施工安全问题。同时,施工模拟也为项目各参建方提供了沟通与协作的平台,帮助各方及时、快捷地解决各种问题,从而大大提高了工作效率,节省了大量时间。

工程常用的模拟分为方案模拟和工艺模拟。方案模拟是对分项工程施工方案或重要施工作业方案进行模拟,主要是验证、分析、优化和展示施工进度计划、工序逻辑顺序和穿插时机、施工工艺类型、机械选型和作业过程、资源配置、质量要求和施工注意事项等内容。工艺模拟主要是对某一具体施工作业内容进行模拟,主要是验证、分析、优化和展示每个施工步骤的施工方法、措施、材料、工具、机械、人员配置、质量要求、检查方法和注意事项等内容。

"1+X"建筑信息模型(BIM)职业技能等级证书中 BIM 职业技能中级(结构工程类专业 BIM 专业应用)考评大纲对基于 BIM 的施工方案编制与交底技能要求如下:

5.7 结构工程类专业可视化交底的 BIM 应用

5.7.1 掌握工程技术交底的基础知识;

5.7.2 掌握通过 BIM 软件进行可视化交底的方法。

5.8 模板工程设计的 BIM 应用

5.8.1 掌握模板工程施工的基础知识;

5.8.2 掌握模板工程常见的荷载种类及荷载计算方法;

5.8.3 掌握通过 BIM 软件进行结构建模及模板加载、计算的方法;

5.8.4 掌握通过 BIM 软件进行结构配板及模板调整的方法;

5.8.5 掌握通过 BIM 软件绘制模板配板图、剖面图、大样图等的方法;

5.8.6 掌握通过 BIM 软件输出模板材料清单的方法;

5.8.7 掌握通过 BIM 软件生成模板设计计算书的方法。

5.9　塔式起重机基础验算的 BIM 应用方法

5.9.1　了解塔式起重机的类型；

5.9.2　掌握塔式起重机荷载施加方法；

5.9.3　掌握塔式起重机基础布置方法；

5.9.4　掌握通过相关软件进行塔式起重机基础验算的方法。

5.10　脚手架工程设计的 BIM 应用

5.10.1　了解脚手架工程施工的基础知识；

5.10.2　了解脚手架工程常见的荷载种类及荷载计算方法；

5.10.3　了解通过 BIM 软件进行结构建模及脚手架加载、计算的方法；

5.10.4　了解通过 BIM 软件进行结构配架及脚手架调整的方法；

5.10.5　了解通过 BIM 软件绘制脚手架配板图、剖面图、大样图等的方法；

5.10.6　了解通过 BIM 软件输出脚手架材料清单的方法；

5.10.7　了解通过 BIM 软件生成脚手架设计计算书的方法。

5.11　土方安全验算的 BIM 应用方法

5.11.1　了解地基基础构造、土力学的基础知识；

5.11.2　了解土方工程施工的相关知识；

5.11.3　了解通过相关软件进行土方安全验算的方法；

5.11.4　了解土方施工建模的方法。

2）知识点——BIM 5D 在施工组织设计中的价值

BIM 5D 以 BIM 平台为核心，能够集成多类型 BIM 模型，并以集成模型为载体，关联施工过程中的进度、合同、成本、质量、安全、图纸、物料等信息，为项目提供数据支撑，实现有效决策和精细管理，最终达到减少施工变更、缩短工期、控制成本、提升质量的目的。

传统的施工组织设计及方案优化流程是由项目人员熟悉设计施工图、进度要求、现场资源情况，进而编制工程概况、施工部署以及施工平面布置，并根据工程需要编制工程投入的主要施工机械设备和劳动力投入等内容，在完成相关工作之后提交监理单位审核，审核通过后，相关工作按照施工组织设计执行。

基于 BIM 5D 的施工组织设计优化了施工组织设计的流程，提高了施工组织设计的表现力。BIM 5D 在施工组织设计中的价值，主要体现在以下几个方面。

①基于 BIM 5D 的施工组织设计结合三维模型对施工进度相关控制节点进行施工模拟，直观展示不同的进度控制节点、工程各专业的施工进度。

②在对相关施工方案进行比选时，通过创建相应的三维模型对不同的施工方案进行三维模拟，并自动统计相应的工程量，为施工方案选择提供参考。

③基于 BIM 5D 的施工组织设计为劳动力计算、材料、机械、加工预制品等统计提供了新的解决方法，在进行施工模拟的过程中，将资金以及相关材料资源数据录入模型中，在进行施工模拟的同时也可以查看在不同的进度节点相关资源的投入情况。

"1+X"建筑信息模型（BIM）职业技能等级证书中 BIM 职业技能中级（建设工程管理类专业 BIM 专业应用）考评大纲对基于 BIM 的施工管理技能要求如下：

7.9 基于BIM的施工管理

7.9.1 熟悉基于BIM的成本、进度、资源、质量、安全管理的原理；

7.9.2 掌握按照基于BIM施工管理要求对建筑及安装工程BIM模型进行完善的方法；

7.9.3 掌握将进度计划与建筑及安装工程BIM模型进行关联的方法；

7.9.4 掌握将建筑及安装工程BIM模型与成本、进度、资源、质量、安全匹配进行关联的方法；

7.9.5 掌握根据项目的实际进度调整建筑及安装工程BIM模型的方法；

7.9.6 掌握按进度查看建筑及安装工程BIM模型的方法；

7.9.7 掌握按进度或施工段从建筑及安装工程BIM模型提取工程造价的方法；

7.9.8 掌握按进度或施工段从建筑及安装工程BIM模型提取主要材料的方法。

3）知识点——BIM在装配式建筑施工组织中的应用价值

装配式建筑是指建筑的各种构件(柱、梁、墙、板、楼梯、管道、栏板、其他等)经过拆解，在加工厂生产，运输到施工现场组装成型的建筑形式。

装配式建筑施工是将建筑物预制构件加工完毕后，运输至施工现场，结合构件安装知识，进行装配。与传统现浇建筑相比，装配式建筑具有以下特点：

①现场施工以构件装配为主。

②装配式构件在工厂内进行工业化生产，施工现场可直接安装，方便快捷，可以显著缩短施工工期，建造速度大大提高。

③建筑构件机械化程度高，可大大减少现场施工人员配备。

④装配式建筑的工程造价与传统建筑工程造价相比，要高很多。

⑤装配式建筑工厂化生产，能最大限度地改善墙体开裂、渗漏等质量通病，并提高住宅整体安全等级及质量。

项目施工阶段，BIM模型的应用可以进行施工图纸的深化、工程量校验、施工进程模拟、施工组织模拟、数字化建造、物料跟踪、施工现场配合等工作。其价值主要体现在以下几个方面：

(1)BIM应用于装配式建筑施工过程模拟

在实际工程中，能够通过软件的施工模拟技术，演示出施工过程中可能存在的缺陷，便于及时调整施工方案，避免施工事故，减少资源浪费。比如在吊装预制装配式建筑构件时，在构件现场吊装管理方面也可以利用BIM软件，以通过在施工计划中写入构件属性的方式来构建管理模型，结合吊装方案来模拟施工。明确制订施工方案之后，工作人员能够通过平板电脑等手持设备对工程项目全程施工进行辅助管理。在模拟施工过程中，要综合施工现场场地模型、施工项目结构模型和施工计划等内容，通过BIM软件制作具备时间节点的按施工计划顺序衔接各施工阶段的模拟动画，并将项目施工过程更加直观地表达出来。

（2）BIM 应用于装配式建筑材料管理

BIM 技术可以对材料管理方面做出完善和改进。在装配式建筑预制构件生产过程中，预制构件生产场地现场会堆积许多材料及构件，这时对预制构件进行分类生产和存储会耗费极大的人力财力资源，并且极容易出现问题。将 BIM 技术应用于材料生产以及运输中，能够实现对施工现场场地的准确模拟。可对施工各阶段所需构件数量进行提前准备，防止施工现场材料出现短缺或堆积过量的情况。验收工作者根据电子信息表对构件信息进行采集，如果施工进度发生变动，验收工作者要依据材料进厂计划对实际材料进场情况进行灵活安排，确认工作区域的构件数量符合要求。待施工完毕后，利用 BIM 软件对构件和材料的实际消耗情况进行记录整理，并且对比分析各项构件材料的计划用量和实际用量，为后续施工管理的材料管控做好准备。

（3）BIM 应用于优化施工、成本计划

利用 BIM 技术，在装配式建筑的 BIM 模型中引入时间和资源维度，将"3D-BIM"模型转化为"5D-BIM"模型，施工单位可通过"5D-BIM"模型来模拟装配式建筑整个施工过程和各种资源投入情况，建立装配式建筑的"动态施工规划"，直观地了解装配式建筑的施工工艺、进度计划安排和分阶段资金、资源投入情况；还可以在模拟过程中发现原有施工规划中存在的问题并进行优化，避免由于考虑不周引起的施工成本增加和进度拖延。利用"5D-BIM"进行施工模拟可使施工单位的管理和技术人员对整个项目的施工流程安排、成本资源的投入有更加直观的了解，管理人员可在模拟过程中优化施工方案和顺序、合理安排资源供应、优化现金流，实现施工进度计划及成本的动态管理。

（4）BIM 应用于装配式建筑碰撞检测

应用 BIM 软件对项目设计阶段的各项管线布置碰撞进行检查。对建筑项目设计图纸范围内的管线布设与建筑、结构平面布置和竖向高程相协调的三维协同设计工作进行完善，以防止实际工程中各构件存在空间冲突，最大限度地减少碰撞，避免给项目工程带来不必要的损失。

1.3.4　任务实施

本工程中 BIM 的应用价值：根据本工程的工程资料，在编制施工组织设计的过程中可以应用 BIM 技术进行施工现场管理（如施工现场的布置与策划），可以应用 BIM 技术进行可视化的工程技术交底，可以应用 BIM 技术进行模板与脚手架工程设计，还可以运用 BIM 5D 管理平台将 BIM 模型与成本、进度、资源等进行关联形成 BIM 5D 数据综合体，实施成本跟踪管控、资金资源管控、质量与安全管控等，展现 BIM 技术在项目管理中实时管控的应用价值。

1.3.5　任务总结

通过本任务可以了解到：BIM 技术在施工现场管理、模板及脚手架工程设计、施工技术可视化交底、施工进度管理、资源配置、现场平面布置等方面的应用。

【学习测试】

一、判断题

1.工程项目施工组织设计是对项目实行科学管理的重要手段,是项目不可缺少的部分。

（　　）

2.施工组织设计是用来指导拟建工程施工全过程的技术经济文件、经济和组织文件。

（　　）

3.施工组织总设计是以一个单位工程项目为编制对象的指导施工全过程的文件。

（　　）

4.为了保证施工顺利,施工准备工作应在施工开始前完成。（　　）

5.施工准备工作具有阶段性,必须在拟建工程开工之前做完。（　　）

6.施工方案的设计是单位工程施工组织设计的核心内容。（　　）

7.正确选择施工方法和施工机械是制订施工方案的关键。（　　）

8.选择好施工方案后,便可编制资源需要量计划。（　　）

二、单选题

1.选择施工方案首先应考虑（　　）。

A.施工方法和施工机械的选择　　　　B.流水施工的组织

C.制订主要技术组织措施　　　　　　D.确定合理的施工顺序

2.下列内容中,不属于单位工程施工组织设计编制依据的是（　　）。

A.可行性研究报告　　　　　　B.现场水文地质情况

C.预算文件　　　　　　　　　D.施工图

3.单位工程施工组织设计的主要内容不包括（　　）。

A.施工总进度计划　　　　　　B.资源需求量计划

C.单位工程施工进度计划　　　D.施工方案的选择

4.单位工程施工组织设计是以一个（　　）为编制对象,用以指导其施工全过程的各项施工活动的综合技术经济性文件。

A.单位工程　　　B.分项工程　　　C.分部工程　　　D.工程项目

5.由施工单位负责编制的各类施工组织设计应经过（　　）审批后实施。

A.施工企业总经理　　　　　　B.建设单位或监理工程师

C.上级主管的总工或主任工程师　　D.项目技术负责人

6.由施工单位负责编制的各类施工组织设计应经过（　　）审批后实施。

A.施工企业总经理　　　　　　B.建设单位或监理工程师

C.上级主管的总工或主任工程师　　D.项目技术负责人

7.下列内容中,不属于单位工程施工组织设计的内容是（　　）。

A.施工进度计划　　B.施工平面图　　C.施工日志　　D.工程概况

8.单位工程或主要分部分项工程施工组织设计的基本内容不包括（　　）。

A.施工条件分析　　B.施工规划　　C.施工平面图　　D.施工方案

三、多选题

1.单位工程施工组织设计的内容包括(　　　　　)。

A.施工部署　　　　　　　　B.施工作业计划　　　　　C.各种资源需要量计划

D.施工准备工作计划　　　　E.施工方案

2.单位工程施工组织设计内容中的工程概况,主要包括(　　　　　)。

A.建设概况　　　　　　　　B.建筑、结构设计概况　　　C."四通一平"情况

D.建设地点特征　　　　　　E.施工条件

3.单位工程施工方案选择的内容包括(　　　　　)。

A.技术组织措施的确定　　　　B.流水施工的组织　　　　C.施工顺序的确定

D.各项资源需要计划的确定　　E.施工方法和施工机械的选择

4.下列(　　　　　)是单位工程施工组织设计的主要内容。

A.工程概况及施工特点　　　B.施工进度计划　　　　　C.工程设备供应商

D.施工平面图　　　　　　　E.总平面布置图

5.单位工程施工组织设计编制的依据是(　　　　　)。

A.施工组织总设计　　　　　B.施工承包合同　　　　　C.设计文件

D.建设单位可提供的条件　　E.工程款

6.施工部署一般应包括(　　　　)等内容。

A.拟订主要工程项目的施工方案　　　　　　B.确定工程开展程序

C.明确施工任务划分与组织安排　　　　　　D.编制施工准备工作计划

E.造价控制程序

7.单位工程施工组织设计的主要内容包括(　　　　　)等。

A.施工方案　　　　　　　　B.施工进度计划　　　　　C.施工验收

D.资源需要量计划　　　　　E.施工平面图

8.施工方案是编制(　　　　)的依据。

A.施工进度计划　　　　　　B.施工准备工作计划　　　C.各项资源需要量计划

D.施工平面图　　　　　　　E.技术经济指标

四、任务单

1.编制广联达员工宿舍楼工程施工组织设计中的如下内容:工程概况、施工部署、主要分部分项工程施工方案、施工技术保障措施。

2.结合施工图选取某一个专项编制专项方案。

项目2　管理与组织施工准备工作

【教学目标】

1) 知识目标

(1) 了解施工准备工作的意义。

(2) 熟悉施工准备工作的分类方法。

(3) 掌握施工准备的内容,包括调查研究与搜集资料、技术资料准备、施工现场准备、物资准备及施工现场人员准备、季节性施工准备等工作的具体内容。

2) 能力目标

(1) 能够根据施工调查要求和原始资料的收集,进行拟建工程的施工调查。

(2) 能够根据建筑工程施工准备的情况,对建筑施工图做初步识读,了解该工程大概的设计意图,具有参与图纸审查、编写会议纪要、编制施工准备工作计划与开工报告等施工管理的前期工作能力。

3) 素质目标

(1) 培养理论结合实践的应用能力。

(2) 提升相应的职业技能技术及工程项目管理能力。

(3) 培养良好的自我学习和信息获取能力。

(4) 培养良好的交流、沟通、与人合作的能力。

4) 思政目标

(1) 培养注重实践的务实意识。

(2) 提升专业爱岗的奉献精神。

(3) 培养学生追求真理、实事求是、勇于探究与实践的科学精神。

(4) 提升学生扎实学习基础知识及科学创新的精神。

【思维导图】

项目2 管理与组织施工准备工作 — 任务 管理与组织施工准备工作

- 知识点——调查研究与搜集资料
- 知识点——技术资源准备
- 知识点——施工生产要素准备
- 知识点——施工现场准备
- 知识点——季节性施工准备

任务 管理与组织施工准备工作

2.1.1 任务说明

根据"员工宿舍楼"资料,完成本工程施工准备的编制。

2.1.2 任务分析

施工准备工作是为了保证工程顺利开工和施工活动正常进行而必须事先做好的各项工作,是工程施工的重要阶段,并且贯穿于整个施工过程中。在认真做好施工准备工作,加快施工速度、提高工程质量、确保施工安全、降低工程成本和施工风险,提高企业综合经济效益等方面具有重要作用。

施工准备工作的内容主要包括以下方面:

1)调查研究和资料收集

为了形成符合实际情况并切实可行的施工组织设计,在进行建设项目施工准备工作中,需要首先通过对工程条件、工程环境特点和施工条件等基础资料进行调查,以获得正确的原始资料,并对这些原始资料进行分析研究,为解决施工组织问题提供正确依据。

2)技术资料准备

技术资料准备指导着现场施工准备工作,对于保证建筑产品质量、实现安全生产、加快工程进度、提高工程经济效益具有十分重要的意义。任何技术的差错或隐患都可能引起人身安全和质量事故,造成生命、财产和经济的巨大损失。技术资料准备工作内容一般包括熟悉与审查图纸,编制施工图预算和施工预算,编制施工组织设计等。

3)施工生产要素准备

通过对施工生产要素的优化配置和动态管理,以实现施工项目的质量、成本、工期和安全的管理目标。建设工程施工生产需要消耗大量的劳动力和物资,根据准备工作计划,应积极地做好施工生产要素准备。

施工生产要素准备主要包括下述内容:

①施工队伍的准备：建立施工项目的组织机构、基本施工队伍的准备、专业施工队伍的准备以及做好分包或劳务安排的准备。

②建立健全各项管理制度，做好对施工队伍的教育等内容。

③准备好施工物资，包括基本建筑材料的准备、构(配)件、制品的加工准备、施工机具的准备、模板和脚手架的准备和生产工艺设备的准备。

4)施工现场准备

施工现场是施工的全体参与者为了达到优质、高速、低耗的目标，而有节奏、均衡、连续地进行建筑施工的活动空间。施工现场的准备工作为工程施工创造了有利的施工条件和物资保证，其工作应按照施工组织设计的要求进行。其主要内容有清除障碍物、做好"七通一平"、测量放线、搭建临时设施、组织施工机具进场、安装和调试以及组织材料、构配件制品进厂存储等。

5)季节性施工准备

由于建筑工程大多为露天作业，受气候和温度变化影响大，因此针对建筑工程特点和气候变化，应正确选择施工方法，合理安排施工项目，采取必要的防护措施，做好季节性施工准备工作，以保证施工按期、保质、安全地顺利进行。

冬期应做好组织实施、图纸准备、现场准备及安全与防火等；雨期施工的准备工作包括合理安排雨季施工、加强施工管理、做好雨期施工的安全教育、防洪排涝，做好现场排水工作、做好道路维护，保证运输通畅、做好物资储存、做好机具设备等防护以及加固整修临时设施及其他准备工作。夏季要认真编制夏季施工的安全技术施工预案，并认真组织贯彻实施，同时做好现场防雷装置的准备工作。

2.1.3　知识链接

1)知识点——调查研究与搜集资料

施工准备工作对于拟定科学合理、切合实际的施工组织设计来说是必不可少的，是工程设计及施工组织设计的重要依据之一。

为了形成符合实际情况并切实可行的施工组织设计，在进行建设项目施工准备工作中，需要首先通过对工程条件、工程环境特点和施工条件等基础资料进行调查，以获得正确的原始资料，并对这些原始资料进行分析研究，为解决施工组织问题提供正确的依据。

原始资料调查的内容一般包括建设场址勘察和技术经济资料调查。

(1)建设场址勘察

建设场地勘察主要是了解建设项目的地形、地貌、地质、水文、气象以及场址周围环境和障碍物情况等。

①地形、地貌资料。收集建设地区地形资料的目的在于了解项目所在地区的地形和特征，主要内容有建设区域的地形图、建设工地及相邻地区的地形图。

建设区域地形、地貌资料的用途为:选择施工用地、布置施工总平面图、场地平整及土方量计算、了解障碍物及其数量。

建设区域地形、地貌资料需要提供的资料包括工程的建设规划图、区域地形图、工程位置地形图,地区城市规划图、水准点及控制桩的位置、现场地形和地貌特征、勘察高程及高差等。

②工程地质资料。收集工程地质资料的目的在于确定建设地区的地质构造、人为的地表破坏现象(如土坑、古墓等)和土壤特征、承载能力等。工程地质资料可为选择土方工程施工方法、地基土的处理方法以及基础施工方法提供依据。

地质资料收集的内容包括钻孔布置图;工程地质剖面图;土层类别、厚度;土壤物理力学指标;地层的稳定性、断层滑块、流沙;最大冻结深度;地基土破坏情况等。

③水文地质资料。水文地质资料主要包括地下水和地面水两部分。

收集地下水资料的目的在于帮助选择基础施工方案、选择降水方法以及拟定防止侵蚀性介质的措施。收集资料内容主要包括地下水最高、最低水位及时间,水的流速、流向、流量;地下水的水质分析及化学成分分析;地下水对基础有无冲刷、侵蚀影响等。

收集地面水资料的目的为确定临时给水方案,并还可作为考虑利用水路运输作为施工方式的依据。收集资料内容主要包括:邻近江河湖泊距工地的距离;洪水、平水、枯水期的水位、流量及航道深度;水质分析;最大、最小冻结深度及结冻时间等。

④气象资料。收集气象资料的目的在于确定建设区域的气候条件,作为确定冬、雨期施工措施的依据,主要内容有:

a.气温调查。包括年平均气温,最高最低气温、不高于 5 ℃ 的起止时间。以便确定防暑降温措施、冬季施工措施。

b.雨、雪调查。包括雨季起止时间、全年雷暴天数、一昼夜最大降雨(雪)量。以便确定排水、降水措施和防洪方案。

c.风调查。包括主导风向、风振频率,≥8 级风的全年天数。以便确定高空作业及吊装技术安全措施。

⑤周围环境及障碍物调查。周围环境及障碍物调查包括施工区域现有建筑物、构筑物、沟渠、水井、树木、土堆、电力架空线路、地下沟道、人防工程、上下水管道、埋地电缆、煤气及天然气管道、地下杂填积坑、枯井等。

(2)技术经济资料调查

技术经济资料调查的目的是查明建设地区地方工业、资源、交通运输、动力资源、生活福利设施等地区经济因素,获取建设地区技术经济条件资料,以便在施工组织中尽可能利用地方资源为工程建设服务,同时也可作为选择施工方法和确定费用的依据。

①建设地区能源调查。能源调查作为选择施工临时供水、供电和供气的方式,且提供经济分析比较的依据。

能源调查的内容主要包括工地用水和当地现有水源连接的可能性、接管地点、管材、埋深、水压、水质,自选临时水井的位置、深度、出水量,当地电源位置、引入可能性、可供电容量。

②建设地区交通条件调查。交通条件调查作为组织施工运输业务、选择运输方式、提供经济分析比较的依据。

交通条件调查的内容主要有:临近铁路专用线至工地的距离及沿途运输条件,主要材料产地至工地的公路等级、路面构造宽度及完好情况、允许最大载重量,货源和工地至临近河流、码头渡口的距离与道路情况。

③主要材料及地方资源调查。主要材料及地方资源调查作为确定材料供应计划、加工方式、储存方式和堆放场地,以及冬雨季预防措施的依据。

主要材料及地方资源调查内容包括:

a.建筑工程中用量较大的钢材、木材和水泥的供应能力、质量、价格、运费情况等。

b.地方资源如石灰石、石膏石、碎石、卵石、河砂、矿渣、粉煤灰等能否满足建筑施工的要求。

c.开采、运输和利用的可能性及经济合理性。

④社会劳动力和生活设施情况调查。这些资料一般可作为施工现场临时设施的安排、劳动力组织与安排计划的依据。内容包括:

a.当地能提供的劳动力人数、技术水平、来源和生活安排。

b.建设地区已有的可供施工期间使用的房屋情况。

c.当地主副食、日用品供应、文化教育、消防治安、医疗单位的基本情况以及能为施工提供的支援能力。

2)知识点——技术资源准备

技术资源的准备是施工准备的基础与核心,指导着现场施工准备工作,是保证施工能连续、均衡地达到质量、工期、成本等目标的必备条件。

具体包括的内容:熟悉和会审图纸、编制施工组织设计,编制施工图预算与"四新"试验,试制的技术准备。

(1)熟悉和会审图纸

①概念。施工图纸作为建筑物或构筑物的施工依据,施工技术人员必须在工程施工前熟悉施工图纸中各项设计的技术要求。在熟悉施工图纸的基础上,由建设、监理、施工、设计等单位共同对施工图纸组织会审,会审后要有图纸会审纪要,各参加会审的单位盖章,可作为与设计同时使用的技术文件。

②目的。熟悉与会审图纸的目的是通过审查发现图纸中存在的问题和错误,为拟建工程的施工提供准确、齐全的设计图纸,使从事施工和管理的工程技术人员充分了解和掌握设计图纸的设计意图、构造特点和技术要求,保证能够按设计图纸的要求进行施工。

③方法与内容。熟悉图纸需要遵从一定的方法,掌握其具体内容,一般的做法见表2.1。

表 2.1　熟悉图纸的方法与内容

序号	方　法	内　容
1	先整体后细节	先看平面图、立面图、剖面图,对整个工程设计图纸的平、立、剖面图有总体认识,然后了解内部构造,总尺寸与细部尺寸是否矛盾,位置、标高是否一致
2	先小后大	核对在平面图、立面图、剖面图中标注的细部做法与大样图的做法是否相符,所采用的标准构件图集编号、类型、型号与设计图纸有无矛盾,索引符号有无漏标之处,大样图是否齐全等
3	先建筑后结构	先看建筑图,后看结构图。将建筑图与结构图互相对照,核对其轴线尺寸、标高是否相符,有无矛盾,核对有无遗漏尺寸、构造不合理之处
4	先一般后特殊	先看一般部位及其要求,后看特殊部位及其要求。特殊部位一般包括地基处理方法、变形缝的设置、防水处理要求,以及抗震、防火、保温、隔热、防尘、特殊装修等技术要求
5	图纸与说明结合	看图时对照设计总说明和图中的细部说明,核对图纸和说明有无矛盾,规定是否明确,要求是否可行,做法是否合理,是否符合国家或地区技术规范的要求等
6	土建与安装结合	熟悉土建图时,有针对性地看一些安装图,核对与土建有关的安装图有无矛盾,预埋件、预留洞、槽的位置、尺寸是否一致,了解安装对土建的要求,以便在施工中协作配合
7	图纸要求与实际情况结合	核对图纸有无不符合施工实际之处,如建筑物的相对位置、场地标高、地质情况等是否与设计图纸相符;对一些特殊的施工工艺,施工单位能否做到等

(2)编制施工组织设计

施工组织设计是施工准备工作的重要组成部分。用于指导施工的施工组织设计是在投标书中施工组织设计的基础上,结合所收集的原始资料和相关信息资料,根据图纸及会审纪要,按照编制施工组织设计的基本原则,综合建设单位、监理单位、设计意图的具体要求进行编制,以保证建设工程顺利完成。

(3)编制施工图预算和施工预算

在签订施工合同并已进行图纸会审的基础上,施工单位就应结合施工组织设计和施工合同编制施工预算,以确定人工、材料和机械费用的支出,并确定人工数量、材料消耗数量及机械台班使用量等。

①编制施工图预算。施工图预算是技术准备工作的主要组成部分之一,是按照施工图纸确定的工程量、施工组织设计所拟定的施工方法、建筑工程预算定额及其取费标准,也是由施工单位编制的、确定建筑安装工程造价的经济文件,是施工企业签订工程承包合同、工程结算、银行拨付工程价款等方面工作的重要依据。

②编制施工预算。施工预算是根据施工图预算、施工图纸、施工组织设计或施工方案、

施工定额等文件进行编制的,它是施工企业内部控制各项成本支出、考核用工、"两算"对比、签发施工任务单、限额领料、进行经济核算的依据。

3)知识点——施工生产要素准备

建设工程施工生产需要消耗大量的劳动力和物资,根据准备工作计划,应积极地做好施工队伍及物资的准备工作(或施工生产要素准备)。

(1)建立项目组织机构

施工组织机构的建立应遵循的原则:根据工程项目的规模、结构特点和复杂程度,确定项目施工管理层名单;坚持合理分工与密切协作相结合;坚持因事设职、因职选人的原则。

项目经理部是由项目经理在企业的支持下组建并进行项目管理的组织机构。它是施工项目现场管理的一次性具有弹性的施工生产组织机构,负责施工项目从开工到竣工的全过程。施工生产经营的管理层对作业层负有管理与服务的双重职能。

项目经理是指受企业法定代表人委托和授权,在建设工程项目施工中担任项目经理岗位职务,直接负责工程项目施工的组织实施者,是对建设工程项目施工全过程全面负责的项目管理者,同时也是建设工程施工项目的责任主体。

(2)施工队伍的准备

建筑施工生产需要消耗大量的劳动力,施工队伍的准备要为正常施工生产活动创造条件,做好各工种操作人员的准备。施工现场人员的选择和配备,直接影响建筑工程的综合效益,直接关系工程质量、进度和成本。

①施工现场管理人员的配备:现场管理人员是施工生产活动的直接组织者和管理者,其人员数量和素质应根据施工项目组织机构的需要,结合工程规模、结构特点和复杂程度进行配备。一般规模的单位工程,设项目经理一名,施工员(即工长)一名,技术员、材料员、预算员各一名即可。

②基本施工队伍的准备:基本施工队伍的准备应根据工程规模、特点,选择合理的劳动组织形式。对于土建工程施工来说,一般以混合班组的形式比较合适,其特点是:班组人员较少,工人提倡"一专多能",以某一专业工种为主,兼会其他专业工种,工序之间搭接比较紧凑,劳动效率较高。如砖混结构的主体工程,可以瓦工为主,适当配备一定数量的架子工、木工、钢筋工、混凝土工及普通工人;装修阶段则以抹灰工为主,辅之适当数量的架子工、木工及普通工人即可。对于装配式结构工程,则以结构吊装工为主,其他工种为辅;对于全现浇的框剪结构则以泥(凝)土工、木工和钢筋工为主。

③专业施工队伍的准备:对于大型工程项目来说,其专业技术要求都比较高,应由专业的施工队伍来负责施工。如大型施工项目中机电设备安装、消防、空调、通信等系统,一般可由生产厂家负责安装和调试,而大型土石方工程、吊装工程等则可以由专业施工企业负责施工。这些都应在准备工作计划中加以落实。

④专业分包或劳务分包的准备:对于本企业难以承担的一些专业项目,如深基础开挖和

支护、大型结构安装设备安装等项目应及早做好分包或劳务安排，与有关单位协调，签订分包合同或劳务合同，以保证按计划施工。

（3）建立健全各项管理制度

项目现场的各项管理制度是否建立、健全，直接影响其各项施工活动的顺利进行。有章不循的后果是严重的，而无章可循更是危险的。为此必须建立健全施工现场的各项管理制度。

管理制度通常包括如下内容：工程质量检查与验收制度；工程技术档案管理制度；建筑材料的检查验收制度；技术责任制度；施工图纸学习与会审制度；技术交底制度；职工考勤、考核制度；工地及班组经济核算制度；材料出入库制度；安全操作制度；机具使用保养制度等。

（4）做好施工队伍的教育

施工前，企业要对施工队伍进行劳动纪律、施工质量和安全教育，要求本企业职工和外包施工队人员必须做到遵守劳动时间，坚守工作岗位，遵守操作规程，保证产品质量，保证施工工期及安全生产，服从调动，爱护公物。同时，企业还应做好职工、技术人员的培训和技术更新工作，只有不断提高职工、技术人员的业务技术水平，才能从根本上保证建筑工程质量，不断提高企业的竞争力。另外，对于某些采用新工艺、新结构、新材料、新技术的工程，应先将有关的管理人员和操作工人组织起来培训，使其达到标准后再上岗操作。这也是施工队伍准备工作的内容之一。

针对工程施工的要求，强化各工种的技术培训，优化劳动组合，应认真、全面地进行施工组织设计的技术交底工作并对人员进行教育培训。施工组织设计交底的内容有：项目的施工进度计划、月（旬）作业计划；施工工艺、质量标准、安全技术措施和施工验收规范的要求；新结构、新材料、新技术和新工艺的方案和保证措施；图纸会审中确定的有关部位设计变更和技术核定等事项。交底工作应该按照管理系统逐级进行，由上而下直到工人队组，交底的方式有书面形式、口头形式和现场示范形式等。对人员的教育培训与优化主要是：针对工程施工的难点，组织工程技术人员和工人队组中的骨干力量，进行类似工程的考察与学习；对新工艺、新材料使用操作的适应能力进行专业工程技术培训；对工程质量管理进行强化质量意识、增强质量观念的培训；对施工安全、现场防火和文明施工等方面进行专题教育培训；对施工队组实行优化组合，双向选择、动态管理，最大限度地调动工人的积极性。

（5）施工物资的准备

物资准备是指施工中对劳动手段（施工机械、施工工具、临时设施）和劳动对象（材料、构配件）等的准备，这些是保证施工顺利进行的物资基础，准备工作应在开工前完成。

①基本建筑材料的准备

建筑材料的准备主要是根据施工预算进行工料分析，按照施工进度计划的使用要求，及材料名称、规格、使用时间、材料消耗定额进行汇总，编制出材料需要量计划，为组织备料、确定仓库、场地堆放所需的面积和组织运输等提供依据。其中基本建筑材料的准备包括"三材"、地方材料和装饰材料的准备,准备工作应根据材料的需要量计划,组织货源,确定加工、供应地点和供应方式,签订物资供应合同。

②构(配)件、制品的加工准备

根据施工工料分析提供的构(配)件、制品的名称、规格、质量和消耗量,及时确定加工方案和供应渠道以及进场后的储存地点和方式,编制出其需要量计划,以保证正常的施工生产,并为组织运输、确定堆场面积等提供依据。

③施工机具的准备

根据采用的施工方案安排施工进度,确定施工机械的类型、数量和进场时间。确定施工机具的供应办法和进场后的存放地点和方式,编制建筑安装机具的需要量计划,为组织运输、确定堆场面积等提供依据。其主要内容如下:

根据施工进度计划及施工预算所提供的各种构配件及设备数量,做好加工翻样工作,并编制相应的需用量计划。

根据需用量计划,向有关厂家提出加工订货计划要求并签订订货合同。

对施工企业缺少且需要的施工机具,应与有关部门签订订购和租赁合同,以保证施工需要。

对于大型施工机械(如塔式起重机、挖土机、桩基设备等)的需求量和时间,应与有关方面(如专业分包单位)联系,提出要求,在落实后签订有关分包合同,并为大型机械按期进场做好现场有关准备工作。

安装、调试施工机具,按照施工机具需要量计划组织施工机具进场,根据施工总平面图将施工机具安置在规定的地方或仓库。对于施工机具,要进行就位、搭棚、接电源、保养、调试工作。所有施工机具都必须在使用前进行检查和试运转。

④模板和脚手架的准备

模板和脚手架是施工现场使用量大、堆放占地面积最大的周转材料,需要提出其名称和型号,确定分期分批进场时间和保管方式,编制周转材料需要量计划,为组织运输、确定堆场面积提供依据。

模板及其配件规格多、数量大,对堆放场地要求比较高,一定要分规格、型号整齐码放,以便使用及维修。

大钢模一般要求立放,并防止倾倒,在现场也应规划出必要的存放场地。钢管脚手架、桥脚手架等都应按指定的平面位置堆放整齐,扣件等零件还应防雨,以防锈蚀。

⑤生产工艺设备的准备

订购生产用的生产工艺设备,要注意交货时间与土建进度密切配合,因为某些庞大设备的安装往往要与土建施工穿插进行,如果土建全部完成或封顶后,安装会有困难,故各种设备的交货时间要与安装时间密切配合,以免影响建设工期。准备时按照拟建工程生产工艺流程及工艺设备的布置图提出工艺设备的名称、型号、生产能力和需要量,确定分期分批进场时间和保管方式,编制工艺设备需要量计划,为组织运输、确定堆场面积提供依据。

4)知识点——施工现场准备

为了给建筑工程的施工创造有利的施工条件和物资保证,必须做好施工现场的准备工作,以保证连续均衡地进行施工,达成优质、高速、低消耗的目标。

(1)建设单位施工现场准备工作

建设单位应按照合同条款中约定的内容和时间完成以下工作:

①办理土地征用、拆迁补偿、平整施工场地等工作,使施工场地具备施工条件,在开工后继续负责解决以上事项遗留问题。

②将施工所需水、电、电信线路从施工场地外部接至专用条款的约定地点,保证施工期间的需要。

③开通施工场地与城乡公共道路的通道,以及专用条款约定的施工场地内的主要道路,满足施工运输的需要,保证施工期间的畅通。

④向承包人提供施工场地的工程地质和地下管线资料,对资料的真实准确性负责。

⑤办理施工许可证及其他施工所需证件、批件和临时用地、停水、停电、中断道路交通、爆破作业等的申请批准手续(证明承包人自身资质的文件除外)。

⑥确定水准点与坐标控制点,以书面形式交给承包人,进行现场交验。

⑦协调处理施工场地周围地下管线和邻近建筑物、构筑物(包括文物保护建筑)、古树名木的保护工作,并承担有关费用。

⑧上述施工现场准备工作,承发包双方也可在合同专用条款内,约定交由施工单位完成,其费用由建设单位承担。

(2)施工单位施工现场准备工作

施工单位现场准备工作即通常所说的室外准备,施工单位应按合同条款中约定的内容和施工组织设计的要求完成以下工作:

①根据工程需要,提供和维护非夜间施工使用的照明、围栏设施,并负责安全保卫。

②按专用条款约定的数量和要求,向发包人提供施工场地办公和生活的房屋及设施,发包人承担由此发生的费用。

③遵守政府有关主管部门对施工场地交通、施工噪声以及环境保护和安全生产等的管理规定,按规定办理有关手续,并以书面形式通知发包人,发包人承担由此发生的费用,因承包人责任造成的罚款除外。

④按条款约定做好施工场地地下管线和邻近建筑物、构筑物(包括文物保护建筑)、古树名木的保护工作。

⑤保证施工场地清洁,符合环境卫生管理的有关规定。

⑥建立测量控制网。

⑦工程用地范围内的"七通一平",其中平整场地工作应由其他单位承担,但建设单位也

可要求施工单位完成,费用仍由建设单位承担。

⑧搭建现场生产和生活用地临时设施。

(3)施工现场准备的主要内容

①清除障碍物。施工场地内的一切障碍物,无论是地上的还是地下的,都应在开工前清除,这一工作通常由建设单位完成。

拆除时,一定要摸清情况,在清除前应采取相应的措施,做好拆除方案,采取安全防护措施,防止事故发生。

对于房屋,一般只要把水源、电源切断后即可进行拆除。若房屋较大、较坚固,则有可能采用爆破的方法,这需要由专业的爆破作业人员来承担,并且需经有关部门批准。

架空电线(电力、通信)、埋地电缆(电力、通信)、自来水管、污水管、煤气管道等的拆除,都要与有关部门取得联系办好相关手续,一般由专业公司拆除。场内的树木需报请园林部门批准方可砍伐。

拆除障碍物后的建筑垃圾都应及时清除出场外。运输时,应遵守交通、环保部门的有关规定,运土的车辆要按指定的路线和时间行驶,并采取封闭运输车辆或在渣土上直接洒水等措施,以免渣土飞扬而污染环境,及时运输到指定堆放地点。

②做好“七通一平”。在工程用地范围内,路通、水通、电通和平整场地的工作,简称“三通一平”。

a.路通:施工现场的道路是建筑材料进场的通道,应根据施工现场平面布置图的要求,修筑永久性和临时性道路,尽可能使用原有道路以节省工程费用。

b.水通:施工现场用水包括生产、生活和消防用水。根据施工现场水源的位置,铺设给排水管线,尽可能使用永久性给水管线。临时管线的铺设应根据设计要求,做到经济合理,并尽量缩短管线长度。

c.电通:施工现场用电包括生产和生活用电,应根据施工现场电源的位置铺设管线和电气设备。尽量使用已有的国家电力系统的电源,也可自备发电系统满足施工生产的需要。

d.平整场地:清除障碍物后,即可进行平整场地的工作。平整场地就是根据场地地形图、建筑施工总平面图和设计场地控制标高的要求,通过测量,计算出场地挖填土方量,进行土方调配,确定土方施工方案,进行挖土找平的工作,为后续的施工进场工作创造条件。

工地上实际需要的往往不只是水通、电通、路通,有的工地还需要供应蒸汽、架设热力管线,称为“热通”;通煤气,称为“气通”;通电话作为联络通信工具,称为“电信通”;还可能因为施工中的特殊要求,还有其他的“通”。通常,把“路通”“给水通”“排水通”“排污通”“电通”“电信通”“蒸汽”及“煤气通”称为“七通”。一般而言,最基本的还是“三通一平”。

③测量放线。按照设计单位提供的建筑总平面图及接收施工现场时建设方提交的施工场地范围、规划红线桩、工程控制坐标桩和水准基桩进行施工现场的测量与定位。这一工作是确定拟建工程平面位置的关键,施测中必须保证精度、杜绝错误。

施工时应根据建设单位提供的由规划部门给定的永久性坐标和高程,按建筑总图上的要求,进行现场控制网点的测量,妥善设立现场永久性标准,为施工全过程的投测创造条件。

在测量放线前,应做好检验校正仪器、校核红线桩(规划部门给定的红线,在法律上起着控制建筑用地的作用)与水准点,制订测量放线方案(如平面控制、标高控制、沉降观测和竣工测量等)等工作。

建筑物应通过设计图中的平面控制轴线来确定其轮廓位置,测定后提交有关部门和建设单位验线,以保证定位的准确性。沿红线的建筑物,还要由规划部门验线,以防止建筑物压红线或超红线,为正常顺利施工创造条件。

④搭建临时设施。现场生活和生产用地临时设施,在布置安装时,要遵照当地的相关规定进行规划布置,如房屋的间距、标准是否符合卫生和防火要求,污水和垃圾的排放是否符合环境的要求等。因此,临时建筑平面图及主要房屋结构图都应报请城市规划、市政、消防、交通、环境保护等有关部门审查批准。

临时设施应按照施工总平面图的布置建造,为工程开工准备好生产、办公、生活、居住和储存等临时用房。应尽可能利用原有建筑物,以便节约用地,节约投资。

⑤组织施工机具进场、安装和调试。按照施工机具需要量计划,分期分批组织施工机具进场,根据施工总平面布置图,将施工机具安置在规定的地点或存储的仓库内。对于固定的机具,要进行就位、搭设防护棚、接电源、保养和调试等工作。对所有施工机具,都必须在开工前进行检查和试运转。

⑥组织材料、构配件制品进场存储。按照材料、构配件、半成品的需要量计划组织物资、周转材料进场,并依据施工总平面图规定的地点和指定的方式进行储存和定位堆放。同时,按进场材料的批量,依据材料试验、检验要求,及时采样并提供建筑材料的试验申请计划,严禁不合格的材料存储在现场。

5)知识点——季节性施工准备

季节性施工是指冬季施工、雨季施工和夏季施工,由于建筑工程大多为露天作业,受气候和温度变化影响较大,因此应针对工程特点,结合气温变化情况,制订科学合理的季节性施工准备措施,以保证顺利施工。

(1)冬季施工准备

冬季施工期是事故多发期,在冬季施工中,对施工有影响的包括长时间的持续负低温、大的温差、强风、降雪和反复的冰冻,这些气候经常造成质量事故。而且冬季发生质量等事故通常不易察觉,给事故的处理带来了很大困难。同时冬季施工对技术要求高,能源消耗高,会增加施工费用。为做到冬季不停工,且使冬季采取的措施费用增加较少。冬季的施工应做好以下准备工作。

①组织实施:合理安排施工进度计划。尽量安排保证施工质量且费用增加不多的项目在冬季施工,费用增加较多又不容易保证质量的项目则不宜安排在冬季施工。

②同时为确保工程质量且经济合理,需保证所需的热源和材料有可靠的来源,并尽量减

少能源消耗。

③图纸准备：凡进行冬期施工的工程项目，必须复核施工图纸，检查对其是否能适应冬期施工要求，并通过图纸会审解决。

④现场准备：安排专人做好施工期间的测温工作，并根据实物工程量提前组织有关机具、外加剂和保温材料、测温材料进场；对工地的临时给水排水管道及石灰膏等材料做好保温防冻工作；做好冬期施工混凝土、砂浆及掺外加剂的试配、试验工作；做好室内施工项目的保温，如先完成供热系统，安装好门窗玻璃等，以保证室内其他项目能顺利施工。

⑤安全与防火：冬期施工时，要采取防滑措施。大雪后必须将架子上的积雪清扫干净，并检查马道平台，如有松动下沉现象，务必及时处理。做好防火安全措施，对现场火源加强管理，使用天然气、煤气时，要防止爆炸；使用焦炭炉、煤炉或天然气、煤气时，应注意通风换气，防止煤气中毒。电源开关、控制箱等设施要加锁，并设专人负责管理，防止漏电、触电。

⑥交底与培训：应组织相关人员学习冬季施工方案，并向施工人员进行交底，同时应加强安全教育培训，避免事故发生。

（2）雨季的施工准备

雨季施工具有突然性和突击性。暴雨山洪等恶劣气候往往不期而至，雨季施工的准备工作和防洪措施应及早进行。因为雨水对建筑结构和地基基础的冲刷或浸泡具有严重的破坏性，必须迅速及时地保护，才能避免给工程造成损失，而且这种破坏作用往往持续时间长、耽误工期，所以必须要有充分的估计，并事先作好安排。雨季的施工应做好如下准备：

①合理安排雨季施工。在雨季来临之前，宜先完成基础、地下工程、土方工程、室外及屋面工程等不宜安排在雨期的施工项目，室内工作可以留在雨期施工，并将不宜在雨期施工的工程提前或延后安排。

②现场排水工作。施工现场雨季来临前，应做好排水沟渠的开挖，准备抽水设备，做好防洪排涝的准备，防止因场地积水和地沟、基槽、地下室等浸水，对工程施工造成损失。

③机具设备防护工作。应及时对现场的各种设备进行检查，防止脚手架、垂运设备在雨季发生倒塌、漏电、遭受雷击等事故，现场机具设备（焊机、闸箱等）要有防雨措施。

④做好安全教育。认真组织贯彻实施雨期施工措施，加强对职工的安全教育，提高职工的安全防范意识，防止事故发生。

⑤其他。做好物资的储存、道路维护工作，保证运输通畅，减少雨季施工损失。

（3）夏季施工准备

夏季施工的特点是环境温度高、相对湿度小、雨水较多，所以，要认真编制夏季施工的安全技术施工预案，认真做好各项准备工作。

①编制夏季施工项目的施工方案，并认真组织贯彻实施。根据施工生产的实际情况，积极采取行之有效的防暑降温措施，充分发挥现有降温设备的功能，添置必要的设施并及时做好检查维修工作。

②现场防雷装置的准备。防雷装置设计应取得当地气象主管机构核发的《防雷装置设计核准意见书》。待安装的防雷装置应符合国家有关标准和国务院气象主管机构规定的使用要求,并具备出厂合格证等证明文件。

从事防雷装置的施工单位和施工人员应具备相应的资质证或资格证书,并按照国家有关标准和国务院气象主管机构的规定进行施工作业。

因此,在季节性施工过程中,必须从具体条件出发,正确选择施工方法,做好季节性施工准备工作,以保证按期、保质、安全地完成施工任务,取得较好的技术经济效果。

2.1.4 任务实施

1)调查研究和资料收集

向建设单位、勘察设计单位收集工程资料,包括工程设计任务书、工程地质、水文勘察资料、地形测量图等,比如《广联达员工宿舍楼》岩土勘察报告、地形地貌、地层岩性、地下水及场地类别等资料。涉及内容请详见《广联达员工宿舍楼施工组织设计》第二章工程概况中的第三节施工条件。

同时到当地气象部门收集有关气象资料,对气温、雨季和雪季进行调查,作为确定冬季、雨季的施工措施依据。

(1)本项目的场地工程地质条件

本项目的场地工程地质条件如下所述:

①本工程基础根据勘察研究院提供的《广联达员工宿舍楼》岩土勘察报告。

②地形地貌:场地位于北京上地科技园区的北部边缘地带,地势平坦,孔口地面高程为40.60~44.61 m。

③地层岩性:勘察孔深范围内岩土层划分为十大层,每层土特征详见地质报告。

④地下水:地下水稳定水位为24.21~30.12 m。

⑤场地类别:拟建场地土类型为中型中软场地土,建筑场地类别为Ⅱ类,当地震烈度为8度时,场地地基不液化。

(2)现场施工条件

施工场地已进行三通一平,材料、构件、加工品由建设方提供,施工的建设机械由施工方自行租赁,劳动力的投入按照进度计划实施,施工严格按照规范,现场管理按照文明工地要求进行管理。

(3)施工重点、难点

基坑较深,及时做好支护,以及雨季施工降水工作。

2)技术资源准备

(1)施工前的准备工作

进场后,首先是与业主进行测量资料移交和测量控制网放线工作,对轴线、标高和定位坐标进行复测和测量控制网的布设工作。及时进行现场临时设施搭设及临水、临电方案上报监理公司和业主审批并及时组织施工队伍进场；抓紧进行分包商的选择；塔吊布置方案、总平面布置方案、底板混凝土浇筑组织方案进行讨论，确定最终方案；紧接着进行塔吊地基基础处理和塔吊安装工作，场地平整清理和总平面布置，迅速确定各种设备材料的进出场路线。制订各种详细的实施计划和施工方案，进行分阶段、分部、分项进度计划的编制，制订整个工程的综合配套计划；抓紧进行钢筋备料、钢筋放样、钢筋加工和模板准备等。

（2）施工图、技术规范准备

工程施工进场时，组织工程技术人员熟悉施工图纸，参加设计交底，理解和掌握设计内容，尤其对较为复杂、特殊功能部分，对结构配筋、不同结构部位混凝土强度等级、高程和细部尺寸，以及各部位装修做法等。解决设计施工图与施工技术不一致等问题，提出施工对设计的优化建议，为顺利按图施工扫清障碍。开工前编制应用于本工程的技术规范、技术标准目录，配置各类技术软资源并进行动态管理，满足技术保证的基础需要。

施工中涉及的规范及标准见表2.2。

表 2.2　施工中涉及的主要规程、规范

名　　称	编　　号
《工程测量标准》	GB 50026—2020
《建筑地基基础工程施工质量验收规范》	GB 50202—2018
《地下工程防水技术规范》	GB 50108—2008
《地下防水工程质量验收规范》	GB 50208—2011
《混凝土结构工程施工质量验收规范》	GB 50204—2015
《砌体结构工程施工质量验收规范》	GB 50203—2011
《屋面工程质量验收规范》	GB 50207—2012
《建筑装饰装修工程质量验收规范》	GB 50210—2018
《建筑地面工程施工质量验收规范》	GB 50209—2010
《建筑工程施工质量验收统一标准》	GB 50300—2013
《混凝土质量控制标准》	GB 50164—2011
《电梯安装施工质量验收规范》	GB 50310—2002
《建筑地基处理技术规范》	JGJ 79—2012
《玻璃幕墙工程技术规范》	JGJ 102—2003
《玻璃幕墙工程质量检验标准》	JGJ 139—2020
《建筑施工扣件式钢管脚手架安全技术规范》	JGJ 130—2011
《建筑施工高处作业安全技术规范》	JGJ 80—2016
《建筑机械使用安全技术规范》	JGJ 33—2012
《施工现场临时用电安全技术规范（附条文说明）》	JGJ 46—2005

（3）编制实施性施工组织设计、细化专项施工方案

组织相关专业的工程技术人员编制实施性施工组织设计和项目质量计划,编制专项施工方案,向有关施工人员做好一次性施工组织、专项方案和分项工程技术交底工作。主要专项施工方案包括防水、钢筋、混凝土、模板、回填土、型钢混凝土组合结构、有粘结预应力技术、装修、交通导流、施工用电、临时设施等。根据工程特点,对重点、关键施工部位提出科学、可行的技术攻关措施。

（4）工程测量准备

成立项目部测量组,组织测量人员参加工程交接桩及工程定位工作;编制测量方案,建立现场测量控制网(平面及高程网)。

（5）试验工程准备

现场建立标养室,配置与工程规模相适应的现场试验员,制订本项目检验、试验管理制度和程序。现场试验工作包括各种原材料取样、混凝土及其他试块(件)制作与临时养护、土工试验等。

3）施工生产要素的准备

（1）施工物资的准备

①编制物资计划。主要包括钢材、混凝土、架料、模板及支撑系统;辅助施工材料及设施;应急处置材料;防水材料;门窗;各种装修材料;水、电、设备等专业相关的材料及设备等。

主要施工材料需用量计划见表 2.3。

表 2.3　施工材料采购和进场计划表

序号	材料名称	规　格	单位	数　量	进场时间
1	钢筋	直径≤10 mm	t		
		直径>10 mm	t		
2	模板	15 厚竹胶合模板	m²		
3	砌体	煤陶粒空心砖	m³		
4	混凝土		m³		
5	外墙涂料		m²		
6	抹灰	普通水泥砂浆	m²		
7	防水材料	1.5 mm 厚聚氨酯涂膜防水	m²		
		3 mm 厚高聚物改性沥青卷材	m²		

②物资采购与委托加工。根据进度计划情况及时编报物资申请计划。材料采购前认真询价,做到对所购材料的价格、质量有清楚的认识,确定合格资质的供货商,作好材料的采购、供货工作。

严把材料质量关,对本工程所需材料、物资坚持质量第一的原则,杜绝劣质产品进场。所有材料进场时均由项目专职质检员、材料员、技术员共同验收,未经验收合格的材料一律不得使用,不合格材料严禁进入施工现场;装修阶段业主指定的分供方材料、设备及业主指定的分包工程材料进场后由项目部质检人员进行验收,协助业主和分包把关,以确保进场材料质量,确保工程质量。在此基础上,我方还应督促供货方提供产品质量合格证书,需复测的材料进行测试,确保供货质量。

在采购、运输过程中对工程所需材料、物资的规格、型号、数量认真进行核对,以确保无误。

易损、易耗物资要认真包装,以免运输途中受损,另外根据情况在采购中加一定的损耗量,以满足工程的需要。

(2)施工队伍的准备

①作业队伍的选择。按择优提前选择劳务队伍,并审查劳务队伍资质。劳务队应按施工所需陆续安排进场,并在进场时对其进行安全、治安、环保、卫生等方面的教育,并进行有针对性的技术、质量标准和现场管理制度的培训,签订工程劳务合同,完善劳务用工手续。

为保证本工程施工质量和工程要求,除管理人员要求业务技术素质高、工作责任心强外,还应根据劳动力需用计划适时组织各类专业作业队伍进场,对作业人员要求技术熟练,服从现场统一管理,对特殊工种提前做好培训工作,必须做到持证上岗。劳动力需要量计划见表 2.4。

表 2.4　劳动力需要量计划表

序号	工种名称	按工程施工阶段投入劳动力情况				
		土方工程	基础工程	主体工程	屋面工程	装饰工程
1	瓦工	13				
2	混凝土工		15	12		
3	模板工		40	22		
4	钢筋工		22	30		
5	脚手架工		18	13		
6	砌砖工		26	39		
7	抹灰工				40	40
8	外墙涂料工				7	
9	防水工				20	
10	门窗安装工					25

②后勤保障。针对施工现场场地实际情况,为方便施工,项目部管理人员及作业人员尽可能安排在场内的生活区居住。服务设施齐全,力求使施工人员居住方便舒适。

③劳动力安排。根据周进度计划安排,找出关键工序,合理组织劳动力,精心策划优化劳动力组合,确保各工序合理工期,避免在施工中出现因个别工序未完成而影响其他工序造成窝工现象。同时责任落实到人,赏罚分明,对缩短工序工期的班组予以奖励,影响工序工期的作业班组和个人予以罚款。

④作业队的管理。作业队采取三级管理方式,即一级为作业队长、二级为质检员和施工员、三级为班组长,明确权力,落实责任;专业工种严格执行持证上岗制度,杜绝无证操作。

4) 施工现场准备

①工程地基处理已经完毕,但现场场地与道路均不平整,故应进一步进行三通一平工作,用推土机从北向南将基坑周围的场地推至平整,并有 2% 的坡度,坡度找向排水沟,以利于现场排水,技术部门提前做好施工用水电设计,确保道路畅通水电到位。

②根据施工平面布置图、施工组织设计以及现场实际情况,提前恢复、完善各项大型临时设施及搅拌站的建设,并做好安装运作调试工作。材料机械提前进场进行施工现场平面管理准备。

③制订施工现场各类人员岗位责任制和有关规章制度,建立各单位台账,并做好宣传工作,划分各工区责任人,实行定岗定位管理。

④清理施工作业面上的材料,将原有钢筋表面水泥保护浆清理干净,除锈调直。召开相关单位协调会,提前做好水电专业的配保工作,坚持每周召开生产碰头会,研究解决协调工程中的问题。

⑤做好施工现场周围居民的工作。施工期尽量减少噪声,避免扰民,环保部门做好环保工作。

⑥做好施工现场的安全保卫工作。现场配置保安人员及值班时间,必须保证到位,夜间巡逻,重要部位(如钢筋加工厂、搅拌站、库房)应由专人负责看护。

⑦施工用水准备。根据施工组织设计要求及现场实际情况,本工程考虑采用消防用水、施工用水两项,搅拌用水为场区统一设计,现场供水采用暗敷输送至楼前,设置大型蓄水池 5 m×8 m,深度 2.5 m,采用高压泵向楼内供应施工及消防水管管径 ϕ75,每层均设置给水阀门。现场有 ϕ100 mm 市政用水干管,从预留接口接出 ϕ75 施工干线,可满足施工与消防用水。

⑧施工用电准备。施工现场安排三路供电,建筑物北侧一路,电焊机一路,生活区一路。每隔一层各设流动配电箱一个,所有动力线路均用电埋地暗敷设设置引入,分别设配电箱控制,夜间照明采用低压行灯。

5) 季节性施工准备

(1) 冬期施工

提前准备好冬季施工所需物资,组织管理人员学习冬季施工规范标准、进行冬季施工方案交底,进行防火、防触电的安全教育,提高冬季施工安全、质量、技术等意识,避免在冬季施工中造成损失,特别是后台操作人员、掺外加剂人员、试验工、计量工及测温人员,组织学习本工作范围内的有关操作规程知识,明确职责,测温人员及时测量大气温度并作好记录,密切关注天气预报,防止寒流的突然袭击。

（2）雨期施工

提前准备好雨季施工所需物资,在现场做好场地施工准备,进行雨期施工方法交底,做好雨期安全保证措施。

季节性施工措施详见《广联达员工宿舍楼》第八章施工技术保障措施的第四节季节性施工措施。

2.1.5　任务总结

做好工程项目的施工准备工作是基本建设工作的主要内容,也是建筑工程施工的重要阶段,它是有组织、有计划、有步骤、分阶段地贯穿于整个施工过程中。认真细致地做好施工准备工作,对于合理利用资源、加快施工速度、提高工程质量、确保施工安全、降低工程成本及增加企业经济效益方面等都具有重要意义。

2.1.6　知识拓展

施工准备工作计划与开工报告。

1）施工准备工作计划

在实施施工准备工作前,为了加强检查和监督,把施工准备工作落实到位,应根据各分部（分项）工程的施工准备工作的内容、进度和劳动力,编制施工准备工作计划,通常可以表格形式列出。

施工准备工作计划一般包括以下内容:

施工准备工作的项目;施工准备工作的工作内容;对各项施工准备工作的要求;各项施工准备工作的负责单位及负责人;要求各项施工准备工作的完成时间;其他需要说明的地方。

施工准备计划应分阶段、有组织、有计划地进行,建立严格的责任制和检查制度,且必须贯穿于施工全过程,取得相关单位的协作和配合。

2）开工条件

依据《建设工程监理规范》（GB 50319—2013）的规定,工程项目开工前,施工准备工作具备以下条件时,施工单位应向监理单位报送工程开工报审表（见表 2.5）、证明文件等,由总监理工程师签署审查意见,并应报建设单位批准后,总监理工程师签发工程开工令（见表 2.6）:

①设计交底和图纸会审已完成。

②施工组织设计已由总监理工程师签认。

③施工单位现场质量、安全生产管理体系已建立,管理及施工人员已到位,施工机械具

备使用条件,主要工程材料已落实。

④进场道路及水、电、通信等已满足开工要求。

表 2.5 工程开工报审表

工程名称: 编号:

致: （建设单位） （项目监理机构）   我方承担的 工程,已完成相关准备工作,具备了开工条件,特 申请于 年 月 日开工,请予以审批。 附件:证明文件资料   施工单位(盖章) 项目经理(签字)   年 月 日
审核意见: 项目监理机构 (盖章) 总监理工程师(签字盖执业印章)   年 月 日
审批意见: 建设单位 (盖章) 建设单位代表(签字)   年 月 日

表 2.6　工程开工令

工程名称：　　　　　　　　　　　　　　　　　　　编号：

致：　　　　　　　　　　　　　　　　　　（施工单位）

　　经审查,本工程已具备施工合同约定的开工条件,现同意你方开始施工,开工日期为　　年　　月　　日。

　　附件:工程开工报审表

　　　　　　　　　　　　　　　　　　　项目监理机构（盖章）

　　　　　　　　　　　　　　　　　　　总监理工程师（签字盖执业印章）（签字）

　　　　　　　　　　　　　　　　　　　　　　年　　月　　日

【学习测试】

一、选择题

1.以下不属于施工准备工作计划内容的是(　　)。

　A.技术准备　　　　　B.机械设备需要量　　　C.现场准备　　　　　D.资金准备

2.现场准备工作应在(　　)完成。

　A.项目开工后　　　B.项目开工前　　　　C.设计阶段　　　　　D.招投标阶段

3.建筑施工准备包括(　　)。

　A.工程地质勘察　　　　　　　　　B.完成施工用水、电、通信及道路等工程

　C.征地、拆迁和场地平整　　　　　D.按劳动定员及培训

　E.组织设备和材料订货

二、思考题

1.试述施工准备工作的意义。

2.简述施工准备工作的种类和主要内容。

3.原始资料的调查包括哪些方面？各方面的主要内容有哪些？

4.图纸自审应掌握哪些重点？

5.编制施工组织设计前主要收集哪些参考资料？

6.施工现场准备包括哪些内容？

7.物资准备包括哪些内容？

8.施工现场人员准备包括哪些内容？

项目 3　流水施工的参数计算与设计

【教学目标】

1) 知识目标

(1) 了解流水施工的基本概念、分类。

(2) 熟悉依次施工、平行施工和流水施工的优缺点及适用范围。

(3) 掌握流水施工主要参数的内容及计算方法。

(4) 掌握流水施工的基本组织方式及流水施工在工程中的应用。

2) 能力目标

(1) 能应用流水施工原理编制横道图式进度计划,并知道横道图的表示方式及参数之间的关系。

(2) 能独立完成各种流水施工方式的组织设计计算及在建筑工程中的初步应用。

3) 素质目标

(1) 培养理论结合实践的应用能力。

(2) 提升相应的职业技能技术及工程项目管理能力。

(3) 在工程时间中能自觉遵守职业道德和规范,具有法律意识。

4) 思政目标

(1) 培养注重实践的务实意识。

(2) 提升专业爱岗的奉献精神。

(3) 培养追求真理、实事求是、勇于探究与实践的科学精神。

(4) 提升敬业爱岗和良好的团队合作精神。

【思维导图】

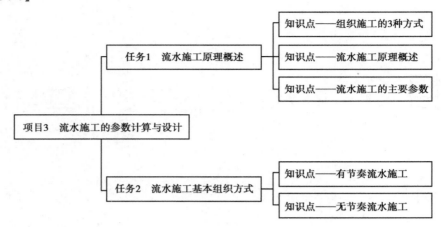

任务 1 流水施工原理概述

3.1.1 任务说明

某 3 幢同类型房屋的基础工程,由基槽挖土、做垫层、砖砌基础、回填土 4 个施工过程组成,由不同的工作队分别施工,每个施工过程在一幢房屋上所需的施工时间见表 3.1,每幢房屋为一个施工段,要求分别采用依次、平行、流水的施工方式对其组织施工,分析各种施工方式的特点。

表 3.1 某基础工程施工资料

序号	基础施工过程	工作时间/天	班组人数/人
1	基槽挖土	4	16
2	混凝土垫层	2	30
3	砖砌基础	6	20
4	基槽回填土	2	10

3.1.2 任务分析

第一步:按施工段对此基础工程组织依次施工,并绘制进度计划表和劳动力动态曲线图。
第二步:按施工过程对此基础工程组织依次施工,并绘制进度计划表和劳动力动态曲线图。
第三步:按平行施工对此基础工程组织施工,并绘制进度计划表和劳动力动态曲线图。
第四步:按流水施工对此基础工程组织施工,并绘制进度计划表和劳动力动态曲线图。

3.1.3　知识链接

建筑工程施工中常用的组织方式有 3 种:顺序施工、平行施工和流水施工。其中流水施工能实现建筑施工的连续性和均衡性,降低工程项目成本和提高经济效益,实践证明它是组织建筑工程施工的一种科学方法,且是实际工作中组织施工的最常用的一种方式。

1)知识点——组织施工的 3 种方式

任何一个建筑工程都是由多个施工过程组成的,每个施工过程又可以组成一个或多个施工队伍进行施工。考虑到建筑工程项目的施工特点、工艺流程、资源利用、平面或空间布置等要求,经过多年的工程实践,建筑工程施工中常用的组织方式有 3 种:顺序施工、平行施工和流水施工。这 3 种方式各有特点,适用的范围各异。

(1)顺序施工

顺序施工也称依次施工,是根据建筑工程内部各分项、分部工程内在的联系和必须遵循的施工顺序,将拟建工程项目的整个建造过程分解成若干个施工过程。顺序施工往往是前一个施工过程完成后,下一个施工过程才开始,一个工程全部完成后,另一个工程的施工才开始。

适用于工程规模较小的工程;项目资源供应不足、工期不紧时;场地较小或施工工作面有限制的情况。

(2)平行施工

平行施工是在同一时间、不同工作面上,组织几个相同的工作队施工,完成以后再同时进行下一个施工过程的施工方式。

平行施工适用于工期要求紧,大规模建筑群及分批分期组织施工的工程任务。

(3)流水施工

流水施工是把若干个同类型建筑或一幢建筑在平面上划分成若干个施工区段(施工段),组织若干个在施工工艺上有密切联系的专业班组相继进行施工,依次在各施工区段上重复完成相同的工作内容,不同的专业队伍利用不同的工作面尽量组织平行施工的施工组织方式。

流水施工兼顾了顺序施工组织劳动力少和平行施工组织方式工期短的优点,克服了依次施工组织方式工期长、施工班组窝工严重或者施工质量不高,以及平行施工组织方式难度大、资源需用量成倍增长的缺点,是施工中普遍采用的施工组织方式。

2)知识点——流水施工原理概述

流水施工方式是建筑安装工程施工中最有效、最科学的组织方法,是实际工作中组织施工的最常用的一种方式。

流水施工的实质是:组织生产作业队伍并配备一定的机械设备,沿着建筑物的水平或垂直方向,用一定数量的材料在各施工段上进行生产,使最后完成的产品成为建筑物的一部分,然后再转移到另一个施工段上去进行同样的工作,所空出的工作面,由下一施工过程的生产作业队伍采用相同的形式继续进行生产。如此不断地进行确保了各施工过程生产的连续性、均衡性和节奏性。

流水施工的经济效果:流水施工的连续性和均衡性方便了各种生产资源的组织,使施工企业的生产能力得到了充分发挥,劳动力、机械设备可以得到合理的安排和使用,进而提高了生产的经济效率,主要表现在以下几个方面:

①由于流水施工的连续性,减少了专业工作的间隔时间,达到了缩短工期的目的。

②便于改善劳动组织,改进操作方法和施工机具。

③专业化的生产可提高工人的技术水平。

④工人技术水平和劳动生产率的提高,可以减少用工量和施工临时设施的建造量,降低工程成本,提高利润水平。

⑤可以保证施工机械和劳动力得到充分、合理的利用。

⑥可以减少现场管理费和物资消耗,实现合理储存与供应,有利于提高项目经理部的综合经济效益。

组织流水施工的步骤如下:

①划分施工段。

②将整个工程按施工阶段划分为若干个施工过程,并组织相应的施工队组。

③确定各施工队组在各段上的工作延续时间。

④组织每个队组按一定的施工顺序,依次连续地在各段上完成自己的工作。

⑤组织各工作队组同时在不同的空间进行平行作业。

流水施工表达方式:

流水施工的表达方式一般有3种:横道图(水平图表)、斜线图(垂直图表)和网络图,其中最直观且易于接受的是横道图。

①横道图。流水施工横道图如图 3.1 所示,左边垂直方向列出施工过程名称,右边用水平线段在时间坐标画出流水施工的持续时间。施工进度由图中若干条带有编号的水平线段表示,不同的施工段用不同的编号标注。

序号	施工过程	工作时间/天	施工进度/天												
			2	4	6	8	10	12	14	16	18	20	22	24	26
1	基槽挖土	4	①		②		③								
2	垫层	2			①		②		③						
3	砖砌基础	6					①				②		③		
4	基槽回填	2											①	②	③

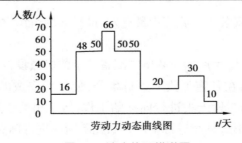

图 3.1　流水施工横道图

横道图绘制简单,施工过程及顺序清楚直观,广泛应用于实际工程中的施工进度计划编制。

②斜线图。流水施工斜线图如图 3.2 所示,横坐标表示流水施工持续时间,纵坐标表示流水施工的施工段编号,斜线间的水平举例表示相邻施工过程开工的时间间隔。

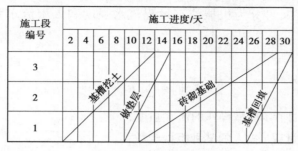

图 3.2 流水施工斜线图

斜线图的斜率可以清晰展示各施工过程的施工速度,实际工程一般不用其表示实际工程的流水施工进度计划。

③网络图。流水施工网络图表示法将在下一章详细阐述。

3)知识点——流水施工的主要参数

在组织流水施工时,一般常用的流水施工参数有 3 类,即工艺参数、空间参数及时间参数。用以表达流水施工在施工工艺、空间布置和时间排列方面开展的状态的参数,这 3 类参数对于实际施工中组织流水施工,进行流水施工组织方式的编制非常重要,是进一步详细编制流水施工进度计划的基础。

(1)工艺参数

工艺参数主要是指在组织流水施工时,用以表达流水施工在施工工艺上的开展顺序及其特征的参数,常用的工艺参数包括施工过程数和流水强度数。

①施工过程数(n)。定义:组织流水施工时,通常将施工对象划分成若干子项,每个子项称为一个施工过程。参与流水施工的施工过程数目通常用 n 表示,它是流水施工的主要参数之一。例如现浇钢筋混凝土施工可以划分为安装模板、绑扎钢筋和浇筑混凝土 3 个施工过程。

施工过程划分数目的多少与下列因素有关:

a.施工进度计划的性质和作用:当施工进度计划性质为控制性进度计划时,施工过程划分较为简略;施工进度计划性质为实施性进度计划时,施工过程划分较详细、数量较多。

b.施工过程的划分与工程的施工方案及结构形式有关,如厂房的柱基础与设备基础挖土,若同时施工,可合并为一个施工过程;若先后施工,可分为两个施工过程。砖混结构、装配式框架结构与现浇混凝土框架等不同的结构体系,其施工过程的划分及其内容也各不相同。

c.施工过程的划分与施工班组的组织形式有关,施工班组为多工种的施工班组,一般划分得较综合、简略。施工过程的划分还与劳动量大小有关,劳动量小的施工过程,可与其他施工过程合并,这样可使各个施工过程的劳动量大致相等,便于组织流水施工。

　　d.施工过程的划分与其劳动内容和范围有关,如直接在施工现场对象上进行的劳动过程,可以划入流水施工过程,而场外劳动内容(如预制加工、运输等)可以不划入流水施工过程。

　　②流水强度数。在组织流水施工时,某一施工过程在单位时间内所完成的工程量称为流水强度。流水强度又可分为机械施工过程流水强度和人工流水强度两种,一般用 V_i 表示。

机械流水强度公式:

$$V_i = \sum_{i=1}^{n} R_i S_i \qquad (3.1)$$

式中　V_i——某施工过程 i 机械操作的流水强度;

　　　　R_i——某施工过程 i 投入的某种机械台数;

　　　　S_i——某施工过程 i 的某种施工机械的台班产量定额;

　　　　n——某施工过程 i 的施工机械的种类数。

人工流水强度公式:

$$V_i = R_i S_i \qquad (3.2)$$

式中　V_i——某施工过程 i 人工操作的流水强度;

　　　　R_i——某施工过程 i 投入的班组人数;

　　　　S_i——某施工过程 i 的班组平均产量定额;

【例 3.1】　某土方工程有铲运机 3 台,其产量定额为 223.2 m²/台班,推土机 1 台,其产量定额为 1 562.5 m²/台班,求这一施工过程的流水强度。

　　解:　$R_1 = 3, R_2 = 1, S_1 = 223.2$ m²/台班,$S_2 = 223.2$ m²/台班

$$V_i = \sum_{i=1}^{2} R_i S_i = 3 \times 223.2 + 1 \times 1\ 562.5 = 2\ 232.1(\text{m}^2/\text{台班})$$

(2)空间参数

在组织流水施工时,用以表达流水施工在空间布置上所处状态的参数,称为空间参数。

空间参数是用来表示流水施工在空间布置上所处状态的参数,包括工作面、施工层数、施工段数等。

　　①工作面(A)。工作面是指专业工种工人或施工机械在进行施工时,所必须具备的活动空间。工作面的大小是根据相应工种单位时间内的产量定额、土木工程操作规程和安全规程等的要求确定的。最小工作面对应能够安排现场施工人员和施工机械的最大数量,工作面确定的合理与否,直接影响到专业工种工人的劳动生产效率。

　　②施工层数 r 和施工段数 m。为了有效地组织流水施工,通常把拟建工程项目划分成若干个劳动量大致相等的施工区段,这些施工区段称为施工层或施工段。

　　施工层:一般将建筑物垂直方向上划分的施工区段称为施工层,施工层数用符号"r"表示。施工层的划分要按工程项目具体情况,根据建筑物的高度或楼层确定。

　　施工段:是指将施工对象在平面上划分为若干个劳动量大致相等的施工区段,这些施工区段称为施工段,用符号"m"表示施工段的数目,划分施工层能够使不同工种专业班组在不

同工作面上同时进行工作。

划分施工段的原则：

同一专业工作队在各个施工段的劳动量应大致相等，相差幅度不宜超过10%~15%。

每个施工段内应有足够的工作面、保证相应数量的工人、施工机械的生产效率，满足合理劳动组织的要求。

施工段的界限应与结构界限（如沉降缝、伸缩缝等）吻合，或设置在对建筑结构整体性影响小的部位，保证建筑结构的整体性。

当施工工程有层间关系时，每层施工段数目应满足合理组织流水施工的要求：$m \geq n$。

当$m > n$时，施工班组能连续施工，施工段有空闲，停歇的工作面有时是必要的。

当$m = n$时，施工班组能连续施工，工作面无停歇，工人不会有窝工的情况。

当$m < n$时，施工班组不能连续施工，出现窝工的情况。

对于多层的建筑物、构筑物，应既分施工段，又分施工层。在多、高层建筑物的流水施工中，平面上是按照施工段划分，从一个施工段向另一个施工段逐步进行；而在垂直方向上，则是由下向上、逐施工层进行，一层的各个施工过程完工后，自然就形成了第二层的工作面，于是不断循环，直至完成全部工作。

（3）时间参数

时间参数是指用来表达组织流水施工的各施工过程在时间排列上所处状态的参数，包括流水节拍、流水步距、间歇时间、平行搭接时间及流水工期5种时间参数。

①流水节拍（t）。流水节拍是指在组织流水施工时，某一施工过程在某一施工段上完成工作所用的作业时间，其大小可以反映投入的劳动力、机械和材料量的多少，决定施工速度的快慢、资源供应量的大小，流水节拍对于正确、合理地确定各施工过程具有很重要的意义，通常用t表示。

根据流水节拍的数值特征，一般流水施工又分为等节拍流水、异节拍流水和无节奏流水等施工组织方式。

确定流水节拍应考虑的因素：

a.施工班组人数要适宜，满足最小劳动组合和最小工作面的要求。最小劳动组合是指某一施工过程进行正常施工所必须的最低限度的班组人数及其合理组合。最小工作面是指施工班组为保证安全生产和有效操作所必须的工作空间，它决定了最高限度可安排多少工人。

b.工作班制要恰当，对于确定的流水节拍采用不同的班制，其所需班组人数不同，当工期较紧或工艺限制时可采用两班制或三班制。

c.以主导施工过程流水节拍为依据。

d.充分考虑机械台班效率或台班产量的大小及工程质量的要求。

e.节拍值一般取整，为避免浪费工时，流水节拍在数值上一般可取0.5的整数倍。

流水节拍的确定方法：

流水节拍的确定方法主要有定额计算法、经验估算法和工期倒排法等3种确定方式。

a.定额计算法：定额计算法是根据各施工段的工程量、投入的资源量（工人人数、机械台

数等),按照如下式进行计算:

$$t_i = \frac{Q_i}{S_i R_i a} = \frac{Q_i Z_i}{R_i a} = \frac{P_i}{R_i a}$$ (3.3)

式中 t_i——流水节拍;

Q_i——施工过程在一个施工段上的工程量;

S_i——完成施工过程的产量定额;

Z_i——完成该施工过程的时间定额;

R_i——参与该施工过程的工人数或施工机械台班;

P_i——该施工过程在一个施工段上的劳动量;

a——每天工作班次。

【例 3.2】 某砌体结构工程基础工程拟分三段组织施工,土方开挖总量为 9 600 m³,选用两台挖掘机挖土,采用一班制施工,挖掘机的产量定额为 100 m³/台班,流水节拍为多少?

解: $t = \dfrac{Q_{土方}}{S_{土方} \times R_{土方} \times a} = \dfrac{\dfrac{9\ 600}{3}}{100 \times 2} = 16(天)$

【例 3.3】 某砌体结构工程基槽人工挖土量为 600 m³,划分为 3 个施工段,施工班组人数为 30 人,采用一班制施工,产量定额为 3.5 m³/台班,流水节拍为多少?

解: $t = \dfrac{Q_{土方}}{S_{土方} \times R_{土方} \times a} = \dfrac{\dfrac{600}{3}}{3.5 \times 30 \times 1} = 2(天)$

b.经验估算法:经验估算法是根据以往的施工经验进行估算,一般为提高其准确程度,往往先估算出该流水节拍的最长时间、最短时间、正常(即最可能)时间,然后给这 3 个时间一定的权数,再求加权平均值,据此求出期望时间作为某专业工组队在某工段上的流水节拍。

对于采用新结构、新工艺、新方法和新材料等无法用定额去衡量的施工过程,可以采取做实验或实际操作对比的经验估算法进行确定,主要考虑 3 种状况下的时间(a、b、c)进行估算。其计算式为:

$$t_i = \frac{a_i + 4c_i + b_i}{6}$$ (3.4)

式中 t_i——某施工过程在某施工段上的流水节拍;

a_i——某施工过程在某施工段上的最短估算时间;

b_i——某施工过程在某施工段上的最长估算时间;

c_i——某施工过程在某施工段上的正常估算时间。

【例 3.4】 某模板工程在某施工段上的最短估算时间为 3 天,最长估算时间为 7 天,最可能估算时间为 6 天,试确定此模板工程的流水节拍。

解: $t_i = \dfrac{a + 4c + b}{6} = \dfrac{3 + 4 \times 6 + 7}{6} = 6(天)$

c.工期倒排法:对于某些施工任务在规定日期内必须完成的项目来说,往往可以采用工

期倒排法,步骤与公式如下:

- ●根据工期倒排进度,确定某施工过程的工作延续时间。
- ●确定某施工过程在某施工段上的流水节拍,若同一施工过程的流水节拍不等,用估算法;若流水节拍相等,则按如下式计算:

$$t_i = \frac{T}{m} \tag{3.5}$$

式中　T——某施工过程的工作持续时间;

　　　m——施工段数。

②流水步距(K)。流水步距是指组织流水施工时,相邻两个施工过程开始施工的最小间隔时间。流水步距一般用 $K_{i,i+1}$ 表示,是流水施工的主要参数之一。

流水步距通常取 0.5 的整数倍,数目取决于参加流水施工的施工过程数,当施工过程数为 n 时,流水步距共有 $n-1$ 个。在施工段不变的条件下,流水步距越大,工期越长,流水步距越小,则工期越短。

流水步距的确定方法常见的有公式法和累加数列法。累加数列法使用于各种形式的流水施工,其计算步骤如下:首先将每个施工过程的流水节拍逐段累加,求出累加数列;然后根据施工顺序,对所求相邻的量数列错位相减;最后取错位相减数值中的最大值为流水步距。

③间歇时间(Z)。在组织流水施工时,由于施工工艺或质量保证的要求,因施工过程之间工艺上或组织上的需要,相邻两个施工过程在时间上不能衔接施工,必须有足够的间歇时间。根据间歇原因不同,可分为技术间歇时间和组织间歇时间两类,用符号 Z 表示。

- ●技术间歇时间是指因建筑材料或现浇构件的工艺性质决定的间歇时间,如现浇混凝土构件的养护时间、砂浆抹面和油漆的干燥时间等。
- ●组织间歇时间是指在组织流水施工时,某些施工过程完成后要有必要的检查验收时间或为下一个施工过程做准备的时间,造成的在流水步距以外增加的间歇时间。如钢筋工程的隐蔽验收、回填土前地下管道的检查验收及其他作业前的准备工作等。

④平行搭接时间(C)。平行搭接时间是指在同一施工段上,前一施工过程还未施工完毕,后一施工过程便提前投入施工,相邻两施工过程在某个时段上同时进行的施工时间。平行搭接时间可使施工工期缩短,因此应根据需要尽可能地进行平行搭接施工,通常用 $C_{i,i+1}$ 表示。

⑤流水工期。流水工期是指从第一个专业工作队投入流水施工开始,到最后一个专业工作队完成流水施工为止所需的时间,一般可采用如下式计算:

$$T = \sum K_{i,i+1} + T_n + \sum Z_{i,i+1} - \sum C_{i,i+1} \tag{3.6}$$

式中　$K_{i,i+1}$——流水施工中各流水步距之和;

　　　T_n——流水施工中最后一个施工过程的持续时间;

　　　$Z_{i,i+1}$——流水施工中各施工过程 i 之间的间歇时间之和;

　　　$C_{i,i+1}$——流水施工中各施工过程 i 之间的平行搭接时间之和。

【例 3.5】　某项目由 A,B,C,D,E 5 个施工过程组成,分别由 4 个专业施工队伍完成,在平面上划分为 4 个施工段,B 完成后有 3 天的技术间歇时间,D 完成后有 1 天的组织间歇时间,A与B之间有2天的平行搭接时间,流水节拍见表3.2,试确定工期。

表 3.2　某项目流水节拍

施工过程 ＼ 施工段	Ⅰ	Ⅱ	Ⅲ	Ⅳ
A	3	2	4	2
B	2	3	5	2
C	2	2	2	5
D	3	4	3	3
E	4	4	2	1

解：　(1)确定施工过程的流水步距,使用累加数列法:

A:3,5,9,11

B:2,5,10,12

C:2,4,6,11

D:3,7,10,13

E:4,8,10,11

(2)错位相减:

A 与 B

$$
\begin{array}{rrrrr}
 & 3 & 5 & 9 & 11 & \\
- & & 2 & 5 & 10 & 12 \\
\hline
 & 3 & 3 & 4 & 1 & -12
\end{array}
$$

B 与 C

$$
\begin{array}{rrrrr}
 & 2 & 5 & 10 & 12 & \\
- & & 2 & 4 & 6 & 11 \\
\hline
 & 2 & 3 & 6 & 6 & -11
\end{array}
$$

C 与 D

$$
\begin{array}{rrrrr}
 & 2 & 4 & 6 & 11 & \\
- & & 3 & 7 & 10 & 13 \\
\hline
 & 2 & 1 & -1 & 1 & -13
\end{array}
$$

D 与 E

$$
\begin{array}{rrrrr}
 & 3 & 7 & 10 & 13 & \\
- & & 4 & 8 & 10 & 11 \\
\hline
 & 3 & 3 & 2 & 3 & -11
\end{array}
$$

(3)确定流水步距

$K_{A,B} = \max(3,3,4,1,-12) = 4$　　　$K_{B,C} = \max(2,3,6,6,-11) = 6$

$K_{C,D} = \max(2,1,-1,1,-13) = 2$　　　$K_{D,E} = \max(3,3,2,3,-11) = 3$

(4)计算工期

$Z_{B,C} = 3, Z_{D,E} = 1, C_{A,B} = 2$

$$T = \sum K_{i,i+1} + T_n + \sum Z_{i,i+1} - \sum C_{i,i+1}$$

$$= (4 + 6 + 2 + 3) + (4 + 4 + 2 + 1) + 3 + 1 - 2$$

$$= 28(天)$$

3.1.4 　任务实施

根据以上资料,此基础工程组织施工可有以下 3 种施工方式的安排,每种施工方式的进度安排及劳动力消耗如图 3.3—图 3.6 所示。

1)依次施工

(1)按施工段组织依次施工

序号	施工过程	工作时间/天	施工进度/天																			
			2	4	6	8	10	12	14	16	18	20	22	24	26	28	30	32	34	36	38	40	42
1	基槽挖土	4	①							②							③						
2	垫层	2			①							②							③				
3	砖砌基础	6					①						②					③					
4	基槽回填	2							①							②							③

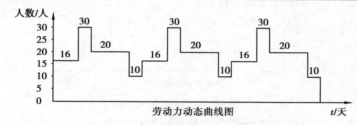

图 3.3 　按施工段组织依次施工

(2)按施工过程组织依次施工

序号	施工过程	工作时间/天	施工进度/天																			
			2	4	6	8	10	12	14	16	18	20	22	24	26	28	30	32	34	36	38	40	42
1	基槽挖土	4	①		②		③																
2	垫层	2							①	②	③												
3	砖砌基础	6											①			②		③					
4	基槽回填	2																			①	②	③

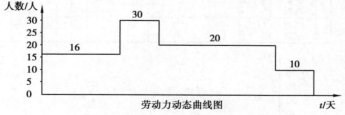

图 3.4 　按施工过程组织依次施工

由图 3.3 和图 3.4 可以看出,依次施工组织方式具有以下优缺点:

①优点:每天投入的劳动力较少;机具使用不很集中,材料供应较单一;施工现场管理简单,便于组织和安排。

②缺点：没有充分利用工作面去争取时间，所以工期长；工作队及工人不能连续作业，有窝工的情况；工作队不能实现专业化施工，不利于改进工人的操作方法和施工机具，不利于提高工程质量和劳动生产率。

2）平行施工

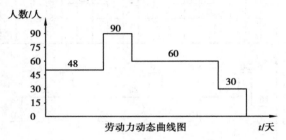

序号	施工过程	工作时间/天	施工进度/天						
			2	4	6	8	10	12	14
1	基槽挖土	4							
2	垫层	2							
3	砖砌基础	6							
4	基槽回填	2							

图 3.5　平行施工组织方式

由图 3.5 可以看出，平行施工组织方式具有以下优缺点：

①优点：充分利用工作面，完成工程任务的时间最短。

②缺点：施工队组数成倍增加，机具设备也相应增加，材料供应集中。临时设施仓库和堆场面积也要增加，从而造成组织安排和施工管理困难，增加施工管理费用。

3）流水施工

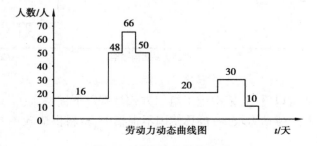

序号	施工过程	工作时间/天	施工进度/天													
			2	4	6	8	10	12	14	16	18	20	22	24	26	28	30
1	基槽挖土	4		①	②		③									
2	垫层	2					①	②③								
3	砖砌基础	6						①			②			③		
4	基槽回填	2											①②	③	

图 3.6　流水施工组织方式

由图 3.6 可以看出,流水施工组织方式具有以下特点:

①充分利用工作面,工期较短且合理。

②资源投入较均匀,有利于资源供应的组织工作。

③各专业工作队能连续作业,相邻工作队实现合理搭接,工作队保持连续、均衡施工。

从以上进度计划安排图可知,依次施工的工期为 42 天,平行施工工期为 14 天,流水施工工期为 30 天。在实际工程中,尽量采用流水施工的进度安排,因为它综合了依次施工和平行施工的特点,工期较为合理,是建筑施工中较为合理、科学的一种组织形式。

3.1.5　任务总结

流水施工是先进科学的一种施工组织方式,它集合了依次施工、平行施工的优点,又具有自身的特点和优点,因此在工程实践中普遍采用流水施工方式组织施工。流水施工的表达方式一般有横道图、斜线图和网络图 3 种。

为了说明组织流水施工以及各施工过程在时间和空间上的展开情况及相互制约关系,需要引入流水施工参数以方便描述流水施工的工艺流程、空间布置和时间安排等方面的特征和各种数量关系。

3.1.6　知识拓展

组织流水施工的条件:流水施工的实质是分工协作与成批生产。在社会化大生产的条件下,分工已经形成,由于建筑产品体形庞大,通过划分施工段就可将单件产品变成假想的多件产品。组织流水施工的条件主要有以下 5 点。

1)划分分部分项工程

将拟建工程根据工程特点及施工要求划分为若干个分部工程,每个分部工程又根据施工工艺要求、工程量大小、施工队组的组成情况,划分为若干个施工过程(即分项工程)。

2)划分施工段

根据组织流水施工的需要,将所建工程在平面或空间上划分为工程量大致相等的若干个施工区段。

3)每个施工过程组织独立的施工队组

在一个流水组中,每个施工过程尽可能组织独立的施工队组,其形式可以是专业队组,也可以是混合队组,这样可以使每个施工队组按照施工顺序依次地、连续地、均衡地从一个施工段转到另一个施工段进行相同的操作。

4)主要施工过程必须连续、均衡地施工

对工程量较大、施工时间较长的施工过程,必须组织连续、均衡的施工,对其他次要施工过程,可考虑与相邻的施工过程合并或在有利于缩短工期的前提下,安排其间断施工。

5)不同的施工过程尽可能组织平行搭接施工

按照先后顺序要求,在有工作面的条件下,除必要的技术和组织间歇时间外,尽可能组织平行搭接施工。

流水施工基本组织方式

3.2.1 任务说明

某项目分为 3 个施工段施工,3 个施工过程分别为 A、B、C。有关数据见表 3.3,试编制施工进度计划,要求:

①填写完成表 3.3 中的内容。

②按不等节拍组织流水施工,绘制进度计划及劳动力动态曲线。

③按成倍节拍组织流水施工,绘制进度计划及劳动力动态曲线。

表 3.3　有关数据

①	②	③	④	⑤	⑥	⑦	⑧
施工过程	M_i	$Q_总$/m²	Q_i/m²	H_i 或 S_i	P_i	R_i/人	t_i
A		108		0.98 m²/工日		9	
B		1 050		0.084 9 工日/m²		5	
C		1 050		0.062 7 工日/m²		11	

3.2.2 任务分析

第一步:补充施工段。

第二步:求每个施工段上的工程量。

第三步:求每个施工段上的劳动力。

第四步:求每个施工过程的流水节拍。

第五步:求不等节拍流水施工的流水步距、施工工期,并绘制进度计划表和劳动力动态曲线。

第六步:求成倍节拍流水施工的班组数、施工工期,并绘制进度计划表和劳动力动态曲线。

3.2.3 知识链接

流水施工根据各施工过程时间参数的不同特点,可以分为有节奏流水施工和无节奏流水施工,其中有节奏流水施工又可分为等节奏流水施工和异节奏流水施工。下面分别讨论这几种流水施工的特点、组织步骤及参数计算。

1) 知识点——有节奏流水施工

有节奏流水施工是指在组织流水施工时,每一个施工过程在各个施工段上的流水节拍都相等的流水施工。

有节奏流水按照不同施工过程中每个施工段的流水节拍是否相等,又分为等节奏流水施工和异节奏流水施工两种类型,异节奏流水可细分为成倍节拍流水施工和异节拍流水施工两种类型。

(1) 等节奏流水施工

等节奏流水施工也称全等节拍流水施工,是指在组织流水时,所有的施工过程在各个施工段上的流水节拍彼此相等的一种流水施工方式,也称为固定节拍流水。

特点:

流水节拍均相等,即 $t_1 = t_2 = \cdots = t_{n-1} = t_n = t$。

流水步距均相等,且等于流水节拍,即 $K_{1,2} = K_{2,3} = \cdots = K_{n-1,n} = K = t$。

每个专业工作队都能连续施工,施工段没有空闲。

专业工作队数(n_1)等于施工过程数(n),即 $n_1 = n$。

组织步骤与参数计算,具体见表 3.4。

表 3.4　等节奏流水方式组织步骤

序号	步　骤
1	确定项目施工的起点、流向,分解施工过程
2	确定施工顺序,划分施工段;施工段的数目 m 确定如下。 当无施工层时,施工段数 m 按划分施工段的基本要求确定即可; 当有施工层时,施工段数目分为下面两种情况确定: 无技术和组织间歇时,取 $m=n$。 有技术和组织间歇时,为了保证专业工作队能够连续施工,应取 $m>n$。
3	根据等节拍专业流水要求,确定流水节拍 t 的数值
4	确定流水步距:$K=t$
5	计算流水施工的工期: 当无施工层时,工期计算式为: $$T = (m + n - 1)K + \sum Z_{j,j+1} - \sum C_{j,j+1} \tag{3.7}$$ 式中　T——流水施工的总工期; 　　　m——施工段数; 　　　n——施工过程数; 　　　K——流水步距; 　　　$\sum Z_{j,j+1}$——$j,j+1$ 两施工过程间的间歇时间; 　　　$\sum C_{j,j+1}$——$j,j+1$ 两施工过程间的搭接时间。 当有施工层时,工期的计算式为: $$T = (mr + n - 1)K + \sum Z_1 - \sum C_1 \tag{3.8}$$ 式中　r——施工层数; 　　　$\sum Z_1$——同一个施工层中各施工过程之间的技术、组织间歇时间之和; 　　　$\sum C_1$——同一个施工层中各施工过程之间的平行搭接时间之和; 　　　其他符号含义同前。
6	绘制流水施工进度图表

适用范围:等节奏流水施工要求工程的流水节拍均相等,对实际工程来说不易达到,因此实际应用范围不是很广泛,一般适用于分部工程的流水施工,不适用于单位工程,尤其是大型的建筑群。

【例3.6】 某主体分部工程由测量放线、绑扎钢筋、支模板、浇混凝土4个施工过程组成,划分为5个施工段,施工过程流水节拍均为2天,其中绑扎钢筋与支模板之间有2天的技术间歇时间,层间技术间歇为2天,试组织流水施工。

解: 由已知条件 $t=2$(天)可知,本项目施工组织方式为全等节拍流水施工;

①确定流水步距,$K=t=2$(天)

②计算工期,$T=(mr+n-1)K+\sum Z_1-\sum C_{j,j+1}=(5+4-1)\times 2+2-0=18$(天)

(2)异节奏流水施工

在组织流水施工时,由于不同施工过程的工艺复杂程度不同,影响流水节奏的因素也比较多,施工过程具有不确定性,要做到不同的施工过程具有相同的流水节奏是非常困难的。因此,等节奏流水施工的组织形式在实际施工中是很难做到的,如某些施工过程要求尽快完成;某些施工过程工程量较少,流水节拍较小;某些施工过程的工作面受到限制,不能投入较多的人力、机械,使得流水节拍较大等,此时便采用异节奏的流水方式来组织施工。

异节奏的流水施工是指同一个施工过程在各施工段上的流水节拍相等,而不同的施工过程的流水节拍不完全相等的施工组织方法,它包括成倍节拍流水施工和异节拍流水施工两类。

①成倍节拍流水施工。在异节奏流水施工中,同一施工过程在各个施工段上的流水节拍相等,不同施工过程之间的流水节拍不完全相等,不同施工过程的流水节拍互为整数倍(或公约数)关系时的流水施工组织方式,即为等步距成倍节拍流水施工,也称成倍节拍流水。

成倍节拍流水施工特点:

a.同一施工过程在各个施工段的流水节拍相等,不同施工过程的流水节拍互为整数倍关系。

b.流水步距彼此相等,且等于流水节拍的最大公约数。

c.各专业工作队都能连续作业,施工段没有空闲。

d.专业工作队数(n_1)大于施工过程数(n),即 $n_1>n$。

成倍节拍流水施工参数计算见表3.5。

表3.5 成倍节拍流水施工组织步骤

序号	步 骤
1	确定施工的起点、流向,分解施工过程
2	确定流水步距: $$K=K_b=t_{min} \qquad (3.9)$$ 式中 t_{min}——所有流水节拍之间的最大公约数。

序号	步　骤	
3	确定各施工过程的专业班组数：$$n_1 = \sum b_i = \frac{t_i}{K_b} = \frac{t_i}{t_{min}}$$ 式中　n_1——施工专业班组总数； 　　　b_i——每个施工过程的施工班组数； 　　　t_i——第 i 个施工过程的流水节拍； 　　　K_b——成倍节拍流水步距； 　　　t_{min}——所有流水节拍之间的最大公约数。	(3.10)
4	确定施工顺序，划分施工段，施工段的数目 m 确定方式如下： ①当无施工层时，施工段数 m 按划分施工段的基本要求确定即可； ②当有施工层时，每层最少施工段数目 m 的确定式为：$$m = n_1 + \frac{\sum Z_1}{K_b} + \frac{Z_2}{K_b}$$ 式中　$\sum Z_1$——一个楼层内各施工过程间的技术、组织间歇时间之和； 　　　Z_2——楼层间的间歇时间。 　　　若每层的 $\sum Z_1$、Z_2 都不完全相等时，则应取各层中最大的 $\sum Z_1$、Z_2，按式（3.12）计算：$$m = n_1 + \frac{\max \sum Z_1}{K_b} + \frac{\max Z_2}{K_b}$$	(3.11) (3.12)
5	计算流水施工的工期； 当无施工层时，工期可按式（3.13）进行计算：$$T = (m + n_1 - 1)K_b + \sum Z_{j,j+1} - \sum C_{j,j+1}$$ 式中　n_1——施工队伍的总数目； 　　　K_b——成倍节拍流水步距； 　　　其他符号含义同前。 有层间关系或有施工层时，可按式（3.14）进行计算：$$T = (mr + n_1 - 1)K_b + \sum Z_1 - \sum C_1$$ 式中　r——施工层数； 　　　$\sum Z_1$——同一个施工层中各施工过程之间的技术、组织间歇时间之和； 　　　$\sum C_1$——同一个施工层中各施工过程之间的平行搭接时间之和； 　　　其他符号含义同前。	(3.13) (3.14)
6	绘制流水施工图表	

【**例** 3.7】　某工程由支模板、绑扎钢筋和浇筑混凝土 3 个分项工程组成，在平面上划分为 6 个施工段。上述 3 个分项工程在各个施工段的流水节拍依次为 6 天,4 天和 2 天,试确定流水施工工期。

解：　（1）确定流水步距：$K = t_{min} = 2$

（2）各施工过程施工班组数：$n_1 = \sum b_i = \dfrac{t_i}{K_b} = \dfrac{t_i}{t_{min}} = \dfrac{6}{2} + \dfrac{4}{2} + \dfrac{2}{2} = 3 + 2 + 1 = 6$

（3）流水施工工期：$T = (m + n_1 - 1)K_b + \sum Z_{j,j+1} - \sum C_{j,j+1} = (6 + 6 - 1) \times 2 = 22$（天）

②异节拍异步距流水施工。异节拍异步距流水施工也是异节奏流水施工的一种组织方式，它是指在组织流水施工时，同一个施工过程的流水节拍均相等，不同施工过程之间的流水节拍不完全相等的施工组织方式，也称为不等节拍流水施工。

异节拍异步距流水施工特点：

a.同一施工过程的流水节拍相等，不同施工过程的流水节拍不一定相等。

b.各施工过程的流水步距不一定相等。

c.各施工专业队都能连续施工，但有的施工段之间可能有空闲。

d.专业工作队数（n_1）等于施工过程数（n）。

异节拍异步距流水施工参数计算见表3.6。

表 3.6　异节拍异步距流水施工方式的组织步骤

序　号	步　骤
1	确定施工的起点、流向，分解施工过程
2	确定流水步距： a.当 $t_i \leqslant t_{i+1}$ 时， $$K_{i,i+1} = t_i + (Z_{i,i+1} - C_{i,i+1}) \qquad (3.15)$$ b.当 $t_i > t_{i+1}$ 时， $$K_{i,i+1} = t_i + (m-1)(t_i - t_{i+1}) + (Z_{i,i+1} - C_{i,i+1}) \qquad (3.16)$$
3	计算流水施工工期： $$T = \sum K_{j,j+1} + mt_n + \sum Z_{j,j+1} - \sum C_{j,j+1} \qquad (3.17)$$ 式中　t_n——最后一个施工过程的流水节拍。

【例3.8】　某工程划分为 A、B、C、D 4 个施工过程，一个施工过程成立一个专业施工班组，分为 3 个施工段，流水节拍分别为 3 天、4 天、2 天、3 天。施工过程 A 完成后有 1 天的技术间歇时间，施工过程 C 与 B 搭接时间为 1 天，试求该工程的工期。

解：①按工程特点可组织一般异节拍流水施工。

②确定流水步距：

$t_A = 3 \qquad t_B = 4 \qquad t_A < t_B$

$K_{AB} = t_A + Z_{AB} = 3 + 1 = 4$

$t_B = 4 \qquad t_C = 2 \qquad t_B > t_C$

$K_{BC} = t_B + (m-1)(t_B - t_C) - C_{BC} = 4 + (4-1) \times (4-2) - 1 = 4 + 3 \times 2 - 1 = 9$

$t_C = 2 \qquad t_D = 3 \qquad t_C < t_D$

$K_{CD} = t_C = 2$

③计算工期：$t_n = t_D = 3$

$T = \sum K_{j,j+1} + mt_n + \sum Z_{j,j+1} - \sum C_{j,j+1} = (4 + 9 + 2) + 4 \times 3 + 1 - 1 = 15 + 12 = 27$（天）

2) 知识点——无节奏流水施工

无节奏流水施工也称为分别流水施工,在实际组织流水施工时,通常由于工程结构形式、施工条件不同等原因,每个施工过程在各个施工段上的工程量有较大差别,或者因为各个专业工作队生产效率差别较大,而造成的各施工段上的流水节拍彼此不相同,不同施工过程之间流水节拍也不相等的一种流水施工方式。

这种施工方式采用一定的计算方法,合理确定相邻施工过程的流水步距,在保证各施工过程满足工艺顺序的前提下,在时间上实现最大限度的搭接,使专业工作队能够连续、均衡地施工。这种施工方法较为灵活、实际,是实际工程中组织施工的普遍、常用的形式。无节奏流水施工特点:各个施工过程在各个施工段上的流水节拍不全相等;各个施工过程的流水步距多数不相等,且差异较大;每个专业工作队都能够连续作业,施工段可能有间歇空闲;专业工作队数目(n_1)等于施工过程数目(n)。无节奏流水施工参数计算见表 3.7。

表 3.7　无节奏流水施工方式组织步骤

序　号	步　骤
1	确定施工起点、流向,分解施工过程
2	确定施工顺序,划分施工段
3	计算各施工过程在各施工段上的流水节拍
4	确定相邻两个专业工作队之间的流水步距; 计算方式:"累加数列法" "累加数列法"基本步骤: a.将每一个施工过程在各施工段上的流水节拍依次累加,求得各施工过程流水节拍的累加数列。 b.将相邻施工过程流水节拍累加数列中的后者错后一位,相减后求出一个差数列。 c.在差数列中取最大值,即为这两个相邻施工过程的流水步距。
5	计算流水施工的工期; 工期计算式: $$T = \sum K + \sum t_n + \sum Z + \sum G - \sum C \qquad (3.18)$$ 式中　T——流水施工工期; 　　　$\sum K$——各施工过程(或专业工作队)之间流水步距之和; 　　　$\sum t_n$——最后一个施工过程(或专业工作队)在各施工段流水节拍之和; 　　　$\sum Z$——组织间歇时间之和; 　　　$\sum G$——工艺间歇时间之和; 　　　$\sum C$——提前插入时间之和。
6	绘制流水施工图表

适用范围:无节奏流水施工在进度安排上较为灵活、自由,适用于各种不同结构性质和规模的工程施工组织,实际应用范围较广。

【例 3.9】　某工程分为 4 段,有 A、B、C 3 个施工过程,其在各段上的流水节拍见表 3.8,试计算其流水步距及工期。

表 3.8　某工程施工流水节拍

施工过程＼施工段	1	2	3	4
A	3	2	2	4
B	1	3	2	2
C	3	2	3	2

解：（1）将各施工过程流水节拍的累加数列进行错位相减，并确定流水步距

施工过程 A 与 B

```
   3   5   7   11
-      1   4   6    8
_____
   3   4   3   5   -8
```

$K_{AB}=5$　　$K_{BC}=1$

施工过程 B 与 C

```
      1   4   6    8
-         3   5    8   10
_____
   1   1   1   0   -10
```

（2）计算工期

$$T = \sum K + \sum t_n + \sum Z + \sum G - \sum C = (5+1)+10+0-0 = 16$$

3.2.4　任务实施

（1）填写表中的内容

第一步：②列中填入施工段数量；各过程划分的施工段数，根据已知条件，划分为 3 个施工段。

第二步：④列中求每个施工段上的工程量；公式为 $Q_i = Q_总 / M_i$。

施工过程 A 一个施工段上的工程量为 108/3＝36（m²）

施工过程 B 一个施工段上的工程量为 1 050/3＝350（m²）

施工过程 C 一个施工段上的工程量为 1 050/3＝350（m²）

第三步：⑥列中求每个施工段上的劳动力；公式为 $P_i = Q_i/S_i = Q_i \cdot H_i$。

施工过程 A 一个施工段上的劳动力为 36/0.98＝36.73（工日）

施工过程 B 一个施工段上的劳动力为 350×0.084 9＝29.72（工日）

施工过程 C 一个施工段上的劳动力为 350×0.062 7＝21.95（工日）

第四步：⑧列中求每个施工过程的流水节拍；公式为 $t_i = \dfrac{P_i}{R_i \cdot b_i}$。

题目没有提到工作班制，因此工作班制按一班制对待。

施工过程 A 一个施工段上的流水节拍为 36.73/9＝4（天）

施工过程 B 一个施工段上的流水节拍为 29.72/5＝6（天）

施工过程 C 一个施工段上的流水节拍为 21.95/11＝2（天）

完整数据见表 3.9。

表 3.9 完整数据

①	②	③	④	⑤	⑥	⑦	⑧
施工过程	M_i	$Q_总/m^2$	Q_i/m^2	H_i 或 S_i	P_i	R_i	t_i
A	3	108	36	0.98 m²/工日	36.73	9 人	4
B	3	1 050	350	0.084 9 工日/m²	29.72	5 人	6
C	3	1 050	350	0.062 7 工日/m²	21.95	11 人	2

（2）按不等节拍组织流水施工

第一步：求各过程之间的流水步距。

$t_A = 4$ $t_B = 6$ $t_A < t_B$

$K_{A,B} = t_A = 4$

$t_B = 6$ $t_C = 2$ $t_B > t_C$

$K_{B,C} = t_B + (m-1)(t_B - t_C) + (Z_{BC} - C_{BC}) = 6 + (3-1) \times (6-2) = 6 + 2 \times 4 = 14$

第二步：求施工工期。

$$T = \sum K_{j,j+1} + mt_n + \sum Z_{j,j+1} - \sum C_{j,j+1} = K_{A,B} + K_{B,C} + m \times t_C = 4 + 14 + 3 \times 2 = 18 + 6 = 24$$

第三步：绘制不等节拍组织流水进度计划表，如图 3.7 所示。

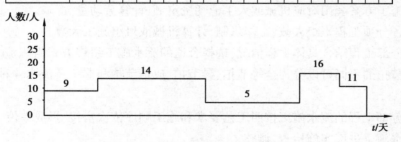

图 3.7 不等节拍流水施工进度计划图

（3）按成倍节拍组织流水施工

第一步：确定流水节拍之间的最大公约数及过程班组数。

因为最大公约数 $= K_b = t_{min} = 2$

则根据 $n_1 = \sum b_i = \dfrac{t_i}{K_b} = \dfrac{t_i}{t_{min}} = \dfrac{4}{2} + \dfrac{6}{2} + \dfrac{2}{2} = 2 + 3 + 1 = 6$。

第二步:确定施工工期。

$$T = (m + n_1 - 1)K_b + \sum Z_{j,j+1} - \sum C_{j,j+1} = (3+6-1)\times2 = 16。$$

第三步:绘制成倍节拍组织流水进度计划表,如图3.8所示。

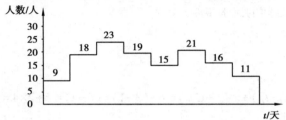

图 3.8　成倍节拍流水施工进度计划图

3.2.5　任务总结

流水施工的组织步骤如下所述。

①熟悉施工图纸,收集相关资料。

②划分分部分项工程。

③划分施工段。

④根据各分项工程预算工程量,适当合并项目。

⑤根据施工方案套用对应机械或人工消耗量定额,计算劳动量。

⑥确定各分项工程班组人数、工作班制,计算机械或班组施工天数。

⑦对各分部工程结合具体工程情况,选择合适的流水施工组织方式组织流水;其中流水施工按流水节拍的不同可以分为全等节拍、异节拍、成倍节拍和非节奏流水 4 种流水施工组织方式。

⑧将各分部工程的流水施工按照工艺要求和施工顺序依次搭接,形成单位工程流水。

⑨对流水施工进度实施检查、调整。

⑩绘制流水施工进度计划表。

【学习测试】

一、选择题

1.建设工程施工通常按流水施工方式组织,是因其具有(　　　)特点。

A.单位时间内所需用的资源量较少

B.使各专业工作队能够连续施工

C.施工现场的组织、管理工作简单

D.同一施工过程的不同施工段可以同时施工

2.在下列施工组织方式中,不能实现工作专业化施工的组织方式是(　　　)。

A.依次施工和平行施工　　　　　　　　B.平行施工和流水施工

C.搭接施工和平行施工　　　　　　　　D.依次施工和流水施工

3.考虑建设工程的施工特点、工艺流程、资源利用、平面或空间布置等要求,可采用不同的施工组织方式,其中有利于资源供应的组织方式是(　　　)。

A.依次施工和平行施工　　　　　　　　B.平行施工和流水施工

C.搭接施工和平行施工　　　　　　　　D.依次施工和流水施工

4.流水施工横道图能够正确表达(　　　)。

A.工作之间的逻辑关系　　　　　　　　B.关键工作

C.关键线路　　　　　　　　　　　　　D.工作开始时间和完成时间

5.工作面、施工层在流水施工中所表达的参数为(　　　)。

A.空间参数　　　　B.工艺参数　　　　C.时间参数　　　　D.施工参数

6.下列不属于流水施工时间参数的是(　　　)。

A.流水节拍　　　　B.流水步距　　　　C.工期　　　　　　D.施工段

7.流水节拍是指(　　　)。

A.某个专业队的施工作业时间

B.某个专业队在一个施工段上的作业时间

C.某个专业队在各个施工段上平均作业时间

D.两个相邻工作队进入流水作业的时间间隔

8.流水步距是指(　　　)。

A.相邻两个施工过程开始进入同一个施工段的时间间隔

B.相邻两个施工过程开始进入第一个施工段的时间间隔

C.任意两个施工过程进入同一个施工段的时间间隔

D.任意两个施工过程进入第一个施工段的时间间隔

9.流水施工中,(　　　)必须连续均衡施工。

A.所有施工过程　　B.主导工序　　　　C.次要工序　　　　D.无特殊要求

10.某工程有 5 个施工过程,4 个施工段,则其流水步距的数目为(　　　)。

A.4　　　　　　　　B.5　　　　　　　　C.6　　　　　　　　D.3

二、实操题

1.某工厂拟建 3 个结构相同的厂房,各厂房基础工程分为挖土方、现浇混凝土基础和回填土 3 个施工过程。每个施工过程安排一个施工队组。其中,挖土方工作队由 13 人组成,3 天完成;现浇混凝土基础工作队由 20 人组成,3 天完成;回填土工作队由 10 人组成,3 天完成,分别组织依次、平行、流水施工。

2.某主体分部工程由测量放线、绑扎钢筋、支模板、浇混凝土 4 个施工过程组成,划分成 5 个施工段,流水节拍均为 3 天。试组织流水施工。

3.已知某工程可以划分为 4 个施工过程,6 个施工段,各施工过程的流水节拍分别为 $t_A = 2$ 天,$t_B = 6$ 天,$t_C = 4$ 天,$t_D = 2$ 天,试组织成倍节拍流水施工,并绘制流水使用进度计划。

4.某项目划分为 A、B、C、D 4 个施工过程,分为 4 个施工段组织流水施工,各施工过程的流水节拍分别为 $t_A = 5$ 天,$t_B = 3$ 天,$t_C = 4$ 天,$t_D = 2$ 天,施工过程 A 完成后需有 2 天的技术间歇时间,施工过程 C 和 D 之间搭接施工 2 天,试求各施工过程之间的流水步距及该工程的工期,并绘制施工流水进度。

5.某工程流水节拍见表 3.10,试计算流水步距和工期,并绘制流水施工进度计划。

表 3.10　题 5 表

施工过程	施工段			
	①	②	③	④
A	3	2	4	3
B	3	3	3	1
C	4	2	3	5

项目4 编制与优化网络计划

【教学目标】

1) 知识目标

(1) 掌握网络计划技术的基本原理。

(2) 掌握网络图的绘制方法。

(3) 掌握网络图的参数计算。

2) 能力目标

(1) 能熟练应用网络计划技术进行网络进度计划的编制。

(2) 掌握网络计划的优化。

3) 素质目标

(1) 提升学生正确处理和分析信息,将理论转化为实践的能力。

(2) 培养学生追求真理、实事求是、勇于探究和实践的科学精神。

4) 思政目标

(1) 培养学生注重实践的务实意识。

(2) 培养学生精益求精的工匠精神。

【思维导图】

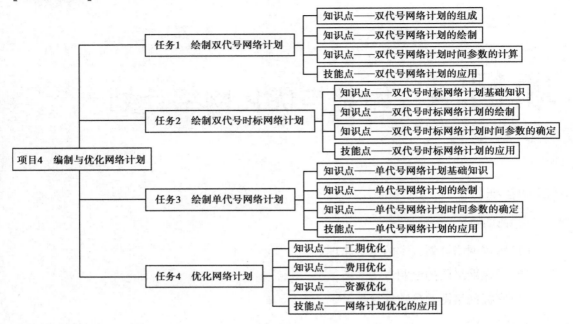

任务 1 绘制双代号网络计划

4.1.1 任务说明

1）背景

广联达员工宿舍楼工程，主体工程柱施工时，每层分两个施工段进行，首层柱施工的各项工作信息见表4.1。

2）资料

表 4.1 工作信息表

本工作（代号）	柱钢筋绑扎 1（A）	柱支模板 1（B）	柱浇筑混凝土 1（C）	柱钢筋绑扎 2（D）	柱支模板 2（E）	柱浇筑混凝土 2（F）
紧前工作	—	A	B	A	BD	CE
紧后工作	BD	CE	F	E	F	—
持续时间/天	1	4	1	1	4	1

3）要求

根据给定的资料，完成以下工作：

①绘制该工程(首层柱施工)双代号网络计划。

②分别采用工作计算法和节点计算法计算双代号网络计划中各工作的时间参数,并找出关键工作和关键线路。

4.1.2　任务分析

绘制双代号网络计划首先需要梳理各项工作之间的逻辑关系,再根据绘图规则和步骤依次绘制各项工作,在绘制过程中要注意虚工作的应用,并检查逻辑关系是否正确。

工作计算法涉及 6 个参数:最早开始时间、最早完成时间、最迟开始时间、最迟完成时间、总时差和自由时差;节点计算法涉及阶段最早时间和节点最迟时间,按照计算规则进行计算即可。

4.1.3　知识链接

1)知识点——双代号网络计划的组成

双代号网络图中每一条箭线表示一项工作,箭线的结尾节点 i 表示该工作的开始,箭线的箭头节点 j 表示该工作的完成。工作名称可标注在箭线的上方,完成该项工作所需要的持续时间可标注在箭线

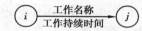

图 4.1　双代号网络图工作的表示方法

的下方,如图 4.1 所示。由于一项工作需要一条箭线和其箭尾与箭头处两个圆圈中的号码来表示,故称为双代号网络计划。

双代号网络图由箭线(工作)、节点、线路 3 个要素组成。

(1)箭线(工作)

在建设工程中,一条箭线表示项目中的一个施工过程,它可以是一道工序,一个分项工程,一个分部工程或一个单位工程,其粗细程度和工作范围的划分根据计划任务的需要确定。

一般而言,大多数工作的完成都需要占用时间并消耗资源,如砌砖墙、浇筑混凝土等。也存在不消耗资源、仅占用一定时间的工作,如混凝土养护、墙面刷涂料前抹灰层的"干燥",是由于技术上的需要而引起的间歇等待时间,虽然不消耗资源,但在网络图中也可作为一项工作。既消耗时间也消耗资源或只消耗时间不消耗资源的工作在实际中是真实存在的,称为实工作,在网络图中以一条箭线来表示。

在双代号网络图中,为了正确表达图中工作之间的逻辑关系,往往需要应用虚箭线,虚箭线是实际工作中并不存在的一项虚设工作,故它们既不占用时间,也不消耗资源,用虚箭线表示,如图 4.2 所示。虚工作起着工作之间的联系、区分和断路 3 个作用。

①联系作用。将有组织联系或工艺联系的相关工作用虚箭线连接起来,确保逻辑关系的正确。如图 4.3 所示,4 项工作 A、B、C、D,其中 A 工作完成后可以同时进行 B、D 工作,工作 C 完成后可进行工作 D。为了正确表达逻辑关系,必须加虚工作 2—5,才能把工作 A 和工作 D 联系起来,同时又可以避免工作 C 对工作 B 产生影响。

图 4.2　虚工作表示方法

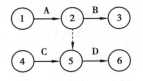

图 4.3　虚工作的联系作用

②区分作用。双代号网络图中,以两个代号表示一项工作,对于同时开始,同时结束的两个平行工作的表达,需引入虚工作以示区别。如图 4.4 所示,2—4 只能代表一项工作,不能同时代表工作 B 和工作 C。必须增添一个节点 3,即添加虚工作 3—4,用来区分工作 B 和工作 C。

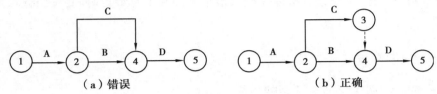

图 4.4　虚工作的区分作用

③断路作用。用虚工作断掉多余联系。即在双代号网络图中,当无联系的工作连接上时,应加虚工作将其断开,如图 4.5 所示。例如,绘制某工程柱子施工的网络图,该柱子有绑钢筋→支模板→浇混凝土 3 个施工过程,分两段施工。如图 4.5(a)所示的网络图,绑钢筋 2 和浇混凝土 1 两项工作存在多余的逻辑关系,因此该图是错误的。正确的表达如图 4.5(b)所示。

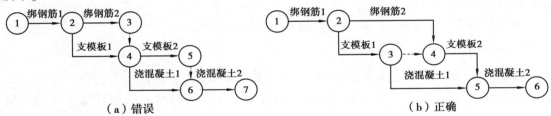

图 4.5　虚工作的断路作用

双代号网络图中就某一工作而言,该工作本身称为本工作,紧靠其前的工作称为紧前工作,紧靠其后面的工作称为紧后工作,与之平行的工作称为平行工作,本工作之前所有的工作称为先行工作,本工作之后所有的工作称为紧后工作,如图 4.6 所示。

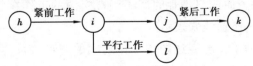

图 4.6　双代号网络图工作间关系

在无时间坐标的网络图中,箭线的长度不代表时间的长短,画图时原则上是任意的,但必须满足网络图的绘制规则,箭线的方向表示工作进行的方向和前进的路线,箭尾表示工作的开始,箭头表示工作的结束。箭线可以画成直线、折线或斜线,必要时箭线也可以画成曲线,但应以水平直线为主,一般不宜画成垂直线。

（2）节点

在双代号网络图中，节点代表一项工作的开始或结束，用圆圈表示。箭线尾部的节点称为该箭线所示工作的开始节点，箭头处的节点称为该箭线所示工作的结束节点。在一个完整的网络图中，除最前的起点节点和最后的终点节点外，其余任何一个节点都称为中间节点，中间节点具有双重的含义，既是前面工作的箭头节点，也是后面工作的箭尾节点。节点仅为前后两项工作的交接点，仅表示前面工作结束和后面工作开始的瞬间，因此它既不消耗时间，也不消耗资源。

在双代号网络图中，一项工作可以用其箭线两端节点内的编号来表示，以方便网络图的检查与计算。因此网络图中的每个节点都有自己的编号，以便赋予每项工作以代号。节点的编号必须满足两条基本规则，一是箭头节点编号大于箭尾节点编号，即顺箭线方向由小到大。二是在一个网络图中所有节点不能出现重复编号，编号可以按自然数顺序进行，也可以非连续编号，以便适应网络计划调整中增加工作的需要，为编号留有余地。编号宜在绘图完成并检查无误后，顺着箭头方向依次进行。当网络图中的箭线均为由左向右和由上至下时，可采取每行由左向右，由上至下逐行编号的水平编号法；也可采取每列由上至下，由左向右逐列编号的垂直编号法。

（3）线路

在网络图中，从起点节点开始，沿箭线方向连续通过一系列箭线与节点，最后到达终点节点所经过的通路称为线路。一个网络图中，从起点节点到终点节点，一般存在着许多条线路，每条线路都有自己确定的完成时间，它等于该线路上各项工作持续时间的总和，也是完成这条线路上所有工作的计划工期。

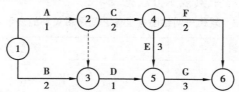

图4.7　双代号网络图

如图4.7所示的双代号网络图，有以下4条线路：

①→②→④→⑥	5天
①→③→⑤→⑥	6天
①→②→③→⑤→⑥	5天
①→②→④→⑤→⑥	9天

其中，第4条线路耗时（9天）最长，对整个工程的完工起着决定性作用，称为关键线路；其余的线路均称为非关键线路。处于关键线路上的各项工作称为关键工作，关键工作完成的快慢将直接影响整个计划工期的实现。关键线路上的箭线常采用粗箭线、双箭线或其他颜色箭线表示。

在一个网络图中，至少有一条关键线路，关键线路并不是一成不变的，在一定条件下，关键线路和非关键线路可以相互转化。当采取了一定的技术与组织措施，缩短了关键线路上各项工作的持续时间时,就有可能使关键线路发生转移,从而使原来的关键线路变成非关键线路,而原来的非关键线路却变成关键线路。

除关键工作外的工作都称为非关键工作,它们一般具有机动时间;非关键工作也不是一成不变的,它可以转化为关键工作;利用非关键工作的机动时间可以科学、合理地调配资源和对网络计划进行优化。

2)知识点——双代号网络计划的绘制

正确绘制双代号网络计划,必须做到以下两点:一是必须正确表达网络图中各项工作之间的逻辑关系;二是必须遵守双代号网络计划的绘图规则。

(1)网络图中逻辑关系的表示

各项工作之间相互制约或依赖的关系称为逻辑关系。在表示工程施工计划的网络图中,根据施工工艺和施工组织的要求,逻辑关系包括工艺逻辑关系和组织逻辑关系。

①工艺逻辑关系:由工艺过程或工作程序决定的顺序关系称为工艺逻辑关系,工艺逻辑关系是客观存在的,不能随意改变。例如,建筑工程施工时,先做基础,后做主体;先做结构,后做装修。如图4.5(b)所示,绑钢筋1—支模板1—浇混凝土1;绑钢筋2—支模板2—浇混凝土2为工艺逻辑关系。

②组织逻辑关系:组织逻辑关系是指在不违反工艺逻辑关系的前提下,安排工作的先后顺序,组织逻辑关系可根据具体情况进行人为安排。如图4.5(b)所示,绑钢筋1—绑钢筋2;支模板1—支模板2;浇混凝土1—浇混凝土2为组织逻辑关系。

在双代号网络图中,各项工作之间的逻辑关系多种多样,必须正确表达已定的各个工作之间客观和主观上的逻辑关系,其表示方法见表4.2。

表 4.2 双代号网络图各工作之间逻辑关系的表示方法

序号	各工作之间的逻辑关系	双代号网络图
1	A 完成后进行 B	
2	有 A、B、C 3 项工作,同时开始	
3	有 A、B、C 3 项工作,同时结束	

序号	各工作之间的逻辑关系	双代号网络图
4	有 A、B、C 3 项工作,只有 A 完成后才能进行 B 和 C	
5	有 A、B、C 3 项工作,只有 A 和 B 完成后才能进行 C	
6	有 A、B、C、D 4 项工作,只有 A、B 完成后才能进行 C 和 D	
7	有 A、B、C、D 4 项工作,只有 A 完成后 C、D 才开始;B 完成后 D 才开始	
8	有 A、B、C、D、E 5 项工作,只有 A、B 完成后 C 才能开始,B、D 完成后 E 才能开始	
9	有 A、B、C、D、E 5 项工作,只有 A、B、C 完成后,D 才能开始,B、C 完成后 E 才能开始	

续表

序号	各工作之间的逻辑关系	双代号网络图
10	A、B 2 项工作,分成 3 段流水	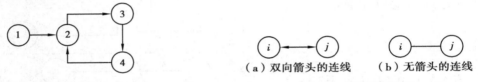

(2)双代号网络图的绘图规则

双代号网络图的绘制除了必须满足逻辑关系外,还必须遵循下述原则。

①网络图中严禁出现循环回路。循环回路是指从一个节点出发,顺着箭线方向又回到了原来出发点的线路。在图 4.8 中,②、③、④这 3 个节点之间出现了循环回路,无法正确表达出其间的逻辑关系,是错误的。

②网络计划是一种有向图,沿箭头的方向循序渐进,因此在网络图中不允许出现有双向箭头或无箭头的连线。图 4.9 所示是错误的。

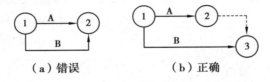

图 4.8　循环回路示意图　　　　　　　　　　图 4.9　错误箭线画法

③在双代号网络图中,一项工作只有唯一的一条箭线和相应的一对节点编号,不允许出现同样编号的节点或箭线,如图 4.10 所示。

图 4.10　工作编号示意图

④一个网络图中,只允许有一个起点节点和一个终点节点。如图 4.11 所示,网络图中出现了①和②两个起点节点,也出现了⑤和⑥两个终点节点,这都是错误的。

⑤在网络图中不允许出现没有箭尾节点和没有箭头节点的箭线。如图 4.12 所示,出现无箭尾节点的箭线和无箭头节点的箭线是错误的。

图 4.11　多个起点、终点示意图　　　　　　　图 4.12　箭线无箭头或箭尾节点

⑥应尽量避免网络图中工作箭线的交叉。当交叉不可避免时,可以采用过桥法、断线法或指向法处理,如图 4.13 所示。

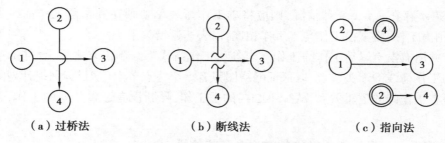

（a）过桥法　　　　（b）断线法　　　　（c）指向法

图 4.13　网络图出现交叉时的画法

⑦当网络图的起点节点有多条外向箭线或终点节点有多条内向箭线时，为使图形简洁，在不违背一项工作只有唯一的一条箭线和相应的一对节点编号的前提下，可用母线法绘制，如图 4.14 所示。

图 4.14　母线画法

（3）双代号网络图的绘制步骤

双代号网络图的绘制方法有很多，视具体的经验而异。一般先根据逻辑关系绘制出网络图草图，再结合绘图规则进行调整。当已知每项工作的紧前工作时，绘图步骤如下所述。

①绘制没有紧前工作的工作。如果有多项没有紧前工作的工作，用母线法使这些工作具有相同的开始节点，以保证网络图只有一个起点节点。

②按照逻辑关系，自左至右依次绘制其他各项工作：

若某工作只有一项紧前工作，则将该工作的箭线直接画在其紧前工作的完成节点之后即可。

若本工作有多项紧前工作，可根据下述 4 种情况分别考虑：

a.如果在其紧前工作中存在一项，只作为本工作紧前工作的工作（即在紧前工作中，该紧前工作只出现一次），则应将本工作箭线直接画在该紧前工作完成节点之后，然后用虚箭线分别将其他紧前工作的完成节点与本工作的开始节点相连，以表达它们之间的逻辑关系。

b.如果在紧前工作中存在多项只作为本工作紧前工作的工作，应先将这些紧前工作的完成节点合并，再从合并后的节点开始画出本工作箭线，最后用虚箭线将其他紧前工作的箭头节点分别与工作开始节点相连，以表达它们之间的逻辑关系。

c.如果不存在 a、b 两种情况，应判断本工作的所有紧前工作是否都同时作为其他工作的紧前工作（即在紧前工作中，这几项紧前工作是否均同时出现若干次），如果这样应先将它们完成节点合并后，再从合并后的节点开始画出本工作箭线。

d.如果不存在 a、b、c 3 种情况,则应将本工作箭线单独画在其紧前工作箭线之后的中部,然后用虚工作,将紧前工作与本工作相连,以表达逻辑关系。

③合并所有没有紧后工作的工作。当各项工作箭线都绘制出来之后,合并那些没有紧后工作的工作箭线的箭头节点,以保证网络图只有一个终点节点(多目标网络计划除外)。

④检查工作间的逻辑关系,减少不必要的虚工作,隔断没有逻辑关系的工作,并进行节点编号。

3)知识点——双代号网络计划时间参数的计算

(1)双代号网络计划时间参数的概念及符号

①工作的持续时间(D_{i-j})。工作的持续时间是指工作 $i-j$ 从开始到完成的时间。

②工期(T)。工期指完成任务所需要的时间,一般有以下 3 种:

a.计算工期:根据网络计划时间参数计算出来的工期,即关键线路上各工作持续时间之和,用 T_c 表示。

b.要求工期:任务委托人所要求的工期,用 T_r 表示。

c.计划工期:根据要求工期和计算工期所确定的作为实施目标的工期,用 T_p 表示。

网络计划的计划工期应按下列情况分别确定:当已规定了要求工期时,$T_p \leqslant T_r$;当未规定要求工期时,可令计划工期等于计算工期,$T_p = T_c$。

③工作的时间参数。

a.最早开始时间(ES)和最早完成时间(EF)。最早开始时间是指各紧前工作全部完成后,本工作有可能开始的最早时刻。工作的最早开始时间用 ES 表示。

最早完成时间是指各紧前工作全部完成后,本工作有可能完成的最早时刻。工作的最早完成时间用 EF 表示。

b.最迟开始时间(LS)和最迟完成时间(LF)。最迟开始时间是指在不影响整个任务按期完成的前提下,本工作必须开始的最迟时刻。工作的最迟开始时间用 LS 表示。

最迟完成时间是指在不影响整个任务按期完成的前提下,本工作必须完成的最迟时刻。工作的最迟完成时间用 LF 表示。

c.总时差(TF)和自由时差(FF)。总时差是指在不影响总工期的前提下,本工作可以利用的机动时间。工作的总时差用 TF 表示。

自由时差是指在不影响其紧后工作最早开始时间的前提下,本工作可以利用的机动时间。工作的自由时差用 FF 表示。

④节点的时间参数。

a.节点的最早时间(ET)。节点的最早时间是指双代号网络计划中,以该节点为开始的各项工作的最早开始时间,用 ET 表示。

b.节点的最迟时间(LT)。节点的最迟时间是指双代号网络计划中,以该节点为完成节点的各项工作的最迟完成时间,用 LT 表示。

⑤常用符号。设有线路 ⓗ→ⓘ→ⓙ→ⓚ,则

D_{i-j}——工作 $i-j$ 的持续时间;

D_{h-i}——工作 $h-i$ 的持续时间;

D_{j-k}——工作 j–k 的持续时间；

ES_{i-j}——工作 i–j 的最早开始时间；

EF_{i-j}——工作 i–j 的最早完成时间；

LS_{i-j}——在总工期已确定的情况下，工作 i–j 的最迟开始时间；

LF_{i-j}——在总工期已确定的情况下，工作 i–j 的最迟完成时间；

TF_{i-j}——工作 i–j 的总时差；

FF_{i-j}——工作 i–j 的自由时差；

ET_i——节点 i 的最早时间；

LT_i——节点 i 的最迟时间。

（2）双代号网络计划时间参数的计算——工作计算法

工作计算法是在确定了各项工作的持续时间之后，以网络计划中的工作为对象直接计算工作的 6 个时间参数，并将计算结果标注在箭线上方，如图 4.15 所示。

图 4.15　工作计算法的标注

计算步骤如下：

①计算各工作的最早开始时间和最早完成时间。计算时应从网络计划的起点节点开始，顺着箭线的方向，用累加的方法计算到终点节点。

a.最早开始时间 ES_{i-j}。当工作以起点节点为开始节点时，其最早开始时间为 0（或规定时间），即

$$ES_{i-j} = 0 \tag{4.1}$$

当工作只有一项紧前工作时，该工作的最早开始时间应为其紧前工作的最早完成时间，即：

$$ES_{i-j} = EF_{h-i} = ES_{h-i} + D_{h-i} \tag{4.2}$$

当工作有多个紧前工作时，该工作的最早开始时间应为其所有紧前工作的最早完成时间的最大值，即：

$$ES_{i-j} = \max\{EF_{h-i}\} = \max\{ES_{h-i} + D_{h-i}\} \tag{4.3}$$

b.最早完成时间 EF_{i-j}。各项工作的最早完成时间等于其最早开始时间加上工作持续时间，即：

$$EF_{i-j} = ES_{i-j} + D_{i-j} \tag{4.4}$$

②确定网络计划的计划工期 T_p。当网络计划规定要求工期时，网络计划的计划工期应小于或等于要求工期，即：

$$T_p \leqslant T_r \tag{4.5}$$

当网络计划未规定要求工期时，网络计划的计划工期应等于计算工期，即以网络计划的终点节点为完成节点的各个工作的最早完成时间的最大值。

$$T_p = T_c = \max\{EF_{i-n}\} \tag{4.6}$$

③计算各工作的最迟开始时间和最迟完成时间。计算时应从网络计划的终点节点开始，逆着箭线的方向，用累减的方法计算到起点节点。

a.最迟开始时间 LS_{i-j}。各工作的最迟开始时间等于其最迟完成时间减去工作持续时间，即：

$$LS_{i-j} = LF_{i-j} - D_{i-j} \tag{4.7}$$

b.最迟完成时间 LF_{i-j}。当工作的终点节点为完成节点时，其最迟完成时间为网络计划的计划工期，即

$$LF_{i-j} = T_p \tag{4.8}$$

当工作只有一项紧后工作时，该工作的最迟完成时间应为其紧后工作的最迟开始时间，即：

$$LF_{i-j} = LS_{j-k} = LF_{j-k} - D_{j-k} \tag{4.9}$$

当工作有多个紧后工作时，该工作的最迟完成时间应为其多项紧后工作的最迟开始时间的最小值，即：

$$LF_{i-j} = \min\{LS_{j-k}\} = \min\{LF_{j-k} - D_{j-k}\} \tag{4.10}$$

④计算各工作的总时差 TF_{i-j}。总时差是在不影响总工期前提下，一项工作可以利用的机动时间，即工作从最早开始时间或最迟开始时间开始，均不会影响总工期。而工作实际需要的持续时间是 D_{i-j}，扣去 D_{i-j} 后，余下的一段时间就是工作可以利用的机动时间，即为总时差。所以总时差等于最迟开始时间减去最早开始时间，或最迟完成时间减去最早完成时间，即：

$$TF_{i-j} = LS_{i-j} - ES_{i-j} \tag{4.11}$$

$$TF_{i-j} = LF_{i-j} - EF_{i-j} \tag{4.12}$$

总时差的特性：

a.凡是总时差为最小的工作就是关键工作。

b.当网络计划的计划工期等于计算工期时，凡总时差大于 0 的工作为非关键工作。

c.总时差的使用具有双重性，它既可以被该工作使用，但又属于某非关键线路所共有。

⑤计算各工作的自由时差 FF_{i-j}。自由时差是指在不影响其紧后工作最早开始时间的前提下，一项工作可以利用的时间范围是从该工作最早开始时间至其紧后工作最早开始时间。而工作实际需要的持续时间为 D_{i-j}，那么扣去 D_{i-j} 后，尚有一段时间就是自由时差，其计算如下：

当工作有紧后工作时，该工作的自由时差等于紧后工作的最早开始时间减去工作最早完成时间，即

$$FF_{i-j} = ES_{j-k} - EF_{i-j} \tag{4.13}$$

或 $$FF_{i-j} = ES_{j-k} - ES_{i-j} - D_{i-j} \tag{4.14}$$

当以终点节点 $(j = n)$ 为箭头节点的工作，其自由时差按网络计划的计划工期 T_p 确定，即：

$$FF_{i-n} = T_p - EF_{i-n} \tag{4.15}$$

或 $$FF_{i-n} = T_p - ES_{i-n} - D_{i-n} \tag{4.16}$$

自由时差有如下特性：

a.自由时差为某非关键工作独立使用的机动时间，利用自由时差，不会影响其紧后工作的最早开始时间。

b.非关键工作的自由时差必小于等于其总时差。

（3）双代号网络计划时间参数的计算——节点计算法

按节点计算法计算时间参数，其计算结果应标注在节点之上，如图 4.16 所示。

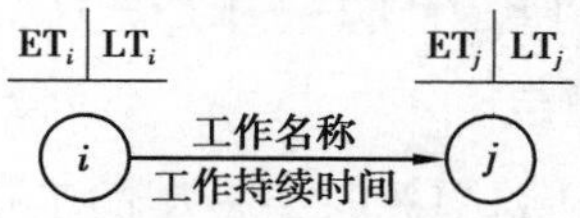

图 4.16   节点计算法的标注

计算步骤如下：

①计算各节点最早时间。节点的最早时间是以该节点为开始节点的工作的最早开始时间，其计算有 3 种情况：

a.起点节点 i 如未规定最早时间，其值等于零，即：

$$ET_i = 0 (i = 1) \tag{4.17}$$

b.当节点 j 只有一条内向箭线时，最早时间应为：

$$ET_j = ET_i + D_{i-j} \tag{4.18}$$

c.当节点 j 有多条内向箭线时，最早时间应为：

$$ET_j = \max\{ET_i + D_{i-j}\} \tag{4.19}$$

终点节点 n 的最早时间即为网络计划的计算工期，即

$$T_c = ET_n \tag{4.20}$$

②计算各节点最迟时间。节点的最迟时间是以该节点为完成节点的工作的最迟完成时间，其计算有两种情况：

a.终点节点的最迟时间应等于网络计划的计划工期，即：

$$LT_n = T_p \tag{4.21}$$

若分期完成的节点，则最迟时间等于该节点规定的分期完成的时间。

b.当节点 i 只有一条外向箭线时，最迟时间应为：

$$LT_i = LT_j - D_{i-j} \tag{4.22}$$

c.当节点 i 有多条外向箭线时，最迟时间应为：

$$LT_i = \min\{LT_j - D_{i-j}\} \tag{4.23}$$

③根据节点时间参数计算工作时间参数。工作最早开始时间等于该工作的开始节点的最早时间。

$$ES_{i-j} = ET_i \tag{4.24}$$

工作最早完成时间等于该工作开始节点的最早时间加上持续时间。

$$EF_{i-j} = ET_i + D_{i-j} \tag{4.25}$$

工作最迟完成时间等于该工作完成节点的最迟时间。

$$LF_{i-j} = LT_j \tag{4.26}$$

工作最迟开始时间等于该工作完成节点的最迟时间减去持续时间。

$$LS_{i-j} = LT_j - D_{i-j} \tag{4.27}$$

工作总时差等于该工作的完成节点最迟时间减去该工作开始节点的最早时间再减去持续时间。

$$TF_{i-j} = LT_j - ET_i - D_{i-j} \tag{4.28}$$

工作自由时差等于该工作的完成节点最早时间减去该工作开始节点的最早时间再减去持续时间。

$$\text{FF}_{i-j} = \text{ET}_j - \text{ET}_i - D_{i-j} \tag{4.29}$$

（4）关键工作和关键线路的确定

①关键工作的确定。在网络计划中总时差最小的工作为关键工作；当计划工期等于计算工期时，总时差为 0 的工作为关键工作。

当用节点计算法计算时间参数时，凡满足下列 3 个条件的工作必为关键工作。

$$\text{LT}_i - \text{ET}_i = T_p - T_c$$
$$\text{LT}_j - \text{ET}_j = T_p - T_c \tag{4.30}$$
$$\text{LT}_j - \text{ET}_i - D_{i-j} = T_p - T_c$$

②关键线路的确定。确定关键线路的方法有下述几种。

a.计算所有线路的持续时间，其中持续时间最长的线路为关键线路。这种方法的缺点是工作量大，不适用于实际工程。

b.将所有关键工作连起来即为关键线路，这种方法的缺点是判断工作是否为关键工作的工作量比较大。

c.标号法。标号法是一种快速寻求网络计划工期和关键线路的方法。它利用节点计算法的基本原理，对网络计划中的每个节点进行标号，然后利用标号值确定网络计划的计算工期和关键线路。以如图 4.17 所示网络计划为例，说明用标号法确定计算工期和关键线路的步骤，具体过程如下所述。

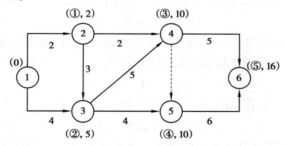

图 4.17　标号法确定关键线路

• 确定节点标号值 (a, b_j)

(a, b_j) 中，a 为源节点（得出标号值的节点），b_j 为节点 j 的标号值。

先为网络计划起点节点的标号值，起点节点的标号值为零。本例中节点①的标号值为零，即 $b_1 = 0$。

其他节点的标号值等于以该节点为完成节点的各项工作的开始节点标号值加其持续时间所得之和的最大值，即：

$$b_j = \max\{b_i + D_{i-j}\} \tag{4.31}$$

式中　b_j——工作的完成节点 j 的标号值；

　　　b_i——工作的开始节点 i 的标号值；

　　　D_{i-j}——工作 $i-j$ 的持续时间。

● 确定计算工期

网络计划的计算工期就是终点节点的标号值。本例中,其计算工作工期为终点节点⑥的标号值 16。

● 确定关键线路

通过标号计算,逆着箭线跟踪源节点即可确定。本例中,从终点节点⑥开始跟踪源节点分别为⑤、④、③、②、①,即得关键线路①→②→③→④→⑤。

4)技能点——双代号网络计划的应用

【例 4.1】　已知某施工过程之间的逻辑关系见表 4.3,试绘制双代号网络图。

表 4.3　逻辑关系明细表

本工作	A	B	C	D	E	F	G
紧前工作	—	—	A	A、B	C	C、D	D

解:　①绘制没有紧前工作的工作 A 和 B,用同一个起点节点连接 A、B 两个工作,如图 4.18(a)所示。

②按前述步骤,根据逻辑关系,自左向右先绘制 C 和 D 工作。C 工作只有一项紧前工作 A,C 工作可直接与 A 工作相连;而 B 工作作为 D 的紧前工作只出现一次,故 D 工作可直接与 B 工作相连,而 D 工作与其紧前工作 A 之间需加虚箭线,如图 4.18(b)所示。

③按前述步骤,绘制 E、F、G 工作。E 工作只有一项紧前工作 C,E 工作可直接与 C 工作相连;G 工作只有一项紧前工作 D,G 工作可直接与 D 工作相连;F 工作有 C、D 两项紧前工作,而 F 工作的两项紧前工作都出现一次以上,则 F 工作只能通过虚箭线与 A、B 两项紧前工作分别相连,如图 4.18(c)所示。

④将没有紧后工作的箭线合并,得到终节点,并进行编号,如图 4.18(d)所示。

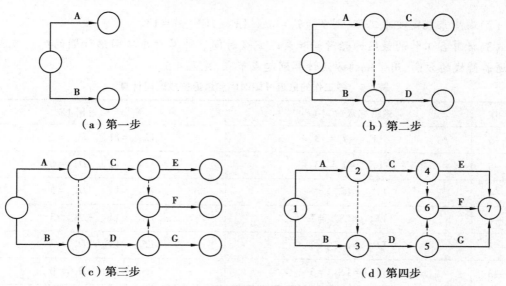

（a）第一步　　　　　　　　　　　　（b）第二步

（c）第三步　　　　　　　　　　　　（d）第四步

图 4.18　双代号网络图的绘制过程

【例 4.2】 以图 4.19 为例,用工作计算法和节点计算法计算其时间参数。

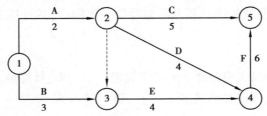

图 4.19 双代号网络图

解: 1)工作计算法,计算过程如下:

(1)计算各工作的最早开始时间和最早完成时间。计算时应从网络计划的起点节点开始,顺着箭线的方向,用累加的方法计算到终点节点,见表 4.4。

表 4.4 各工作的最早开始时间和最早完成时间计算

工作	最早开始时间 ES	最早完成时间 EF
1—2	$ES_{1-2}=0$	$EF_{1-2}=ES_{1-2}+D_{1-2}=2$
1—3	$ES_{1-3}=0$	$EF_{1-3}=ES_{1-3}+D_{1-3}=3$
2—3	$ES_{2-3}=EF_{1-2}=2$	$EF_{2-3}=ES_{2-3}+D_{2-3}=2$
2—4	$ES_{2-4}=EF_{1-2}=2$	$EF_{2-4}=ES_{2-4}+D_{2-4}=6$
2—5	$ES_{2-5}=EF_{1-2}=2$	$EF_{2-5}=ES_{2-5}+D_{2-5}=7$
3—4	$ES_{3-4}=\max\{EF_{2-3},EF_{1-3}\}=3$	$EF_{3-4}=ES_{3-4}+D_{3-4}=7$
4—5	$ES_{4-5}=\max\{EF_{2-4},EF_{3-4}\}=7$	$EF_{4-5}=ES_{4-5}+D_{4-5}=13$

(2)题中未规定要求工期,则 $T_p=T_c=\max\{EF_{2-5},EF_{4-5}\}=13$。

(3)计算各工作的最迟开始时间和最迟完成时间。计算时应从网络计划的终点节点开始,逆着箭线的方向,用累减的方法计算到起点节点,见表 4.5。

表 4.5 各工作的最迟开始时间和最迟完成时间计算

工作	最迟完成时间 LF	最迟开始时间 LS
4—5	$LF_{4-5}=T_c=13$	$LS_{4-5}=LF_{4-5}-D_{4-5}=7$
2—5	$LF_{2-5}=T_c=13$	$LS_{2-5}=LF_{2-5}-D_{2-5}=6$
3—4	$LF_{3-4}=LS_{4-5}=7$	$LS_{3-4}=LF_{3-4}-D_{3-4}=3$
2—4	$LF_{2-4}=LS_{4-5}=7$	$LS_{2-4}=LF_{2-4}-D_{2-4}=3$
2—3	$LF_{2-3}=LS_{3-4}=3$	$LS_{2-3}=LF_{2-3}-D_{2-3}=3$
1—3	$LF_{1-3}=LS_{3-4}=3$	$LS_{1-3}=LF_{1-3}-D_{1-3}=0$
1—2	$LF_{1-2}=\min\{LS_{2-5},LS_{2-4},LS_{2-3}\}=3$	$LS_{1-2}=LF_{1-2}-D_{1-2}=1$

（4）计算工作总时差和自由时差，见表4.6。

表4.6 各工作的工作总时差和自由时差计算

工作	总时差 TF	自由时差 FF
1—2	$TF_{1-2} = LS_{1-2} - ES_{1-2} = 1$	$FF_{1-2} = \min\{ES_{2-5}, ES_{2-4}, ES_{2-3}\} - EF_{1-2} = \min\{2,2,2\} - 2 = 0$
1—3	$TF_{1-3} = LS_{1-3} - ES_{1-3} = 0$	$FF_{1-3} = ES_{3-4} - EF_{1-3} = 3 - 3 = 0$
2—3	$TF_{2-3} = LS_{2-3} - ES_{2-3} = 1$	$FF_{2-3} = ES_{3-4} - EF_{2-3} = 3 - 2 = 1$
2—4	$TF_{2-4} = LS_{2-4} - ES_{2-4} = 1$	$FF_{2-4} = ES_{4-5} - EF_{2-4} = 7 - 6 = 1$
2—5	$TF_{2-5} = LS_{2-5} - ES_{2-5} = 6$	$FF_{2-5} = T_p - EF_{2-5} = 13 - 7 = 6$
3—4	$TF_{3-4} = LS_{3-4} - ES_{3-4} = 0$	$FF_{3-4} = ES_{4-5} - EF_{3-4} = 7 - 7 = 0$
4—5	$TF_{4-5} = LS_{4-5} - ES_{4-5} = 0$	$FF_{4-5} = T_p - EF_{4-5} = 13 - 13 = 0$

至此，工作计算法计算完毕，该网络图的关键线路为1—3—4—5，结果如图4.20所示。

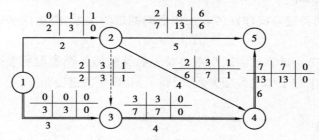

图4.20 工作计算法计算结果

2）节点计算法，计算结果如图4.21所示。

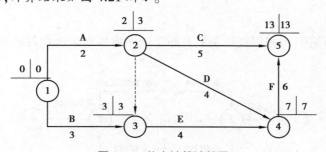

图4.21 节点计算法结果

4.1.4 任务实施

根据双代号网络图的绘图规则和各项工作之间的逻辑关系，绘制结果如图4.22所示，计算结果如图4.23所示。

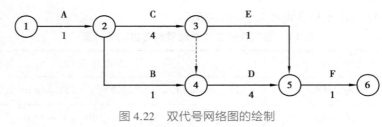

图 4.22　双代号网络图的绘制

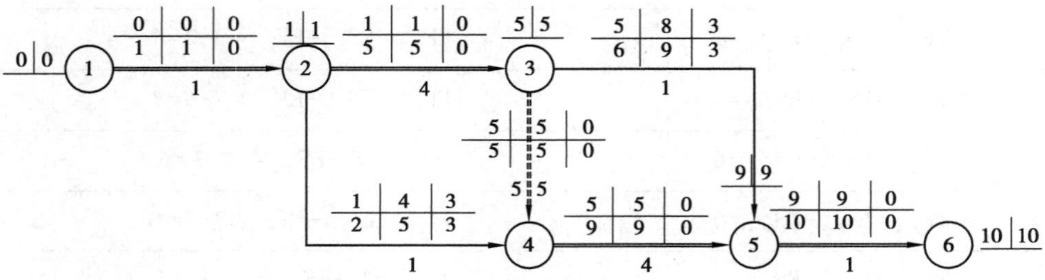

图 4.23　双代号网络图的计算

4.1.5　任务总结

①绘制网络图的关键是梳理好各项工作之间的逻辑关系,根据网络图的绘制规则逐步进行。

②工作计算法、节点计算法的运用需要首先熟练掌握各个参数所表达的含义及其计算方式,通过计算准确掌握工作的各项参数,明确工期、识别关键线路。

4.1.6　知识拓展

网络计划中各项工作之间存在着工艺或组织上的逻辑关系,为了使逻辑关系准确清晰,形象直观,便于调整和计算,通常采用下述几种方式进行排列。

（1）混合排列

对于简单的网络图,可根据逻辑关系及施工顺序将各施工过程对称排列,形象、大方、美观,如图4.24所示。

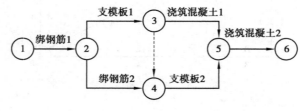

图 4.24　混合排列

（2）按施工段排列

同一施工段上的有关施工过程按水平方向排列,施工段按垂直方向排列,便于反映分段施工的特征,突出工作面的利用情况,如图 4.25 所示。

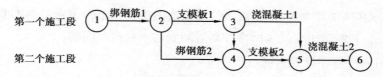

图 4.25　按施工段排列

（3）按施工过程排列

根据施工顺序把各施工过程按垂直方向排列,施工段按水平方向排列,便于突出不同工种的工作情况,如图 4.26 所示。

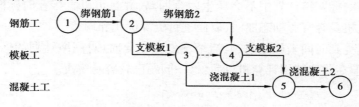

图 4.26　按施工过程排列

任务 2　**绘制双代号时标网络计划**

4.2.1　任务说明

1）背景

广联达员工宿舍楼工程,主体首层柱施工的网络图如图 4.22 所示。

2）资料

图 4.22。

3）要求

根据给定的材料,将网络图改为时标网络图。

4.2.2　任务分析

时标网络图的绘制方法有直接绘制法和间接绘制法,由于已经计算过时间参数（图 4.23）,所以本任务既可利用直接法也可利用间接法进行绘制,绘制时应注意波形线的应用。

4.2.3　知识链接

1）知识点——双代号时标网络计划基础知识

（1）双代号时标网络计划的概念

双代号时标网络计划是以水平时间坐标为尺度表示工作时间的网络计划。它综合了横道图的时间坐标和网络计划的原理,既解决了横道图中各项工作逻辑关系不明确,时间参数无法计算的缺点,又解决了双代号网络计划时间表达不直观的问题。

（2）双代号时标网络计划的特点

①时标网络计划兼有网络计划与横道计划的优点,清楚地表明计划的时间进程,使用方便。

②时标网络计划能在图上直接显示出各项工作的开始与完成时间、工作的自由时差及关键线路。

③在双代号时标网络计划中不会产生闭合回路,并且可以直接在时标网络图的下方绘出劳动力、材料、机具等资源动态曲线,以便进行资源优化和调整。

④由于箭线受到时间坐标的限制,当情况发生变化时,对网络计划的修改比较麻烦,往往要重新绘图;但在普遍使用计算机以后,这一问题已较容易解决。

2）知识点——双代号时标网络计划的绘制

（1）一般规定

①双代号时标网络计划是以水平时间坐标为尺度表示工作时间,时标的时间单位应根据需要在网络计划编制之前确定,可为时、天、周、月、季等。

②在时标网络计划中,实箭线表示工作,实箭线的水平投影长度表示该工作的时间;以虚箭线表示虚工作,由于虚工作的持续时间为0,故虚箭线只能垂直画;以波形线表示工作的自由时差。

③时标网络计划中的所有符号在时间坐标上的水平投影位置,都必须与时间参数相对应,节点中心必须对准相应的时标位置,虚工作必须以垂直方向的虚箭线表示,有自由时差时加波形线表示。

时标网络计划宜按最早时间编制。

（2）直接绘制法

直接绘制法是直接根据工作之间逻辑关系及各工作的持续时间绘制时标网络计划的方法。其绘制要点如下:

①确定时间单位,绘制时间坐标体系。

②将起点节点定位于时标表的起始刻度线上,按工作的持续时间,绘制起点节点的外向箭线及工作的箭头节点。

③若工作的箭头节点是几项工作共同的结束节点时,此节点应定位于所有内向箭线中最迟完成的箭线箭头处。不足以到达该节点的实箭线,用波形线补足。

④虚工作应绘制成垂直的虚箭线,若虚箭线的开始节点与结束节点之间有水平距离时,用波形线补足,波形线的长度为该虚工作的自由时差。

用上述方法自左向右依次确定其他节点的位置,直至终点节点。

（3）间接绘制法

间接绘制法是先绘制普通双代号网络计划,计算出各工作的时间参数,确定关键线路后,依据该图绘制时标图的过程。具体绘制要点如下:

①绘制一般的非时标网络计划图,计算时间参数,确定关键线路。

②建立时间坐标体系。

③根据工作的最早开始时间或节点的最早时间,从起点节点开始将各节点逐个定位于时标坐标上。

④节点间的箭线以实箭线表示实工作,箭线的水平投影长度即为工作的持续时间,若箭线长度不足以到达该工作的结束节点时,用波形线补足。虚箭线代表虚工作,其持续时间为零,用垂直箭线绘制。虚工作的水平段绘成波形线,表示其自由时差。

⑤绘制时先画关键工作,再画非关键工作,便于网络图的布局。

3) 知识点——双代号时标网络计划时间参数的确定

(1) 关键线路的确定

自终点节点逆箭线方向往起点节点处观察,自始至终不出现波形线的线路为关键线路。

(2) 工期的确定

时标网络计划的计算工期 T_c,应是其终点节点与起点节点所在位置的时标值之差。未规定时要求工期 $T_p = T_c$。

(3) 时间参数的判读

①最早时间确定。按最早时间绘制的时标网络计划,每条箭线的箭尾和箭头所对应的时标值应为该工作的最早开始时间和最早完成时间;虚工作的最早开始时间和最早完成时间相等,均为其开始节点中心所对应的时标值。

②自由时差的确定。波形线的水平投影长度即为该工作的自由时差。

③总时差的计算。在时标网络计划中,工作的总时差应自右向左逐个计算。一项工作只有在其紧后工作的总时差全部计算出来后,才能计算出其总时差。

a.以终点节点 $(j=n)$ 为结束节点的工作总时差,应按网络计划的计划工期计算确定,即:

$$TF_{i-n} = T_p - EF_{i-n} \tag{4.32}$$

b.其他工作的总时差应为:

$$TF_{i-j} = \min\{TF_{j-k}\} + FF_{i-j} \tag{4.33}$$

式中　TF_{i-n}——以终点节点 n 为结束节点的工作的总时差;

　　　EF_{i-n}——以终点节点 n 为结束节点的工作的最早完成时间;

　　　TF_{j-k}——工作的紧后工作的总时差。

④最迟时间的计算。时标网络计划中工作的最迟开始时间和最早完成时间应计算如下:

$$LS_{i-j} = ES_{i-j} + TF_{i-j} \tag{4.34}$$

$$LF_{i-j} = EF_{i-j} + TF_{i-j} \tag{4.35}$$

4) 技能点——双代号时标网络计划的应用

【例 4.3】　已知某工程双代号网络如图 4.27 所示(单位:天)。试用间接绘制法绘制双代号时标网络计划。

解:　(1)计算节点最早时间参数,如图 4.28 所示。

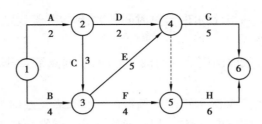

A
2
D
2
G
5
C 3
E
5
B
4
F
4
H
6
1
2
3
4
5
6

图 4.27　双代号网络图

2
10
0
16
5
10
A
2
D
2
G
5
C 3
E
5
B
4
F
4
H
6
1
2
3
4
5
6

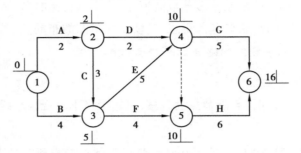

图 4.28　计算节点最早时间参数

(2)建立时间坐标体系，把节点按最早时间定位于时标表上，节点在时标图中的布局与网络计划一致，如图 4.29 所示。

工作日
1 2 3 4 5 6 7 8 9 10 11 12 13 14 15 16
网络计划
1
2
3
4
6
工作日
1 2 3 4 5 6 7 8 9 10 11 12 13 14 15 16

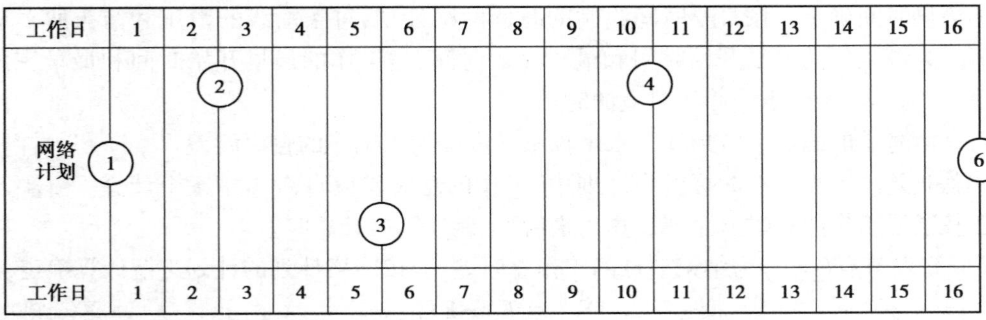

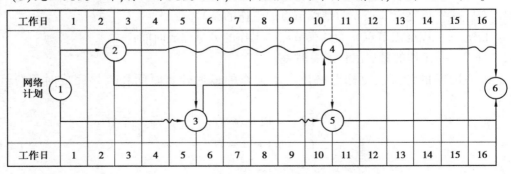

图 4.29　绘制坐标、节点定位

(3)先画关键工作，再画非关键工作，从节点依次向外引出箭线，如图 4.30 所示。

工作日
1 2 3 4 5 6 7 8 9 10 11 12 13 14 15 16
网络计划
1
2
3
4
5
6
工作日
1 2 3 4 5 6 7 8 9 10 11 12 13 14 15 16

图 4.30　连接箭线

4.2.4   任务实施

时标网络计划如图 4.31 所示。

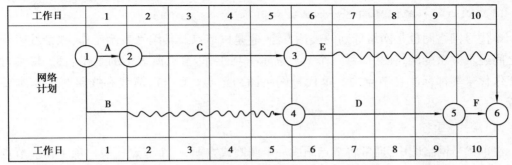

图 4.31   时标网络计划

4.2.5   任务总结

本任务有助于帮助学生快速掌握时标网络计划的绘制,从而加深对非时标网络图与时标网络图区别的理解,以对工程项目进度计划管理的思路有更清晰的认识。在绘图过程中要注意观察时间刻度,合理利用波形线来表示工作的自由时差。

任务 3   绘制单代号网络计划

4.3.1   任务说明

1)背景

已知广联达员工宿舍楼工程,在主体工程柱施工时,每层分两个施工段进行,首层柱施工的各项工作信息见表 4.7 所示。

2)资料

具体见表 4.7。

3)要求

根据给定的材料,将其绘制成单代号网络图,并用图上计算法计算参数。

4.3.2   任务分析

单代号网络图的绘制规则与双代号网络图类似,只是要注意单代号和双代号的表达形式不一样。首先梳理表格中给出的逻辑关系,然后根据逻辑关系绘制出单代号网络图。

单代号网络图的参数有最早开始时间、最早完成时间、最迟开始时间、最迟完成时间、总时差、自由时差和时间间隔,在网络图的基础上,根据参数之间的联系进行计算。

4.3.3 知识链接

1) 知识点——单代号网络计划基础知识

单代号网络图也是网络计划的表达方法,它是以节点及其编号表示工作,以箭线表示工作之间逻辑关系的网络图,即每一个节点表示一项工作,节点所表示的工作名称、持续时间和工作代号等都标注在节点内。单代号网络图由节点(工作)、箭线和线路 3 个基本要素组成。

(1)节点(工作)

在单代号网络图中,通常将节点画成一个圆圈或方框,一个节点代表一项工作。节点所表示的工作名称、持续时间和节点编号都标注在圆圈和方框内,如图 4.32 所示。

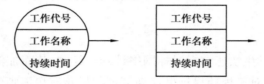

图 4.32 单代号网络计划节点表示方法

(2)箭线

在单代号网络图中,箭线既不占用时间,也不消耗资源,只表示相邻工作之间的逻辑关系,箭线应画成水平直线、折线或斜线,箭线的箭头指向为工作进行方向,箭尾节点表示的工作为箭头节点工作的紧前工作。单代号网络图中无虚箭线。

(3)线路

线路表示的意思与双代号网络计划相同。

单代号网络图的节点编号用一个单独编号表示一项工作,编号原则和双代号相同,也应从小到大,从左往右,箭头编号大于箭尾编号;一项工作只能有一个代号,不得重号,当网络图中出现多项没有紧前工作的工作节点或多项没有紧后工作的工作节点时,应在网络图的两端分别设置虚拟的起点节点(ST)或虚拟的终点节点(FIN),如图 4.33 所示。

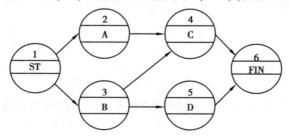

图 4.33 单代号网络图

单代号网络计划与双代号网络计划相比,作图方便,图面简洁,由于没有虚工作,所以产生的逻辑关系不容易出错。但单代号网络计划用节点表示工作,没有长度概念,不便于绘制时标网络计划。

2) 知识点———单代号网络计划的绘制

单代号网络图的绘图规则与双代号网络图的绘图规则基本相同,两者的主要区别如下:

(1)单代号网络图中有时会出现虚拟节点

当单代号网络图中有多项开始工作时,应增设一项虚拟工作,作为该网络图的起点节点(即虚拟起点节点 ST);当网络图中有多项结束工作时,应增设一项虚拟的工作,作为该网络图的终点节点(即虚拟终点节点 FIN)。如图 4.33 所示为带虚拟节点的网络图。

(2)单代号网络图中无虚工作

在单代号网络图中,紧前工作和紧后工作直接用箭线表示,其逻辑关系不需引入虚工作来表示。

3) 知识点———单代号网络计划时间参数的确定

单代号网络计划时间参数的计算顺序和计算方法基本上与双代号网络计划时间参数的计算相同。

(1)常用符号

设有线路 $\text{h}\to\text{i}\to\text{j}$,则

D_i———工作 i 的持续时间;

D_h———工作 i 的紧前工作 h 的持续时间;

D_j———工作 i 的紧后工作 j 的持续时间;

ES_i———工作 i 的最早开始时间;

EF_i———工作 i 的最早完成时间;

LS_i———在总工期已确定的情况下,工作 i 的最迟开始时间;

LF_i———在总工期已确定的情况下,工作 i 的最迟完成时间;

TF_i———工作 i 的总时差;

FF_i———工作 i 的自由时差;

工作的各时间参数表达如图 4.34 所示。

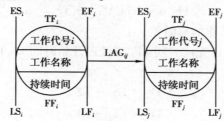

图 4.34　单代号网络计划的参数标注

(2)计算最早开始时间和最早完成时间

网络计划中各项工作的最早开始时间(ES_i)和最早完成时间(EF_i)的计算应从网络计划的起点节点开始,顺着箭线方向依次逐项计算。

①起点节点的最早开始时间 ES_1 如无规定,其值等于零,即:

$$ES_1 = 0 \tag{4.36}$$

②其他工作的最早开始时间 ES_i 应为:

$$ES_i = \max\{ES_h + D_h\} \tag{4.37}$$

式中　ES_h——工作的紧前工作的最早开始时间；

　　　D_h——工作的紧前工作的持续时间。

③工作 i 的最早完成时间 EF_i 的计算应符合下式规定：

$$EF_i = ES_i + D_i \tag{4.38}$$

（3）网络计划的计算工期 T_c

网络计划的计算工期等于网络节点的终点节点的最早完成时间，即：

$$T_c = EF_n \tag{4.39}$$

式中　EF_n——终点节点的最早完成时间。

网络计划的计划工期应按下列情况分别确定：

①当已规定要求工期时：

$$T_p \leqslant T_r \tag{4.40}$$

②当未规定要求工期时：

$$T_p = T_c \tag{4.41}$$

（4）计算相邻两项工作之间的时间间隔 $LAG_{i,j}$

相邻两项工作 i 和 j 之间的时间间隔的计算应符合下列规定：

$$LAG_{i,j} = ES_j - EF_i \tag{4.42}$$

（5）计算工作的总时差

工作 i 的总时差 TF_i 应从网络计划的终点节点开始，逆着箭线方向依次逐项计算。当部分工作分期完成时，有关工作的总时差必须从分期完成的节点开始逆向逐项计算。

①终点节点 n 所代表的工作的总时差 TF_n 值为零，即：

$$TF_n = 0 \tag{4.43}$$

分期完成的工作的总时差值为零。

②其他工作的总时差 TF_i 的计算应符合下列规定：

$$TF_i = \min\{LAG_{i,j} + TF_j\} \tag{4.44}$$

式中　TF_j——工作的紧后工作的总时差。

③当已知各项工作的最迟完成时间 LF_i 或最迟开始时间 LS_i 时，工作的总时差 TF_i 计算也应符合下列规定：

$$TF_i = LS_i - ES_i \tag{4.45}$$

或　　　　　　　　　　　　$$TF_i = LF_i - EF_i \tag{4.46}$$

（6）计算工作的自由时差

①工作 i 无紧后工作 j，其自由时差 FF_i 等于计划工期 T_p 减该工作的最早完成时间 EF_i，即：

$$FF_i = T_p - EF_i \tag{4.47}$$

②当工作 i 有紧后工作 j 时，其自由时差 FF_i 工作于其紧后工作之间的时间间隔 $LAG_{i,j}$ 的最小值，即：

$$FF_i = \min\{LAG_{i,j}\} \tag{4.48}$$

（7）计算工作的最迟开始时间和最迟完成时间

工作 i 的最迟完成时间 LF_i 和最迟开始时间 LS_i 应从网络计划的终点节点开始，逆着箭线依次逐项计算。

①终点节点所代表工作 n 的最迟完成时间 LF_i 应按网络计划工期 T_p 确定，即：

$$LF_n = T_p \tag{4.49}$$

②其他工作 i 的最迟完成时间 LF_i 应为：

$$LF_i = EF_i + TF_i \tag{4.50}$$

③工作 i 的最迟开始时间 LS_i 的计算应符合下列规定：

$$LS_i = ES_i + TF_i \tag{4.51}$$

（8）关键工作和关键线路的确定

①关键工作。网络计划中机动时间最少的工作称为关键工作。因此，网络计划中工作总时差最小的工作就是关键工作。当计划工期等于计算工期时，总时差为零的工作就是关键工作；当计划工期小于计算工期时，关键工作的总时差为负值，说明应研究更多措施以缩短计算工期；当计划工期大于计算工期时，关键工作的总时差为正值，说明计划已留有余地，进度变得可控制了。

②关键线路。单代号网络计划中将相邻两项关键工作之间间隔时间为零的工作连接起来，形成的自起点节点到终点节点的通路就是关键线路。

4）技能点——单代号网络计划的应用

【例4.4】　已知某工程各项工作之间的逻辑关系见表4.7，试绘制单代号网络图，并利用图上计算法计算其时间参数。

表 4.7　逻辑关系表

工作代号	A	B	C	D	E	F	G	H
紧后工作	C、D	D、E	G	G、F	F	H	H	—
持续时间	2	4	10	4	6	4	3	2

【解析】　单代号网络计划的绘制以及时间参数的计算，如图4.35所示。

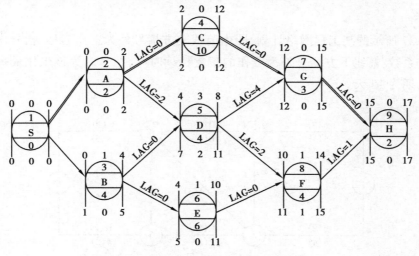

图 4.35　单代号网络图及其时间参数

4.3.4　任务实施

单代号网络计划绘制结果及其计算,如图 4.36 所示。

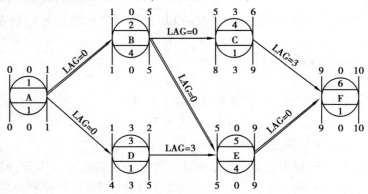

图 4.36　单代号网络图及其计算

4.3.5　任务总结

本节任务与 4.1 节任务背景资料相同但要求不同,旨在帮助学生掌握单代号网络图的绘制及参数计算,同时区分双代号网络计划与单代号网络计划,厘清各个参数之间的区别与联系。绘图要保证工作之间的逻辑关系的正确性,同时也应注意时间间隔的计算。

任务 4　优化网络计划

4.4.1　任务说明

1)背景

如图 4.37 所示的某工程网络计划,图中箭线上方括号外为工作名称,括号内数字为该工作的优选系数;箭线下方括号外为工作的正常持续时间,括号内为该工作最短的工作时间。要求工期为 15 天。

2)资料

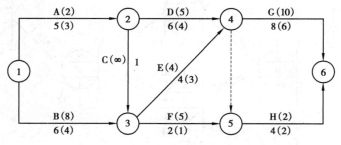

图 4.37　某工程网络计划

3）要求

试对该网络计划的工期进行优化。

4.4.2　任务分析

对网络计划进行工期优化,需要先求出计算工期及关键线路,找出要求工期与计算工期之间的差距;再分析对关键线路上的工作缩短时间的优先次序,择优选择对某项或某组工作缩短时间;再次计算工期及关键线路,找出要求工期与计算工期之间的差距,尝试缩短关键工作的时间,重复步骤直至工期满足要求。

4.4.3　知识链接

网络计划的优化,就是在满足既定约束条件下,按选定目标,通过不断改进网络计划寻求满意的方案。目的是通过优化网络计划,在现有的资源条件下,均衡、合理地使用资源,使工程根据要求按期完工,以较小的资源取得最大的经济效益。

网络计划的优化目标,应按计划任务的需要和条件选定,包括工期目标、费用目标、资源目标。按其优化达到的目标不同,一般分为工期优化、费用优化、资源优化。

1）知识点——工期优化

工期优化是指在满足既定约束条件下,按要求工期目标,通过延长或缩短网络计划初始方案的计算工期,以达到要求工期目标,保证按期完成任务。

网络计划的初始方案编制好后,将其计算工期与要求工期相比较,会出现以下情况:

（1）计算工期小于或等于要求工期

如果计算工期小于要求工期不多或两者相等,则一般不必进行工期优化。

如果计算工期小于要求工期较多,则考虑与施工合同中的工期提前奖等条款相结合,确定是否进行工期优化。若需优化,优化方法是:延长关键线路上资源占用量大或直接费用高的工作的持续时间(相应减少其单位时间资源需要量);或重现选择施工方案,改变施工机械,调整施工顺序,再重新分析逻辑关系;编制网络图,计算时间参数;反复多次进行,直至满足要求工期。

（2）计算工期大于要求工期

当计算工期大于要求工期时,可以在不改变网络计划中各项工作之间的逻辑关系的前提下,通过压缩关键工作的持续时间来满足要求工期。压缩关键工作持续时间一般用"选择法",考虑压缩的关键工作所需的资源是否有保证及相应的费用增加幅度。

①选择应缩短持续时间的关键工作时,应考虑下列因素:

a.缩短持续时间对质量和安全影响不大的工作;

b.有充足备用资源的工作;

c.缩短持续时间所需增加费用最小的工作。

将所有工作按其是否满足上述 3 方面要求确定优选系数,优选系数小的工作较适宜压缩。选择关键工作并压缩其持续时间时,应选择优选系数最小的关键工作。若需要同时压缩多个关键工作的持续时间时,则它们的优选系数之和(组合优选系数)最小者应优先作为压缩对象。

②工期优化计算,应按下述步骤进行:

a.计算并找出初始网络计划的计算工期 T_c、关键线路及关键工作。

b.按要求工期 T_r,计算应缩短的时间 ΔT,$\Delta T = T_c - T_r$。

c.确定各关键工作能缩短的持续时间。

d.选择关键工作,压缩其持续时间,并重新计算网络计划的计算工期。此时要注意,不能将关键工作压缩成非关键工作;当出现多条关键线路时,必须将平行的各关键线路的持续时间压缩相同的数值,否则不能有效地缩短工期。

e.当计算工期仍超过要求工期时,则重复以上步骤,直到满足要求工期或工期不能再缩短为止。

f.当所有关键工作的持续时间都已达到其能缩短的极限而工期仍不能满足要求工期时,应对计划的原技术方案、组织方案进行调整,或对要求工期重新审定。

2)知识点——费用优化

费用优化又称工期成本优化或时间成本优化,是指寻求工程总成本最低时的工期安排,或按要求工期寻求最低成本的计划安排过程。

(1)工期和费用的关系

工程的总费用包括直接费用和间接费用。直接费用是直接用于建筑工程的人工费、材料费、建筑机械使用费等的费用,主要由建筑工程各工序的直接费用构成。间接费用主要指组织和管理建筑工程施工的各项经营管理费用,如管理费用、场地费用、资金利息、职工福利与教育经费、行政办公费用等机关工作人员工资等。

通常在一定范围内,直接费用一般是随工期的缩短而增加,间接费用一般与工期成正比例关系,工期越长,费用越高,如图 4.38 所示。曲线上的最低点就是工程计划的最优方案之一,此方案工程成本最低,相应的工程持续时间为最优工期。

间接费曲线表示间接费和工期成正比例关系的曲线,通常用直线表示。其斜率表示间接费在单位时间内增加(或减少)的值。间接费与施工单位的管理水平、施工条件、施工组织等有关。

直接费曲线表示直接费在一定范围内和时间成反比关系的曲线。一般在施工时为了加快施工进度,必须突击作业,就需要采取加班加点或采取多班制作业的措施,从而增加了许多非熟练工人,并且增加了高价的材料和劳动力、采用高价的施工方法及机械设备等。这样,工期虽然加快了,但直接费也随之增加了。在施工中存在着一个极限工期,它是指如果工期超过此限制,即使再增加施工费用也不能使工期缩短,用 DC 表示。同时,也存在一个无论怎样延长工期也不能使直接费用再减少的工期,这个工期称为正常工期,用 DN 表示,与此相对应的费用称为最低费用,也称正常费用,用 CN 表示。其关系图如图 4.39 所示。把每缩短一个单位时间所需增加的直接费,简称直接费用率,按式 4.51 计算:

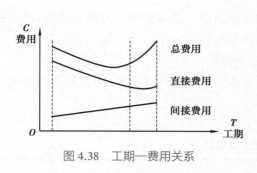

图 4.38 工期—费用关系

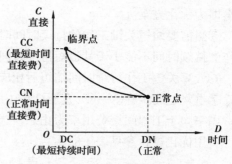

图 4.39 时间与直接费的关系

$$\Delta C_{i-j} = \frac{CC_{i-j} - CN_{i-j}}{DN_{i-j} - DC_{i-j}} \qquad (4.52)$$

式中 　ΔC_{i-j}——工作 i-j 的直接费用率；

　　CC_{i-j}——将工作 i-j 持续时间缩短为最短持续时间，完成该工作所需的直接费用；

　　CN_{i-j}——在正常条件下完成工作 i-j 所需的直接费用；

　　DN_{i-j}——工作 i-j 的正常持续时间；

　　DC_{i-j}——工作 i-j 的最短持续时间。

从式（4.51）中可以看出，工作的直接费用率越大，则该工作的持续时间缩短一个时间单位，相应增加的直接费就越多；反之，工作的直接费用率越小，则将该工作的持续时间缩短一个时间单位，相应增加的直接费就越少。

（2）费用优化的方法与步骤

费用优化的基本方法是不断压缩关键线路上有压缩可能且费用最少的工作。因此，需要在网络计划中找出直接费用率（或组合直接费用率）最小的关键工作，缩短其持续时间，同时考虑间接费随工期缩短而减少的数值，最后求得工程总成本最低时的最优工期安排或按要求工期求得最低成本的计划安排。其步骤如下：

①按工作的正常持续时间确定计算关键线路、工期、总费用。

②按式（4.51）计算各项工作的直接费用率。

③当只有一条关键线路时，应找出直接费用率最小的一项关键工作，作为缩短持续时间的对象；当有多条关键线路时，应找出组合直接费用率最小的一组关键工作，作为缩短持续时间的对象。

④对于选定的压缩对象，首先比较其直接费用率或组合直接费用率与工程间接费用率的大小：

a.如果被压缩对象的直接费用率或组合直接费用率小于工程间接费用率，说明压缩关键工作的持续时间会使工程总费用减少，故应缩短关键工作的持续时间。

b.如果被压缩对象的直接费用率或组合直接费用率等于工程间接费用率，说明压缩关键工作的持续时间不会使工程总费用增加，故应缩短关键工作的持续时间。

c.如果被压缩对象的直接费用率或组合直接费用率大于工程间接费用率，说明压缩关键工作的持续时间会使工程总费用增加，此时应停止缩短关键工作的持续时间，在此之前的方案即为优化方案。

⑤当需要缩短关键工作的持续时间时,其缩短值的确定必须符合下列两条原则:缩短后工作的持续时间不能小于其最短持续时间;缩短持续时间的工作不能变成非关键工作。

⑥计算关键工作持续时间缩短后相应的总费用变化。

⑦重复上述步骤③—⑥,直至计算工期满足要求工期,或被压缩对象的直接费用率或组合费用率大于工程间接费用率为止。

费用优化过程参见表4.8。

表4.8　费用优化过程表

压缩次数	压缩工作代号	缩短时间/天	直接费率或组合直接费率/(万元·天⁻¹)	费率差(正或负)/(万元·天⁻¹)	压缩需用总费用/万元	总费用/万元	工期/天	备注

注:费率差=直接费率/组合直接费率–间接费率

　　压缩需用总费用=费率差×所短时间

　　总费用=上次压缩后总费用+本次压缩需用总费用

　　工期=上次压缩后工期–本次所短时间

3)知识点——资源优化

所谓资源,就是完成某工程项目所需的人、材料、机械、资金的统称。由于完成项目所需的资源量基本是不变的,所以资源优化主要是通过改变工作时间,使资源按时间的分布符合优化的目标。具体有"资源有限—工期最短"及"工期固定—资源均衡"的优化方法。

(1)"资源有限—工期最短"优化

"资源有限—工期最短"的优化是通过均衡安排,以满足资源限制的条件,并使工期拖延最少的过程。在资源优化时,应逐日检查资源,当出现某段时间资源需要量大于资源限量时,通过对工作最早时间的调整进行资源均衡调整。

资源需要量是指网络计划中各项工作在某一单位时间内所需某种资源数量之和。资源限量是指单位时间内可供使用的某种资源的最大数量。

(2)资源分配原则

①关键工作有限满足,按每日资源需要量大小,从大到小顺序供应资源。

②非关键工作的资源供应应按时差从大到小供应,同时考虑资源和工作是否中断。

(3)优化步骤

①计算网络计划每个"时间单位"的资源需要量。

②从计划开始日期起,逐个检查每个"时间单位"的资源需要量是否超过资源限量,如果在整个工期内每个"时间单位"的资源需要量均能满足资源限量的要求,可按优化方案完成。否则必须进行计划调整。

③分析超过资源限量的时段。如果在该时段内有几项工作平行作业,则采取将一项工作安排在与之平行的另一项工作之后进行的方法,以降低该时段资源需用量。

对于两项平行作业的工作 m 和工作 n 来说,为了降低相应时段的资源需用量,现将工作 n 安排在工作 m 之后进行,如此安排后,该网络计划的工期增量 $\Delta T_{m,n}$ 如式(4.53)所示:

$$\Delta T_{m,n} = EF_m + D_n - LF_n = EF_m - (LF_n - D_n) = EF_m - LS_n \tag{4.53}$$

则在有资源冲突的时段中,对平行作业的工作进行两两排序,即可得出若干个 $\Delta T_{m,n}$,选择其中最小的 $\Delta T_{m,n}$,它所对应的安排工期延长最小,将其相应的工作 n 安排在工作 m 之后进行,即可降低该时段的资源需用量,可使网络计划的工期增量最小。

④对调整后的网络计划安排重新计算每个时间单位的资源需用量。

⑤重复上述步骤②~④,直至网络计划任意时间单位的资源需用量均不超过资源限量为止。

【例4.5】　已知某工程双代号网络计划如图4.40所示,图中箭线上方为工作名称和工作的资源强度,箭线下方为工作持续时间。假定资源限量 $R_a = 12$,试对其进行资源有限—工期最短的优化。

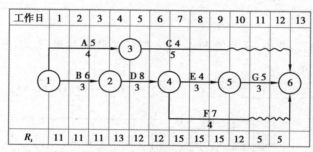

图 4.40　初始网络计划

解:　①计算网络计划每个时间单位的资源需用量,绘制出资源需用量分布曲线,本题省略绘制,将其标注在图4.40下方。

②从计划开始日期起,经检查发现时段第4天,第7~9天存在资源冲突,即资源需用量超过资源限量,所以首先对该时段进行调整。首先调整第4天资源,第4天有A和D两项平行工作,利用式4-53计算 $\Delta T_{m,n}$ 值,其计算结果见表4.9。

表 4.9　第 4 天 $\Delta T_{m,n}$ 的计算值

工作序号	工作代号	最早完成时间	最迟开始时间	$\Delta T_{A,D}$	$\Delta T_{D,A}$
A	1–3	4	3	1	
D	2–4	6	3		3

由表可以看出 $\Delta T_{A,D}$ 最小,说明将 D 工作排在 A 工作之后进行,工期延长最短,只延长1天,调整后的网络计划如图4.41所示。

③计算每个时间单位的资源需用量,将其标注在图4.41的下方,发现第8和第9天的资源需用量超过资源限量,需要进行调整。第8、9天有C、E和F 3项平行工作,利用式4.52计算 $\Delta T_{m,n}$ 值,其计算结果见表4.10。

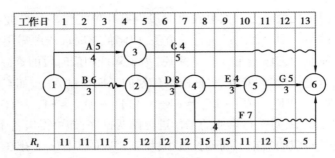

图 4.41 第一次调整后的网络计划

表 4.10 第 8、9 天 $\Delta T_{m,n}$ 的计算值

工作序号	工作代号	最早完成时间	最迟开始时间	ΔT_{CE}	ΔT_{CF}	ΔT_{EC}	ΔT_{EF}	ΔT_{FC}	ΔT_{FE}
C	3—6	9	8	2	0				
E	4—5	10	7			2	1		
F	4—6	11	9					3	4

由表可以看出 ΔT_{CF} 最小,说明将 F 工作排在 C 工作之后进行,工期不延长。调整后的网络计划如图4.42所示。

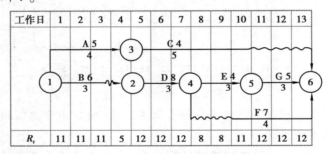

图 4.42 第二次调整后的网络计划

④计算每个时间单位的资源需用量,将其标注在图 4.42 的下方。此时整个工期范围内的资源需用量均未超过资源限量,所以图 4.42 所示网络计划即为优化后的最终网络计划,其工期为 13 天。

(4)"工期固定—资源均衡"优化

"工期固定—资源均衡"优化是指调整计划安排,在工期不变的条件下,使资源需要量尽可能均衡的过程,使得资源需要量尽可能不出现短期高峰或长期低估的情况,力求使每个"时间单位"的资源需要量接近于平均值。

"工期固定—资源均衡"的优化方法有多种,如方差最小值法、极差值最小法、削高峰法等,这里着重介绍削高峰法,即利用非关键工作的机动时间,在工期固定的条件下,使资源峰值尽可能减小。其步骤如下:

①按节点最早时间参数绘制双代号时标网络图,根据各工作在每个时间单位的资源需要量,统计出每个时间单位内的资源需要量 R_t。

②找出资源高峰时段的最后时刻 T_h ,计算非关键工作 $i\text{-}j$ 如果向右移动到 T_h 处,还剩下的机动时间 $\Delta T_{i\text{-}j}$,即

$$\Delta T_{i\text{-}j} = \text{TF}_{i\text{-}j} - (T_h - \text{ES}_{i\text{-}j}) \tag{4.54}$$

当 $\Delta T_{i\text{-}j} \geq 0$ 时,则说明工作 $i\text{-}j$ 可以向右移除高峰时段,使得峰值减小,并且不影响工期。当有多个工作 $\Delta T_{i\text{-}j} \geq 0$,应选择 $\Delta T_{i\text{-}j}$ 值最大的工作向右移除高峰时段。

③绘制调整后的时标网络计划。

④重复上述步骤②~③,制止高峰时段的峰值不再减少,资源优化结束。

【例 4.6】　已知某工程网络计划如图 4.43 所示,图中箭线上方为工作名称和工作的资源强度,箭线下方为工作持续时间,试对该网络计划进行工期固定—资源均衡的优化。

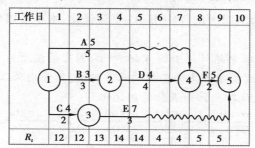

图 4.43　某工程网络计划

解:　①计算网络计划每个时间单位的资源需用量,及其各工作的总时差,绘制出资源需用量分布曲线,本题省略绘制,将其标注在图 4.43 下方。

②从图中资源需用量可以看出,资源峰值 $R_{\max} = 14$, $T_h = 5$ 。

$$\Delta T_{1\text{-}4} = \text{TF}_{i\text{-}j} - (T_h - \text{ES}_{i\text{-}j}) = 2 - (5 - 0) = -3 < 0$$

$$\Delta T_{3\text{-}5} = \text{TF}_{i\text{-}j} - (T_h - \text{ES}_{i\text{-}j}) = 4 - (5 - 2) = 1 > 0$$

因此,将工作 3—5,即 E 工作向右移 3 天,如图 4.44 所示。

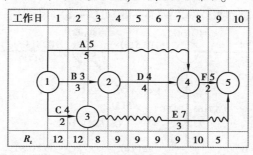

图 4.44　第一次调整后的网络计划

③从图 4.44 的资源需用量可知,资源峰值 $R_{\max} = 12$, $T_h = 2$ 。

$$\Delta T_{1\text{-}4} = \text{TF}_{i\text{-}j} - (T_h - \text{ES}_{i\text{-}j}) = 2 - (2 - 0) = 0 < 0$$

$$\Delta T_{1\text{-}3} = \text{TF}_{i\text{-}j} - (T_h - \text{ES}_{i\text{-}j}) = 4 - (2 - 0) = 2 > 0$$

因此,考虑将工作 1—3,即 C 工作向右移动 2 天,如图 4.45 所示。

④观察图 4.45,资源峰值并没有降低,因此资源优化已完成,优化后的计划图如图 4.45 所示。

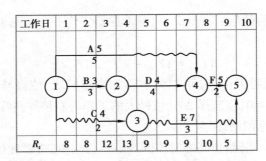

图 4.45　第二次调整后的网络计划

4)技能点——网络计划优化的应用

网络计划的优化分为工期优化、费用优化、资源优化,本小节以费用优化为例,说明网络计划优化的应用。

【例 4.7】　假定某工程网络计划如图 4.46 所示,图中箭线上方为工作正常时间直接费,括号内为最短时间直接费,箭线下方为工作的正常时间,括号内为工作最短时间。该工程间接费用率为 0.8 万元/天,试对此计划进行费用优化。

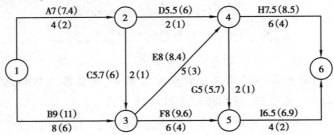

图 4.46　某工程网络计划

解:　该网络计划的费用优化可以按如下步骤进行。

(1)根据各项工作的正常持续时间,用标号法确定网络计划的计算工期和关键线路。如图 4.47 示,关键线路有两条,即①—③—④—⑥和①—③—④—⑤—⑥,工期为 19 天。

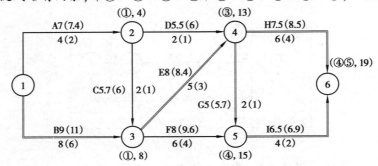

图 4.47　标号法计算工期和关键线路

(2)计算各项工作的直接费用率。

$$A:\Delta C_{1-2}=\frac{CC_{1-2}-CN_{1-2}}{DN_{1-2}-DC_{1-2}}=\frac{7.4-7}{4-2}=0.2(万元/天)$$

$$B:\Delta C_{1-3}=\frac{CC_{1-3}-CN_{1-3}}{DN_{1-3}-DC_{1-3}}=\frac{11-9}{8-6}=1(万元/天)$$

$$C:\Delta C_{2-3}=\frac{CC_{2-3}-CN_{2-3}}{DN_{2-3}-DC_{2-3}}=\frac{6-5.7}{2-1}=0.3(万元/天)$$

$$D:\Delta C_{2-4}=\frac{CC_{2-4}-CN_{2-4}}{DN_{2-4}-DC_{2-4}}=\frac{6-5.5}{2-1}=0.5(万元/天)$$

$$E:\Delta C_{3-4}=\frac{CC_{3-4}-CN_{3-4}}{DN_{3-4}-DC_{3-4}}=\frac{8.4-8}{5-3}=0.2(万元/天)$$

$$F:\Delta C_{3-5}=\frac{CC_{3-5}-CN_{3-5}}{DN_{3-5}-DC_{3-5}}=\frac{9.6-8}{6-4}=0.8(万元/天)$$

$$G:\Delta C_{4-5}=\frac{CC_{4-5}-CN_{4-5}}{DN_{4-5}-DC_{4-5}}=\frac{5.7-5}{2-1}=0.7(万元/天)$$

$$H:\Delta C_{4-6}=\frac{CC_{4-6}-CN_{4-6}}{DN_{4-6}-DC_{4-6}}=\frac{8.5-7.5}{6-4}=0.5(万元/天)$$

$$I:\Delta C_{5-6}=\frac{CC_{5-6}-CN_{5-6}}{DN_{5-6}-DC_{5-6}}=\frac{6.9-6.5}{4-2}=0.2(万元/天)$$

（3）计算工程总费用。

①正常时间工作的直接费用总和：$C_d=7+9+5.7+5.5+8+8+5+7.5+6.5=62.2$（万元）

②间接费用总和：$C_i=0.8\times19=15.2$（万元）

③工程总费用：$C_t=62.2+15.2=77.4$（万元）

（4）第一次压缩。从图4.47中可知，该网络图有两条关键线路，为了同时缩短两条关键线路的总持续时间，有4种压缩方案，即压缩B工作、E工作、同时压缩G、H工作、同时压缩H、I工作，对应的直接费用率或直接费用率组合为1.0、0.2、1.2、0.7万元/天，由于E工作的直接费用率最低，故选择E工作为压缩对象。此处，将E工作压缩1天，再利用标号法求其工期与关键线路，如图4.48所示。

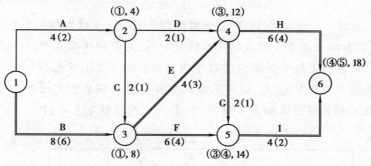

图4.48 第一次压缩后的网络计划

（5）第二次压缩。从图4.48中可知，该图工期是18天，关键线路变为3条。为了同时缩短两条关键线路的总持续时间，有5种压缩方案，即压缩B工作、同时压缩E、F工作、同时压缩E、I工作、同时压缩F、G、H工作、同时压缩H、I工作，5种方案所对应的直接费用率或直接费用率组合为1、1、0.4、2、0.7万元/天。由于同时压缩E、I工作的直接费用率最低，故选择E和I工作为压缩对象。此处，将E工作与I工作同时压缩1天，此时E工作已经缩至最短，再利用标号法求其工期与关键线路如图4.49所示。

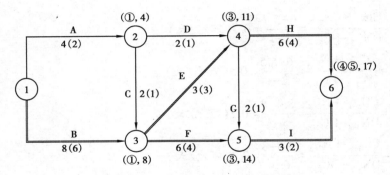

图 4.49　第二次压缩后的网络计划

（6）第三次压缩。从图 4.49 中可知,该图工期是 17 天,关键线路变为 2 条。为了同时缩短两条关键线路的总持续时间,有 3 种压缩方案,即压缩 B 工作、同时压缩 F、H 工作、同时压缩 H、I 工作,3 种方案所对应的直接费用率或直接费用率组合为 1、1.3、0.7 万元/天。由于同时压缩 H、I 工作的直接费用率最低,故选择 H 和 I 工作为压缩对象。此处,将 H 工作与 I 工作同时压缩 1 天,此时 I 作已经缩至最短,再利用标号法求其工期与关键线路如图4.50所示。

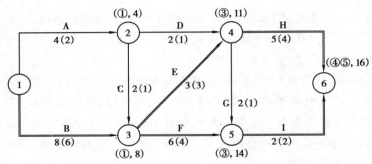

图 4.50　第三次压缩后的网络计划

（7）第四次压缩。从图 4.50 中可知,该图工期是 16 天,关键线路为 2 条。此时 E、I 均不能在压缩,为了同时缩短两条关键线路的总持续时间,有两种压缩方案,即压缩 B 工作、同时压缩 F、H 工作,对应的直接费用率或直接费用率组合为 1、1.3 万元/天。此时,最小直接费用率大于间接费用率 0.8 万元/天,说明压缩工作 B 会使工程总费用增加,不需再压缩,已得最优方案。优化后的最终方案如图 4.51 所示,费用优化过程见表 4.11。

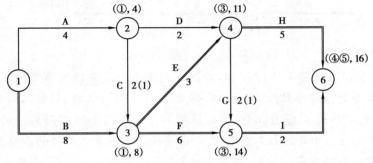

图 4.51　费用优化后的网络计划

表 4.11　费用优化过程表

压缩次数	压缩工作代号	缩短时间/天	直接费率或组合直接费率/(万元·天⁻¹)	费率差（正或负）/(万元·天⁻¹)	压缩需用总费用/万元	总费用/万元	工期/天	备注
0						77.4	19	
1	E	1	0.2	−0.6	−0.6	76.8	18	
2	E、I	1	0.4	−0.4	−0.4	76.4	17	
3	H、I	1	0.7	−0.1	−0.1	76.3	16	最优
4	B	1	0.2					

4.4.4　任务实施

该工程双代号网络计划工期优化可按以下步骤进行：

①用节点标号法快速计算工期、标出关键线路。如图 4.52 所示，计算工期为 19 天。按要求工期，计算应该压缩的时间为 $\Delta T = 19-15 = 4$ 天。

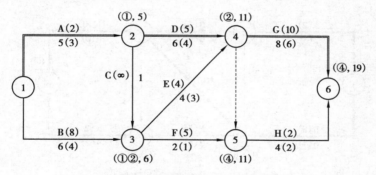

图 4.52　快速计算工期、标出关键线路

②第一次压缩：选择关键线路上优选系数较小的工作进行压缩，关键工作 A、D、G 的优选系数最小的是 A，尝试对 A 工作压缩 1 天。如图 4.53 所示，再次用标号法快速计算工期、找关键线路，此时工期为 18 天。

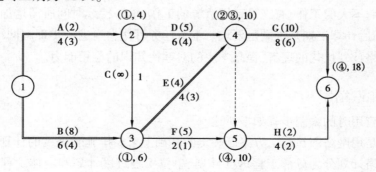

图 4.53　第一次压缩后的网络计划

③第二次压缩：根据图 4.53，选择关键线路上优选系数较小的工作进行压缩。有 G、

A+B、D+E、A+E、B+D5 种压缩方案可供选择,对应优选系数为 10、10、9、6、13。因此应选同时压缩工作 A 和 E 的方案,将工作 A、E 同时压缩1。如图 4.54 所示,再次用标号法快速计算工期、找关键线路,此时工期为 17 天。

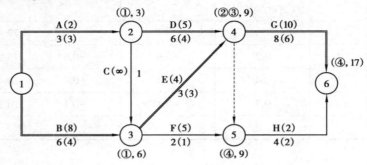

图 4.54　第二次压缩后的网络计划

④第三次压缩:根据图 4.54,此时 A 和 E 工作已经不能再压缩,可选择压缩的工作有 G、B+D,对应优选系数为 10、13。因此应选择压缩工作 G,尝试将 G 工作压缩 2 天。如图4.55所示,再次用标号法快速计算工期、找关键线路,此时工期为 15 天。满足要求工期,至此,完成工期优化。

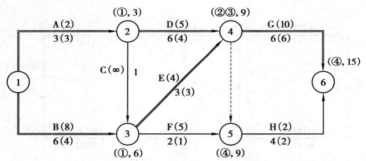

图 4.55　第三次压缩后的网络计划

4.4.5　任务总结

在对工期进行优化时,首先应当注意对可压缩工作的选择,应尽量选择缩短持续时间对质量和安全影响不大的工作、有充足备用资源的工作、缩短持续时间所需增加费用最小的工作,每一次压缩后计算工期是否满足要求。本节任务可使学生进一步理解网络计划的应用,加深学生对网络计划优化的理解,提高学生的对理论知识的应用能力。

4.4.6　知识拓展

网络计划应用时的编制步骤如下所述。

网络计划是用网络图在施工方案已确定的基础上来安排施工进度的计划的。根据工程对象的不同网络计划分为分部工程进度计划、单位工程进度计划和群体工程进度计划。其编制步骤一般如下:

①熟悉图纸,对工程对象进行分析,选择施工方案和施工方法。

②根据网络图的用途决定工作项目划分的粗细程度,确定工作项目名称。

③确定各工作之间合理的施工顺序,绘制逻辑关系表。在确定各工作之间的逻辑关系时,既要考虑它们之间的工艺关系,又要考虑它们之间的组织关系。

④根据各工作之间的逻辑关系绘制网络图。

⑤计算时间参数,确定关键工作、关键线路及非关键工作的机动时间。

⑥根据实际情况调整计划,制订最优的计划方案。

【学习测试】

1.组成双代号网络图的三要素是什么? 分别有什么含义?

2.工作和虚工作的区别是什么? 虚工作的作用有哪些?

3.简述双代号网络图的绘图规则。

4.双代号网络图与单代号网络图在表达上有何区别?

5.什么是工作的总时差和自由时差?

6.什么是关键线路? 如何确定关键线路?

7.时标网络图的有什么特点?

8.试述工期优化、费用优化、资源优化的步骤。

9.某网络计划的各项工作之间的逻辑关系见表4.12所示,试绘制双代号网络计划,并按工作计算法计算各项工作的6个时间参数,用双箭线标明关键线路。

表 4.12

工 作	A	B	C	D	E	F
紧前工作	—	A	A	B	B、C	D、E
持续时间	2	5	3	4	8	5

10.按照第9题中的逻辑关系,将双代号网络计划改绘成双代号时标网络计划。

11.按照第9题中的逻辑关系,绘制单代号网络计划,并计算时间参数。

项目 5　编制单位工程施工进度计划

【教学目标】

1) 知识目标

(1) 掌握流水施工的基本方式。

(2) 掌握网络进度计划的基本原理。

(3) 掌握网络进度计划的绘制方法。

2) 能力目标

(1) 能熟练应用 BIM 斑马进度软件编制网络进度计划。

(2) 能熟练运用 BIM 斑马进度软件进行项目进度管控。

3) 素质目标

(1) 培养理论结合实践的应用能力。

(2) 提升相应的职业技能技术及工程项目管理能力。

4) 思政目标

(1) 培养注重实践的务实意识。

(2) 提升专业爱岗的奉献精神。

【思维导图】

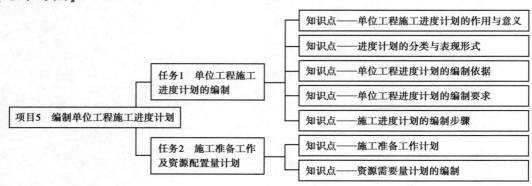

任务 1　单位工程施工进度计划的编制

5.1.1　任务说明

1）背景

单位工程施工进度计划是指控制工程施工进度和工程竣工期限等各项施工活动的实施计划,它是在既定施工方案的基础上,根据规定工期和各项资源的供应条件,按照合理的施工顺序编制而成的,是单位工程施工组织设计的核心内容。合理安排施工进度计划,可以组织有节奏、均衡、连续的施工,确保施工进度和工期,也是编制后续资源计划、施工场地布置设计的依据。

2）资料

①广联达员工宿舍楼图纸。

②广联达员工宿舍楼 GCL、GGJ 模型。

③建筑安装工程工期定额 TY 01—89—2016。

④建设工程劳动定额 LD/T 2008。

3）要求

根据"广联达员工宿舍楼"资料编制本工程的施工进度计划,该任务要求如下:

①熟悉了解框架结构工程的施工内容,根据任务资料要求在计划中包含所有必要的施工过程,不漏项。

②熟悉了解框架结构工程的施工组织安排,根据任务资料要求进行合理的施工段划分和施工组织,在计划中确定各项施工工作的搭接关系,形成完整正确的关键线路。

③施工进度计划要求总工期 110 天,通过本任务了解框架结构工程的工作量、工期估算方法,并通过组织安排优化计划工期达到要求工期目标。

④编写的双代号网络计划图要求清晰、美观,对进度计划中的要点能够直观清晰地展现。

5.1.2　任务分析

根据任务资料要求,项目的施工组织分析设计如下所述。

1）流水段的划分

该工程首先进行流水段的划分,根据图纸,主体以③轴为界限划分为两个施工段。

2）地下主体部分施工过程

地下主体施工过程包括基坑开挖、垫层模板施工、垫层混凝土施工、基础模板施工、基础钢筋施工、基础混凝土浇筑、基础拆模、土方回填。

3) 地上主体部分施工过程

地上主体施工过程包括支首层脚手架,首层柱钢筋绑扎,首层柱、梁、板、楼梯支模板,首层梁、板、楼梯钢筋绑扎,首层柱、梁、板、楼梯混凝土浇筑;支二层脚手架,二层柱钢筋绑扎,二层柱、梁、板、楼梯支模板,二层梁、板、楼梯钢筋绑扎,二层柱、梁、板、楼梯混凝土浇筑;支三层脚手架,三层柱钢筋绑扎,三层柱、梁、板支模板,三层梁钢筋绑扎,三层柱、梁混凝土浇筑;支屋面层脚手架,屋面层柱钢筋绑扎,屋面层柱、梁、板支模板,屋面层梁、板钢筋绑扎,屋面层柱、梁、板混凝土浇筑。

4) 装饰装修工程

装饰装修工程主要分为块料外墙面、涂料外墙面、拆脚手架、块料内墙面、涂料内墙面、吊顶天棚、门窗工程、楼地面,因工程量不大不再划分流水段施工,外墙施工完成开始内墙面施工。

5.1.3　知识链接

1) 知识点——单位工程施工进度计划的作用与意义

单位工程施工进度计划是在施工方案的基础上,根据规定的工期和技术物资供应条件,遵循工程的施工顺序,用图表形式表示各分部分项工程搭接关系及工程开工、竣工时间的一种计划安排。

单位工程施工进度计划是施工组织设计的重要内容,是控制各分部分项工程施工进程及总工期的主要依据,也是编制施工作业计划及各项资源需要量计划的依据。它的主要作用是:确定各分部分项工程的施工时间及其相互之间的衔接、穿插、平行搭接、协作配合等关系;确定所需的劳动力、机械、材料等资源用量;指导现场的施工安排,确保施工任务的如期完成。

2) 知识点——进度计划的分类与表现形式

(1) 进度计划的分类

根据工程项目划分的粗细程度可分为控制性进度计划和指导性进度计划两类。

①控制性进度计划按分部工程来划分施工过程,控制各分部工程的施工时间及其相互搭接配合关系。它主要适用于工程结构较复杂、规模较大、工期较长而需跨年度施工的工程(如宾馆、体育场、火车站候车大楼等大型公共建筑),还适用于虽然工程规模不大或结构不复杂但各种资源(劳动力、机械、材料等)不落实的情况,以及建筑结构等可能变化的情况。控制性进度计划在进行分部工程施工前应按分项工程编制详细的施工进度计划,以便具体指导分部工程的现场施工。

②指导性进度计划按分项工程或施工工序来划分施工过程,具体确定各施工过程的施工时间及其相互搭接、配合关系。它适用于任务具体而明确、施工条件基本落实、各项资源供应正常及施工工期不太长的工程。

(2) 进度计划的表现形式

图表(水平图表、垂直图表)——形象直观地表示各工序的工程量,劳动量,施工班组的工种、人数,施工的延续时间,起止时间等。

网络图(单代号、双代号、双代号时标网络图)——表示出各工序间的相互制约、依赖的逻辑关系、关键线路等。

3)知识点——单位工程进度计划的编制依据

单位工程施工进度计划的编制依据主要包括:施工图、工艺图及有关标准图等技术资料;施工组织总设计对本工程的要求;施工工期要求;施工方案、施工定额以及施工资源供应情况。

①工程承包合同和有关工期的规定。合同中工期的规定是确定工期计划值的基本依据,合同规定的工程开工、竣工日期必须通过进度计划来落实。

②项目规划和施工组织设计。这个资料明确了施工能力部署与施工组织方法,体现了项目的施工特点,因而成为确定施工过程中各个阶段目标计划的基础。

③企业的施工生产经营计划。项目进度计划是企业计划的组成部分,要服从企业经营方针的指导,并满足企业综合平衡的要求。

④项目设计进度计划。图纸资料是施工的依据,施工进度计划必须与设计进度计划相衔接,必须根据每部分图纸资料的交付日期来安排相应部位的施工时间。

⑤材料和设备供应计划。如果已经有了关于材料和设备及周转材料供应计划,那么,项目施工进度计划必须与之相协调。

⑥施工单位可能投入的施工力量,包括劳动力、施工机械设备等。

⑦有关现场施工条件的资料,主要包括施工现场的水文、地质、气候环境资料,以及交通运输条件、能源供应情况、辅助生产能力等。

⑧已建成的同类或相似项目的实际施工进度情况等。

⑨制约因素:

a.强制日期,项目业主或其他外部因素可能要求在某规定的日期前完成项目。

b.关键事件或主要里程碑,项目业主或其他利害关系者可能要求在某一规定日期前完成某些可交付成果。

c.其他假定的前提条件等。

4)知识点——单位工程进度计划的编制要求

①保证在合同规定的工期内完成,努力缩短施工工期。

②保证施工的均衡性和连续性,尽量组织流水搭接、连续、均衡施工,减少现场工作面的间歇和窝工现象。

③尽可能地节约施工费用,尽量缩小现场临时设施的规模。

④合理安排机械化施工,充分发挥施工机械的生产效率。

⑤合理组织施工,努力减少因组织安排不当等人为因素造成的时间损失和资源浪费。

⑥保证施工质量和安全。

5)知识点——施工进度计划的编制步骤

进度计划的编制是在项目结构分解并确定施工方案的基础上进行的,单位工程施工进度计划的编制步骤如图 5.1 所示。

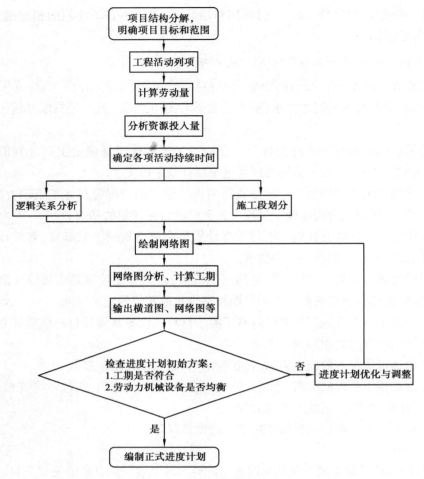

图 5.1　进度计划编制流程

①项目结构分解。编制施工进度计划时,先按施工程序和施工顺序把拟建项目进行结构分解。施工程序主要是划分施工阶段、划分施工段和确定施工流向;施工顺序主要是确定施工方法和施工工序。

②工作活动列项。根据项目结构分解得到的项目目标和范围,划分施工过程,确定工程活动,进行活动定义,编制工程活动清单。

③计算劳动量。根据各项活动的工程量、劳动效率,计算劳动量,得到综合工日。

④分析资源投入量。根据现有资源、各项活动的工作面,分析能够投入各项活动上的资源。

⑤计算工程活动的持续时间。由劳动量和资源投入量计算各项活动的持续时间。

⑥划分施工段。根据工程活动内容、工程量、持续时间划分施工段。

⑦确定逻辑关系。根据工艺关系、组织关系等,确定各项工程活动之前的逻辑关系。

⑧绘制网络图。根据逻辑关系、结合施工段的划分,绘制网络图。

⑨网络图分析,计算工期。

⑩输出横道图、网络图等。在网络图的基础上可编制旬、月计划及各项资源需要量计划。

⑪检查进度计划初始方案。主要检查工期是否符合合同要求工期,劳动力、机械设备及各项资源供应是否均衡。如果不合适,需要进行进度计划优化与调整、重新绘制网络图并计算工期,若合适即可编制正式进度计划。

需要注意的是上述编制进度计划的步骤不是孤立的,而是互相依赖、互相联系的,有的可以同时进行。

5.1.4 任务实施

1)施工进度计划的编制方法

(1)项目结构分解

编制施工进度计划时,首先按施工图纸和施工顺序把拟建单位工程的各个施工过程(分部分项工程)列出,并结合施工方法、施工条件、劳动组织等因素加以适当调整,使其成为编制施工进度计划所需的施工过程。

本单位工程划分为3个施工阶段,按照基础工程→主体工程→装饰装修工程进行施工;施工段按照建筑物的自然层进行划分,分为首层主体、二层主体、三层主体和屋面层主体4个施工层;主体施工以③轴为界限划分为两个施工段,①到③轴为施工段1,③到⑤轴为施工段2,施工流向平面方向为施工段1→施工段2,垂直方向为首层→二层→三层→屋面层;装饰装修施工不分施工段、不分施工层,按照室内、室外两部分分别进行施工。

(2)工作活动列项

根据项目结构分解得到的项目目标和范围,划分施工过程,确定工程活动,进行活动定义,编制工程活动清单。需要注意的是,要选择合适的工作活动划分细度,组织好工程活动的层级关系。

对于工程活动清单中的里程碑事件,一定要明确列出,里程碑事件是指工期为零、用来表示日程的重要事项,表示重要工程活动的开始或结束,是工程项目生命期中关键的事件。常见的里程碑事件有现场开工(奠基),主体结构封顶,工程竣工,交付使用等。

本项目工程活动列项如下所述。

①基础工程施工:基础工程包括平整场地、基槽挖土、混凝土垫层、支设基础模板、绑扎基础钢筋、浇筑基础混凝土、养护、回填土等施工过程。其中基础挖土采用机械开挖,考虑到工作面及土方运输的需要,将机械挖土与其他手工操作的施工过程分开考虑,不纳入流水。

②主体工程施工:本分部工程主导工序为柱绑扎钢筋,柱、梁、板、楼梯支模板,梁、板、楼梯钢筋绑扎,柱、梁、板、楼梯混凝土浇筑4项工序,对于搭设脚手架、拆模、砌墙这些施工过程可作为主体过程中的独立过程考虑,安排流水即可,比较灵活。

③装饰装修工程:主要分为块料外墙面、涂料外墙面、拆脚手架、块料内墙面、涂料内墙面、吊顶天棚、门窗工程、楼地面,因工程量不大不再划分流水段施工,外墙施工完成开始内墙面施工。

(3)计算工程量

工程量,即各项工程活动的工作量,可直接套用施工预算的工程量,或根据施工预算中的工程量总数,按各施工层和施工段在施工图中所占比例加以划分即可。施工进度计划中的工程量只是作为计算劳动力、施工机械、建筑材料等各种施工资源需要量的依据,而不能作为计算工资或进行工程结算的依据。

在进行工程量计算时,应注意下述几个问题。

①各施工过程的工程量计算单位应与现行施工定额中所规定的单位一致,如不一致,在计算劳动力、材料和机械台班数量时需转换为一致,防止计算错误。

②要结合选定的施工方法和安全技术要求计算工程量。例如,在基坑的土方开挖中,要考虑采用的开挖方法和边坡稳定的要求。

③结合施工组织的要求,分区、分项、分段、分层计算工程量,以便组织流水作业,同时避免产生漏项。

④直接采用预算文件(或其他计划)中的工程量,以免重复计算。但要注意按施工过程的划分情况,将预算文件中有关项目的工程量汇总。例如,"砌筑砖墙"一项要在预算中按内墙、外墙,按不同墙厚,不同砌筑砂浆及强度等级计算的工程量进行汇总。

员工宿舍楼施工过程划分和工程量见表 5.1。

表 5.1 施工过程划分及工程量计算

序号	施工过程	单位	工程量	备 注
1	平整场地	m²	413.250	平整场地 1.土壤类别:一、二类土 2.弃土运距:300 m 以内 3.取土运距:50 m 以内
2	基坑开挖	m³	983.838	挖一般土方 1.挖土深度:2 m 内 2.先进行机械开挖,在开挖到距地平面 200 mm 处再进行人工开挖
3	垫层模板施工	m²	35.585	
4	垫层混凝土施工	m³	35.854	垫层 混凝土强度等级:C15
5	基础模板施工	m²	548.317	基础混凝土模板 1.包含地下几部分的支模,其中带形基础 275.775 m²,矩形柱 27.142 1 m²,基础梁 245.400 1 m² 2.支模板时间定额包含模板制作与安装的时间
6	基础钢筋施工	t	20.974	基础钢筋绑扎:包含带形基础、矩形柱、基础梁钢筋

续表

序号	施工过程	单位	工程量	备　注
7	基础混凝土浇筑	m³	296.149	基础混凝土浇筑 1.混凝土强度等级:C30 2.其中带形基础 242.55 m³,矩形柱3.213 1 m³,基础梁 50.385 6 m³
8	基础拆模	m²	548.317	基础混凝土模板 1.包含带形基础 275.775 m²,矩形柱 27.142 1 m²,基础梁 245.400 1 m² 2.拆模板时间定额仅包含模板拆除时间
9	砖基础施工	m³	34.257	砖基础 砖品种、规格、强度等级: 240 mm×115 mm×53 mm
10	土方回填	m³	370.329	
11	支首层脚手架 1	m²	206.625	脚手架
12	支首层脚手架 2	m²	206.625	脚手架
13	首层柱钢筋绑扎 1	t	2.383	
14	首层柱钢筋绑扎 2	t	2.383	
15	首层柱、梁、板、楼梯支模板 1	m²	66.895+159.324+159.034+13.778	采用木胶合模板 1.将柱 66.895、梁 159.323 75、板159.033 6、楼梯 13.778 35 的量分别给出 2.支模板时间定额包含模板制作与安装的时间 3.时间定额采用加权平均时间定额
16	首层柱、梁、板、楼梯支模板 2	m²	66.895+159.324+159.034+13.778	采用木胶合模板 1.将柱 66.895、梁 159.323 75、板159.033 6、楼梯 13.778 35 的量分别给出 2.支模板时间定额包含模板制作与安装的时间 3.时间定额采用加权平均时间定额
17	首层梁、板、楼梯钢筋绑扎 1	t	4.582+1.487+0.097	绑扎钢筋 1.将梁、板、楼梯的量分别给出 2.时间定额采用加权平均时间定额

续表

序号	施工过程	单位	工程量	备 注
18	首层梁、板、楼梯钢筋绑扎 2	t	4.582+1.487+0.097	绑扎钢筋 1.将梁、板、楼梯的量分别给出 2.时间定额采用加权平均时间定额
19	首层柱、梁、板、楼梯混凝土浇筑 1	m³	9.025+20.454+15.918+1.451	混凝土浇筑 1.混凝土种类:预拌 2.混凝土强度等级:C30 绑扎 3.将柱、梁、板、楼梯的量分别给出 4.时间定额采用加权平均时间定额
20	首层柱、梁、板、楼梯混凝土浇筑 2	m³	9.025+20.454+15.918+1.451	混凝土浇筑 1.混凝土种类:预拌 2.混凝土强度等级:C30 绑扎 3.将柱、梁、板、楼梯的量分别给出 4.时间定额采用加权平均时间定额
21	首层柱、梁、板、楼梯拆模 1	m²	66.895+159.324+159.034+13.778	首层拆模板 1.拆模板时间定额仅包含模板拆除时间 2.将柱、梁、板、楼梯的量分别给出 3.时间定额采用加权平均时间定额
22	首层柱、梁、板、楼梯拆模 2	m²	66.895+159.324+159.034+13.778	首层拆模板 1.拆模板时间定额仅包含模板拆除时间 2.将柱、梁、板、楼梯的量分别给出 3.时间定额采用加权平均时间定额
23	首层砌墙	m³	147.882	砌块墙 1.砌块品种、规格、强度等级:加气混凝土砌块 2.墙体类型:内墙、外墙
24	支二层脚手架 1	m²	206.625	脚手架
25	支二层脚手架 2	m²	206.625	脚手架
26	二层柱钢筋绑扎 1	t	2.225	
27	二层柱钢筋绑扎 2	t	2.225	

序号	施工过程	单位	工程量	备　注
28	二层柱、梁、板、楼梯支模板 1	m²	65.238+167.729+157.379+13.778	采用木胶合模板 1.将柱 65.237 5、梁 167.729 4、板157.378 6、楼梯 13.778 35 的量分别给出 2.支模板时间定额包含模板制作与安装的时间 3.时间定额采用加权平均时间定额
29	二层柱、梁、板、楼梯支模板 2	m²	65.238+167.729+157.379+13.778	采用木胶合模板 1.将柱 65.237 5、梁 167.729 4、板157.378 6、楼梯 13.778 35 的量分别给出 2.支模板时间定额包含模板制作与安装的时间 3.时间定额采用加权平均时间定额
30	二层梁、板、楼梯钢筋绑扎 1	t	4.649+1.515+0.097	绑扎钢筋 1.将梁、板、楼梯的量分别给出 2.时间定额采用加权平均时间定额
31	二层梁、板、楼梯钢筋绑扎 2	t	4.649+1.515+0.097	绑扎钢筋 1.将梁、板、楼梯的量分别给出 2.时间定额采用加权平均时间定额
32	二层柱、梁、板、楼梯混凝土浇筑 1	m³	8.899+21.336+15.783+1.451	混凝土浇筑 1.混凝土种类:预拌 2.混凝土强度等级:C30 3.将梁、板、楼梯的量分别给出 4.时间定额采用加权平均时间定额
33	二层柱、梁、板、楼梯混凝土浇筑 2	m³	8.899+21.336+15.783+1.451	混凝土浇筑 1.混凝土种类:预拌 2.混凝土强度等级:C30 3.将梁、板、楼梯的量分别给出 4.时间定额采用加权平均时间定额

续表

序号	施工过程	单位	工程量	备 注
34	二层柱、梁、板、楼梯拆模 1		65.238+167.730+157.379+13.778	二层拆模板 1.拆模板时间定额仅包含模板拆除时间 2.将柱、梁、板、楼梯的量分别给出 3.时间定额采用加权平均时间定额
35	二层柱、梁、板、楼梯拆模 2		65.238+167.730+157.379+13.778	二层拆模板 1.拆模板时间定额仅包含模板拆除时间 2.将柱、梁、板、楼梯的量分别给出 3.时间定额采用加权平均时间定额
36	二层砌墙	m³	163.604	砌块墙 1.砌块品种、规格、强度等级：加气混凝土砌块 2.墙体类型：内墙、外墙
37	支三层脚手架 1	m²	206.625	脚手架
38	支三层脚手架 2	m²	206.625	脚手架
39	三层柱钢筋绑扎 1	t	2.214	
40	三层柱钢筋绑扎 2	t	2.214	
41	三层柱、梁支模板 1	m²	62.053+134.125	采用木胶合模板 1.将柱、梁的量分别给出 2.支模板时间定额包含模板制作与安装的时间 3.时间定额采用加权平均时间定额
42	三层柱、梁、板支模板 2	m²	62.053+134.125	采用木胶合模板 1.将柱、梁的量分别给出 2.支模板时间定额包含模板制作与安装的时间 3.时间定额采用加权平均时间定额
43	三层梁钢筋绑扎 1	t	2.417	
44	三层梁钢筋绑扎 2	t	2.417	
45	三层柱、梁混凝土浇筑 1	m³	8.647+14.661	混凝土浇筑 1.混凝土种类：预拌 2.混凝土强度等级：C30

续表

序号	施工过程	单位	工程量	备 注
46	三层柱、梁混凝土浇筑2	m³	8.647+14.661	混凝土浇筑 1.混凝土种类:预拌 2.混凝土强度等级:C30
47	三层柱、梁拆模1	m²	62.053+134.125	三层拆模板 1.拆模板时间定额仅包含模板拆除时间 2.将柱、梁、板的量分别给出 3.时间定额采用加权平均时间定额
48	三层柱、梁拆模2	m²	62.053+134.125	三层拆模板 1.拆模板时间定额仅包含模板拆除时间 2.将柱、梁、板的量分别给出 3.时间定额采用加权平均时间定额
49	三层砌墙	m³	161.056	砌块墙 1.砌块品种、规格、强度等级:加气混凝土砌块 2.墙体类型:内墙、外墙
50	支屋面层脚手架	m²	195.836	脚手架
51	屋面层柱钢筋绑扎	t	0.737	
52	屋面层柱、梁、板支模板	m²	23.192+328.169+380.897	采用木胶合模板 1.将柱23.191 7、梁328.168 8、板380.897的量分别给出 2.支模板时间定额包含模板制作与安装的时间 3.时间定额采用加权平均时间定额
53	屋面层梁、板钢筋绑扎	t	8.154+4.137	绑扎钢筋 1.将梁、板的量分别给出 2.时间定额采用加权平均时间定额
54	屋面层柱、梁、板混凝土浇筑	m³	3.929+22.618+22.714	混凝土浇筑 1.混凝土种类:预拌 2.混凝土强度等级:C30 3.将梁、板的量分别给出 4.时间定额采用加权平均时间定额

续表

序号	施工过程	单位	工程量	备 注
55	屋面层柱、梁、板拆模	m²	23.192+328.169+380.897	屋面层拆模板 1.拆模板时间定额仅包含模板拆除时间 2.将柱、梁、板的量分别给出 3.时间定额采用加权平均时间定额
56	块料外墙面	m²	830.015	
57	涂料外墙面	m²	258.396	
58	拆脚手架	m²	1 435.586	
59	块料内墙面	m²	660.169	
60	涂料内墙面	m²	2 858.743	
61	吊顶天棚	m²	1 065.21	
62	门窗工程	扇樘	29+42+2+1+54+21	门窗工程 1.将门、窗量分别给出 2.时间定额采用加权平均时间定额
63	楼地面	m²	964.478+103.926+871.48	楼地面工程 1.包含石材楼地面、块料楼地面和石材踢脚线,量分别给出 2.时间定额采用加权平均时间定额
64	散水、坡道	m²	91.76	包含天沟、挑檐板,台阶等的施工
65	零星工程施工	m³	14.915	包含天沟、挑檐板,散水、坡道,台阶等的施工

(4)计算劳动量

劳动量是指一个人(或1台机械)完成某项工程活动所需要的时间,一般用 P 表示,单位是工时、工日(或台班)。劳动量由工程量和劳动效率确定。

劳动效率即施工定额,包括时间定额和产量定额。时间定额是指某种专业、某种技术等级的工人小组或个人在合理的技术组织条件下,完成单位合格的建筑产品所必需的工作时间,一般用符号 H_i 表示,它的单位有工日/m、工日/m²、工日/m³、工日/t 等。因为时间定额以劳动工日数为单位,便于综合计算,故在劳动量统计中用得比较普遍。产量定额是指在合理的技术组织条件下,某种专业、某种技术等级的工人小组或个人在单位时间内所应完成合格建筑产品的数量,一般用符号 S_i 表示,它的单位有 m/工日、m²/工日、m³/工日、t/工日等。因为产量定额以建筑产品的数量来表示,具有形象化的特点,故在分配施工任务时用得比较普遍。时间定额和产量定额是互为倒数的关系。

一般情况下,劳动量按如下公式计算:

$$劳动量 = \frac{工程量}{产量定额} \qquad 即:P = \frac{Q}{S} \qquad (5.1)$$

$$劳动量 = 工程量 \times 时间定额 \qquad 即:P = Q \times H \qquad (5.2)$$

【例5.1】 员工宿舍楼基础钢筋绑扎工程量为 20.974 t,时间定额为 3.57 工日/t,求该项工程的劳动量是多少?

解: 根据公式(5.2)计算工作的劳动量为:

$$P = Q \times H = 20.974 \text{ t} \times 3.57 \text{ 工日/t} = 74.877 \text{ 工日}$$

根据所划分的施工过程和计算的工程量,查询建设工程劳动施工定额(当地实际采用的劳动定额及机械台班定额),以确定劳动量和机械台班量。

套用国家或地方颁发的定额,必须注意结合本单位工人的技术等级、实际施工操作水平、施工机械情况和施工现场条件等因素,确定完成定额的实际水平,使计算出来的劳动量、机械台班数量符合实际需要。

有些采用新技术、新材料、新工艺或特殊施工方法的项目,施工定额中尚未编入的,可参考类似项目的定额、经验资料或实际情况确定。

劳动量及机械台班量的计算如下:

①当某一施工过程是由两个或两个以上不同分项工程合并而成时,其总劳动量应按照式(5.3)计算。

$$P_总 = \sum_{i=1}^{n} P_1 + P_2 + \cdots + P_n \qquad (5.3)$$

式中 $P_总$——施工过程总劳动量;

$P_1, P_2, \cdots, P_n$——各分项工程劳动量。

②当某一施工过程是由同一种、但不同做法、不同材料的若干个分项工程合并组成时,则应按照式(5.4)所示计算加权平均时间定额作为综合时间定额,分别根据各分项工程的时间定额(或产量定额)及工程量,计算出合并后的综合时间定额(或综合产量定额),然后再按照式(5.2)求其劳动量。

$$\bar{H} = \frac{\sum_{i=1}^{n} P_i}{\sum_{i=1}^{n} Q_i} = \frac{P_1 + P_2 + \cdots + P_n}{Q_1 + Q_2 + \cdots + Q_n} = \frac{Q_1 \times H_1 + Q_2 \times H_n + \cdots + Q_n \times H_n}{Q_1 + Q_2 + \cdots + Q_n} \qquad (5.4)$$

$$\bar{H} = \frac{1}{\bar{S}} \qquad (5.5)$$

式中 $\bar{S}$——某施工过程综合产量定额;

$\bar{H}$——某施工过程综合时间定额;

$\sum_{i=1}^{n} Q_i$——总工程量;

$\sum\limits_{i=1}^{n} P_i$——总劳动量；

$Q_1,Q_2,\cdots,Q_n$——同一施工过程的各项工程量；

$S_1,S_2,\cdots,S_n$——与 $Q_1,Q_2,\cdots,Q_n$ 相对应的产量定额。

【例 5.2】 某工作是由 3 个性质相同的分项工程合并而成的。各分项工程的工程量和时间定额分别是：$Q_1 = 2\,300\ m^3$，$Q_2 = 3\,400\ m^3$，$Q_3 = 2\,700\ m^3$；$H_1 = 0.15$ 工日/m^3，$H_2 = 0.2$ 工日/m^3，$H_3 = 0.40$ 工日/m^3，则该工作的综合时间定额是多少工日/m^3？

解： 根据式(5.4)计算工作的综合时间定额为：

$$H = \frac{Q_1 H_1 + Q_2 H_2 + \cdots + Q_n H_n}{Q_1 + Q_2 + \cdots + Q_n}$$

$$= \frac{2\,300 \times 0.15 + 3\,400 \times 0.20 + 2\,700 \times 0.40}{2\,300 + 3\,400 + 2\,700}$$

$$= 0.25(\text{工日}/m^3)$$

(5)分析资源投入量

根据现有资源、各项活动的工作面,分析能够投入各项工程活动上的资源,主要是劳动力资源和机械资源的数量。比如,对于劳动力资源的投入,要根据现有的劳动力资源数量、每项工程活动的各个工种工作面情况来确定投入的工人数量。

工作面,是指工人工作时所占用的面积,是施工的一个"工作平台",也是每次施工所需的最小单元。施工段与工作面的区别为,施工段是几个工作面的合称,它是把多个工作面划分成一个段,在这个段内分若干次进行施工。

当然,在确定资源投入量时,也要考虑工期要求。如果工期要求紧张,那就要增加劳动力资源或机械资源的投入量。有些工程是根据工期反推资源投入量的,此处不详述。

(6)确定各施工过程的施工持续时间

确定施工项目的延续时间的方法有下述几个。

①经验估算法。施工项目的持续时间最好是按正常情况确定,这时其费用一般较低。待编制出初始进度计划并经过计算后再结合实际情况进行必要调整,这是避免因盲目抢工面而造成浪费的有效方法。根据过去的施工经验并按照实际的施工条件来估算项目的施工持续时间是较为简便的办法,这种办法多用于采用新工艺、新技术、新材料等无定额可循的工种。

在经验估算法中,有时为了提高其精确程度,往往采用"三时估计法",即先估计出该项目的最长、最短和最可能的 3 种持续施工时间,然后根据已求出期望的施工持续时间作为该项目的施工持续时间。其计算公式是：

$$t = \frac{A + 4C + B}{6} \tag{5.6}$$

式中 t——目施工持续时间；

A——最长施工持续时间；

B——最短施工持续时间；

C——最可能施工持续时间。

②定额计算法。根据可供使用的人员或机械数量和正常施工的班制安排,计算出施工项目的延续时间。公式如下:

$$T_i = \frac{P_i}{R_i \cdot b_i} \tag{5.7}$$

式中 T_i——某施工项目的延续时间,天;

P_i——该施工项目的劳动量(工日)或机械台班量,台班;

R_i——该施工项目每天提供或安排的班组人数(人)或机械台数(台);

B_i——该施工项目每天采用的工作班制数(1~3班工作制)。

【例5.3】 已知某工程项目现浇混凝土工程量为 3 000 m³,由两台混凝土输送泵和25人浇筑。人工时间定额为 0.1 工日/m³,采用一天一班制,该工程根据定额预算法需持续多少天?

解: 该工程持续时间为:

$$T_i = \frac{P_i}{R_i \cdot b_i} = \frac{3\ 000 \times 0.1}{25 \times 1} = 12(天)$$

【例5.4】 某工程需要浇筑基础混凝土 600 m³,投入 3 个混凝土班组,每班组10人,实行一天三班制,每班组每天工作 8 h,预计人均产量效率为 0.375 m³/h,那么这项基础混凝土浇筑的工作,持续时间是多长呢?

解: 该工程持续时间为:

$$T_i = \frac{P_i}{R_i \cdot b_i} = \frac{\frac{600}{0.375 \times 8}}{10 \times 3} = 6.67 \approx 7(天)$$

员工宿舍楼项目采用定额计算法,根据分部分项工程的劳动量和机械台班数量,使用2016年建设工程劳动定额计算各施工过程的施工持续时间,以施工过程(首层柱混凝土浇筑1)为例,查定额表及计算过程见表5.2、表5.3,本项目除了基础混凝土浇筑实行一天三班制外,其余都是实行一天一班制,施工过程(分项工程名称)持续时间见表5.4。

表 5.2   柱混凝土浇筑时间定额

单位:m³

定额编号		AH0023	AH0024	AH0025	AH0026	
项　目		矩形柱				序号
		周长/m				
		≤1.6	≤2.4	≤3.6	>3.6	
机拌机捣	双轮车	1.720	1.580	1.440	1.300	一
	小翻斗	1.540	1.420	1.290	1.170	二
	塔吊直接入模	1.280	1.180	1.080	0.970	三

续表

定额编号		AH0023	AH0024	AH0025	AH0026	序号
项　目		矩形柱				
		周长/m				
		≤1.6	≤2.4	≤3.6	>3.6	
商品混凝土机捣	汽车泵送	0.823	0.738	0.653	0.559	四
商品混凝土机捣或集中搅拌机捣	现场地泵送	0.871	0.781	0.691	0.592	五
	塔吊吊斗送	0.968	0.868	0.768	0.658	六
机械捣固		1.300	1.180	1.050	0.960	七

表 5.3　持续时间及劳动量估算表

项目编码	工程量清单	施工过程	首层柱混凝土浇筑 1		工作班组	混凝土工
工程量/m³	9.025	持续时间/d	1	施工班组数　1	班组人数	7
定额编号	定额名称	细目	时间定额	工程量	单位	劳动量
AH0024	现浇柱混凝土浇筑	矩形柱（周长≤2.4 m）	0.738	9.025	m³	6.66

表 5.4　施工过程 (分项工程名称) 持续时间表

序号	施工过程	单位	工程量	定额单位	定额工程量	时间定额	劳动量/工日	持续时间/工日	班组人数/人
1	平整场地	m²	413.250	10 m²	41.325	0.162	6.695	1	7
2	基坑开挖	m³	983.838	10 m³	98.384	0.133	13.085	1	13
3	垫层模板施工	m²	35.585	10 m²	3.559	0.250	0.890	1	1
4	垫层混凝土施工	m³	35.854	m³	35.853 6	0.425	15.238	1	15
5	基础模板施工	m²	548.317	10 m²	54.832	1.418	77.751	2	40
6	基础钢筋施工	t	20.974	t	20.974	3.570	74.877	3	22
7	基础混凝土浇筑	m³	296.149	m³	296.149	0.298	88.252	2	15
8	基础混凝土养护							1	
9	基础拆模	m²	548.317	10 m²	54.832	0.334	18.314	1	18

序号	施工过程	单位	工程量	定额单位	定额工程量	时间定额	劳动量/工日	持续时间/工日	班组人数/人
10	砖基础施工	m³	34.257	m³	34.257	0.937	32.099	2	16
11	土方回填	m³	370.329	m³	370.329	0.071	26.293	1	26
12	支首层脚手架 1	m²	206.625	10 m²	20.663	0.360	7.439	1	8
13	支首层脚手架 2	m²	206.625	10 m²	20.663	0.360	7.439	1	8
14	首层柱钢筋绑扎 1	t	2.383	t	2.383	4.510	10.746	1	11
15	首层柱钢筋绑扎 2	t	2.383	t	2.383	4.510	10.746	1	11
16	首层柱、梁、板、楼梯支模板 1	m²	66.895 + 159.324 + 159.034+13.778	10 m²	6.670 15.932 15.903 1.378	1.769 1.833 1.64 7.69	93.786	4	24
17	首层柱、梁、板、楼梯支模板 2	m²	66.895 + 159.324 + 159.034+13.778	10m²	6.690 15.932 15.903 1.378	1.769 1.833 1.64 7.69	93.786	4	24
18	首层梁、板、楼梯钢筋绑扎 1	t	4.582 + 1.487 + 0.097	t	4.582 1.487 0.097	5.56 7.43 6.80	37.181	3	13
19	首层梁、板、楼梯钢筋绑扎 2	t	4.582 + 1.487 + 0.097	t	4.582 1.487 0.097	5.56 7.43 6.80	37.181	3	13
20	首层柱、梁、板、楼梯混凝土浇筑 1	m³	9.025 + 20.454 + 15.918+1.451	m³	9.025 20.454 15.918 1.451	0.738 0.330 0.211 1.03	18.264	1	18
21	首层柱、梁、板、楼梯混凝土浇筑 2	m³	9.025 + 20.454 + 15.918+1.451	m³	9.025 20.454 15.918 1.451	0.738 0.330 0.211 1.03	18.264	1	18
22	首层混凝土养护 1							21	
23	首层混凝土养护 2							21	

续表

序号	施工过程	单位	工程量	定额单位	定额工程量	时间定额	劳动量/工日	持续时间/工日	班组人数/人
24	首层柱、梁、板、楼梯拆模1	m²	66.895+159.324+159.034+13.778	10 m²	6.689 5 15.932 15.903 1.378	0.314 0.337 0.337 0.827	13.969	1	14
25	首层柱、梁、板、楼梯拆模2	m²	66.895+159.324+159.034+13.778	10 m²	6.689 5 15.932 15.903 1.378	0.314 0.337 0.337 0.827	13.969	1	14
26	首层砌墙	m³	147.882	m³	147.882	0.943	139.453	4	35
27	支二层脚手架1	m²	206.625	10 m²	20.663	0.360	7.439	1	8
28	支二层脚手架2	m²	206.625	10 m²	20.663	0.360	7.439	1	8
29	二层柱钢筋绑扎1	t	2.225	t	2.225	4.510	10.032	1	10
30	二层柱钢筋绑扎2	t	2.225	t	2.225	4.510	10.032	1	10
31	二层柱、梁、板、楼梯支模板1	m²	65.238+167.729+157.379+13.778	10 m²	6.524 16.773 15.738 1.3778	1.769 1.833 1.64 7.69	78.691	4	20
32	二层柱、梁、板、楼梯支模板2	m²	65.238+167.729+157.379+13.778	10 m²	6.524 16.773 15.738 1.3778	1.769 1.833 1.64 7.69	78.691	4	20
33	二层梁、板、楼梯钢筋绑扎1	t	4.649+1.515+0.097	t	4.649 1.515 0.097	5.56 7.43 6.80	37.761	3	15
34	二层梁、板、楼梯钢筋绑扎2	t	4.649+1.515+0.097	t	4.649 1.515 0.097	5.56 7.43 6.80	37.761	3	15
35	二层柱、梁、板、楼梯混凝土浇筑1	m³	8.899+21.336+15.783+1.451	m³	8.899 21.336 15.783 1.451	0.738 0.330 0.211 1.03	18.433	2	9

序号	施工过程	单位	工程量	定额单位	定额工程量	时间定额	劳动量/工日	持续时间/工日	班组人数/人
36	二层柱、梁、板、楼梯混凝土浇筑 2	m³	8.899 + 21.336 + 15.783+1.451	m³	8.899 21.336 15.783 1.451	0.738 0.330 0.211 1.03	18.433	2	9
37	二层混凝土养护 1							21	
38	二层混凝土养护 2							21	
39	二层柱、梁、板、楼梯拆模 1	m²	65.238 + 167.729 + 157.379+13.778	10 m²	6.524 16.773 15.738 1.3778	0.314 0.337 0.337 0.827	14.144	1	14
40	二层柱、梁、板、楼梯拆模 2	m²	65.238 + 167.729 + 157.379+13.778	10 m²	6.524 16.773 15.738 1.3778	0.314 0.337 0.337 0.827	14.144	1	14
41	二层砌墙	m³	163.604	m³	163.604	0.943	154.279	4	39
42	支三层脚手架 1	m²	206.625	10 m²	20.663	0.360	7.439	1	8
43	支三层脚手架 2	m²	206.625	10 m²	20.663	0.360	7.439	1	8
44	三层柱钢筋绑扎 1	t	2.214	t	2.214	4.510	9.983	1	10
45	三层柱钢筋绑扎 2	t	2.214	t	2.214	4.510	9.983	1	10
46	三层柱、梁支模板 1	m²	62.053+134.125	10 m²	6.205 13.413	1.769 1.833	35.562	2	18
47	三层柱、梁支模板 2	m²	62.053+134.125	10 m²	6.205 13.413	1.769 1.833	35.562	2	18
48	三层梁钢筋绑扎 1	t	2.417	t	2.417	5.560	13.437	1	13
49	三层梁钢筋绑扎 2	t	2.417	t	2.417	5.560	13.437	1	13
50	三层柱、梁混凝土浇筑 1	m³	8.647+14.661	m³	8.647 14.661	0.738 0.330	11.219	1	12
51	三层柱、梁混凝土浇筑 2	m³	8.647+14.661	m³	8.647 14.661	0.738 0.330	11.219	1	12

续表

序号	施工过程	单位	工程量	定额单位	定额工程量	时间定额	劳动量/工日	持续时间/工日	班组人数/人
52	三层混凝土养护1							21	
53	三层混凝土养护2							21	
54	三层柱、梁拆模1	m²	62.053+134.125	10 m²	6.205 13.413	0.314 0.337	6.468	1	7
55	三层柱、梁拆模2	m²	62.053+134.125	10 m²	6.205 13.413	0.314 0.337	6.468	1	7
56	三层砌墙	m³	161.056	m³	161.056	0.943	151.876	4	38
57	支屋面层脚手架	m²	195.836	10 m²	19.584	0.360	7.050	1	7
58	屋面层柱钢筋绑扎	t	0.737	t	0.737	4.510	3.325	1	4
59	屋面层柱、梁、板支模板	m²	23.192+328.169+380.897	10 m²	2.319 32.817 38.090	1.769 1.833 1.64	126.723	3	42
60	屋面层梁、板钢筋绑扎	t	8.154+4.137	t	8.154 4.137	5.56 7.43	76.074	3	30
61	屋面层柱、梁、板混凝土浇筑	m³	3.929+22.618+22.714	m³	3.929 22.618 22.714	0.738 0.330 0.211	15.157	1	15
62	屋面层混凝土养护							21	
63	屋面层柱、梁、板拆模	m²	23.192+328.169+380.897	10 m²	2.319 32.817 38.090	0.314 0.337 0.337	24.624	1	24
64	块料外墙面	m²	830.015	10 m²	83.002	3.450	286.355	7	40
65	涂料外墙面	m²	258.396	10 m²	25.840	0.274	7.080	1	7
66	拆综合脚手架	m²	1 435.586	10 m²	143.559	0.090	12.920	1	13
67	块料内墙面	m²	660.169	10 m²	66.017	3.450	227.758	6	40
68	涂料内墙面	m²	2 858.743	10 m²	285.874	0.223	63.750	4	16
69	吊顶天棚	m²	1 065.210	10 m²	106.521	0.400	42.608	2	21

续表

序号	施工过程	单位	工程量	定额单位	定额工程量	时间定额	劳动量/工日	持续时间/工日	班组人数/人
70	门窗工程	扇 扇 扇 扇 樘 樘	29+42+2+1+54+21	扇 扇 扇 扇 樘 樘	29 42 2 1 54 21	0.153 0.162 1.166 2.563 0.400 0.556	49.412	2	25
71	楼地面	m²	964.478 + 103.926 +871.480	10 m² 10 m² 10 m	96.448 10.393 87.148	1.630 2.115 0.680	238.451	6	40
72	散水、坡道	m²	91.760	m²	91.760	0.772	70.839	7	10
73	零星工程施工	m³	7.088+7.827	m³	7.088 7.827	1.19 1.21	17.905	2	10

(7)确定各施工过程的逻辑关系

施工过程(分部分项工程名称)逻辑关系,列出各施工过程的紧前工作和紧后工作见表5.5。

确定施工过程的逻辑关系主要考虑下述几点。

①同一时期施工的项目不宜过多,避免人力、物力过于分散。

②尽量做到均衡施工,使劳动力、施工机械和主要材料的供应在整个工期范围内达到均衡。

③尽量提前建设可供工程施工使用的永久性工程,以节省临时工程费用。

④急需和关键的工程先施工,以保证工程项目如期交工。对于某些技术复杂、施工周期较长、施工困难较多的工程,应安排提前施工,以利于整个工程项目按期交付使用。

⑤施工顺序必须与主要系统投入使用的先后次序吻合,安排好配套工程的施工时间,保证建成的工程迅速投入使用。

⑥注意季节对施工顺序的影响,使施工季节不导致工期拖延,不影响工程质量。

⑦安排一部分附属工程或零星项目做后备项目,调整主要项目的施工进度。

⑧注意主要工序和主要施工机械的连续施工。

表 5.5　施工过程(分项工程名称)逻辑关系表

序号	工作名称	工期/工日	紧前工作	紧后工作
1	广联达员工宿舍楼	105		
2	基础工程	29.5		
3	开工	0		
4	平整场地	1		5

续表

序号	工作名称	工期/工日	紧前工作	紧后工作
5	基坑开挖	1	4	6
6	垫层模板施工	1	5	7
7	垫层混凝土施工	1	6	8
8	基础模板施工	2	7	9
9	基础钢筋施工	3.5	8	10
10	基础混凝土浇筑	2	9	11,17
11	基础混凝土养护	1	10	12
12	基础拆模	1	11	14
13	砖基础施工	2	26	14
14	土方回填	1	12,13	31
15	主体工程	59		
16	首层主体	41		
17	支首层脚手架1	1	10	18,19
18	支首层脚手架2	1	17	20
19	首层柱钢筋绑扎1	1	17	20,21
20	首层柱钢筋绑扎2	1	18,19	22
21	首层柱、梁、板、楼梯支模板1	4	19	22,23
22	首层柱、梁、板、楼梯支模板2	5	20,21	24
23	首层梁、板、楼梯钢筋绑扎1	3	21	24,25
24	首层梁、板、楼梯钢筋绑扎2	3	22,23	26
25	首层柱、梁、板、楼梯混凝土浇筑1	1	23	26,27,33
26	首层柱、梁、板、楼梯混凝土浇筑2	1	24,25	13,28
27	首层混凝土养护1	21	25	29
28	首层混凝土养护2	21	26	30
29	首层柱、梁、板、楼梯拆模1	1	27	30
30	首层柱、梁、板、楼梯拆模2	1	28,29	31
31	首层砌墙	4	14,30	47
32	二层主体	40.5		
33	支二层脚手架1	1	25	34,35
34	支二层脚手架2	1	33	36
35	二层柱钢筋绑扎1	1	33	36,37
36	二层柱钢筋绑扎2	1	34,35	38
37	二层柱、梁、板、楼梯支模板1	4	35	38,39

续表

序号	工作名称	工期/工日	紧前工作	紧后工作
38	二层柱、梁、板、楼梯支模板 2	4	36,37	40
39	二层梁、板、楼梯钢筋绑扎 1	2.5	37	40,41
40	二层梁、板、楼梯钢筋绑扎 2	2.5	38,39	42
41	二层柱、梁、板、楼梯混凝土浇筑 1	2	39	42,43,49
42	二层柱、梁、板、楼梯混凝土浇筑 2	2	40,41	44
43	二层混凝土养护 1	21	41	45
44	二层混凝土养护 2	21	42	46
45	二层柱、梁、板、楼梯拆模 1	1	43	46
46	二层柱、梁、板、楼梯拆模 2	1	44,45	47
47	二层砌墙	4	31,46	63
48	三层主体	34		
49	支三层脚手架 1	1	41	50,51
50	支三层脚手架 2	1	49	52
51	三层柱钢筋绑扎 1	1	49	52,53
52	三层柱钢筋绑扎 2	1	50,51	54
53	三层柱、梁支模板 1	2	51	54,55
54	三层柱、梁支模板 2	2	52,53	56
55	三层梁钢筋绑扎 1	1	53	56,57
56	三层梁钢筋绑扎 2	1	54,55	58
57	三层柱、梁混凝土浇筑 1	1	55	58,59
58	三层柱、梁混凝土浇筑 2	1	56,57	60,65
59	三层混凝土养护 1	21	57	61
60	三层混凝土养护 2	21	58	62
61	三层柱、梁、板拆模 1	1	59	62
62	三层柱、梁、板拆模 2	1	60,61	63
63	三层砌墙	4	47,62	73
64	屋面层主体	30.5		
65	支屋面层脚手架	1	58	66
66	屋面层柱钢筋绑扎	1	65	67
67	屋面层柱、梁、板支模板	3	66	68
68	屋面层梁、板钢筋绑扎	2.5	67	69
69	屋面层柱、梁、板混凝土浇筑	1	68	70
70	屋面层混凝土养护	21	69	71

续表

序号	工作名称	工期/工日	紧前工作	紧后工作
71	屋面层柱、梁、板拆模	1	70	75
72	装饰装修工程	39		
73	块料外墙面	7	63	74
74	涂料外墙面	1	73	75
75	拆脚手架	1	71,74	76
76	块料内墙面	6	75	77
77	涂料内墙面	4	76	78
78	吊顶天棚	2	77	79
79	门窗工程	2	78	80
80	楼地面	6	79	81
81	散水、坡道	7	80	82
82	零星工程施工	2	81	83
83	竣工验收	1	82	84

(8)编制施工进度计划的初始方案

流水施工是组织施工、编制施工进度计划的主要方式。编制单位工程施工进度计划时,必须考虑各分部分项工程的合理施工顺序,尽可能组织流水施工,力求主要的施工队连续施工,其编制方法如下:

①划分工程的主要施工阶段(分部工程),尽量组织流水施工。首先安排其中主导施工过程的施工进度。例如,现浇钢筋混凝土框架结构房屋中的主体结构工程,其主导施工过程为支设模板、绑扎钢筋和浇筑混凝土。使其尽可能连续施工,其他穿插性的施工过程尽可能与主导施工过程配合、穿插、搭接或平行作业。

②安排其他施工阶段的施工进度配合主要施工阶段。在与主要分部工程相结合的同时,应尽量考虑组织流水施工。

③按照工艺的合理性和工序间的关系,尽量采用穿插、搭接或平行作业方法,将各施工阶段(分部工程)的流水作业最大限度地搭接起来,即可得到单位工程施工进度计划的初始方案。

(9)施工进度计划网络图

绘制施工进度计划图,首先选择施工进度计划表达形式,常用的有横道图、单代号、双代号、时标网络图。横道图比较简单直观,多年来广泛用于表达施工进度计划,作为控制工程进度的主要依据。但由于横道图难以表达工作间的逻辑关系,控制工程进度具有局限性,而网络图虽然逻辑关系表达清晰,但各工序间逻辑关系调整起来比较麻烦,计算总工期工作量较大。

随着 BIM 技术的发展,计算机软件的广泛应用,利用斑马进度计划软件能快速计算工期、横道图与网络图的快速绘制与调整,并能实现进度计划各种表达形式之间的一键转换,可大大提高工作效率。

本工程采用斑马梦龙进度计划 2020—专业版绘制网络图,详细编制步骤及成果(见下述内容2)。

(10)施工进度计划的检查与调整

①施工进度计划的检查。初始施工进度计划编制后,不可避免地会存在一些不足,因此必须进行检查与调整,使其满足规定的计划目标,保证施工进度计划的顺利执行。初始施工进度计划一般从以下几方面进行检查与调整。

a.施工过程方面:各施工过程的施工顺序是否正确,流水施工的组织方法是否正确,技术间歇是否合理。

b.工期方面:初始方案的总工期是否满足合同工期。

本工程施工进度计划不考虑节假日,按照自然月进行施工作业,计划 2021 年 7 月 24 日开工,2021 年 11 月 05 日完工,总工期 105 天,历时 3 个半月时间。

依据住房和城乡建设部 2016 年发布的《建筑安装工程工期定额》(TY 01—89—2016),本工程工期定额为 165 天。整个工程主要由基础、主体、装修、屋面工程、给排水、电器工程等组成。该工程进度计划只考虑了基础、主体、装修、屋面工程 4 个部分,经过计算本工程基础、主体、装修、屋面工程 4 个部分工期为 105 天,小于总工期的 4/6(165 天×4/6 = 110 天),符合要求。

c.劳动力方面:主要工种工人是否连续施工,劳动力消耗是否均衡。劳动力消耗的均衡性是针对整个单位工程或各个工种而言,应力求每天出勤的工人人数不发生过大变动。

劳动力消耗的均衡性指标可以采用劳动力均衡系数(K)来评估,最为理想的情况是劳动力均衡系数为 $K \in (1,2]$,超过 2 则不正常。

$$K = \frac{高峰出工人数}{平均出工人数} \tag{5.8}$$

d.物资方面:主要机械、设备、材料等的利用是否均衡,施工机械是否充分利用。主要机械通常指混凝土搅拌机、灰浆搅拌机、自行式起重机和挖土机等。机械的利用情况是通过机械的利用率来反映的。

②调整方法。初始方案经过检查,对不符合要求的部分需进行调整。调整方法一般有:

a.增加或缩短某些施工过程的施工持续时间。

b.在符合工艺关系的条件下,将某些施工过程的施工时间向前或向后移动。必要时,还可改变施工方法。

应当指出,上述编制施工进度计划的步骤不是孤立的,而是互相依赖、互相联系的,有的可以同时进行。建筑施工是一个复杂的生产过程,受周围客观条件影响的因素很多,在施工过程中,由于劳动力和机械、材料等物资的供应及自然条件等因素的影响,使其经常不符合原计划的要求,所以在工程进展中应随时掌握施工动态,经常检查、不断调整计划。

2)应用 BIM 斑马进度计划软件绘制网络图

根据给定的"广联达员工宿舍楼"资料,完成本工程施工进度计划的编制。

①新建工程。双击广联达斑马进度计划软件图标,启动软件,进入"向导页面",点击新建空白计划,填入计划名称"广联达员工宿舍楼",标签填入"多层办公、住宿建筑;框架结构",如图 5.2 创建新的进度计划项目所示,点击"创建",进入编制界面如图 5.3 所示,在"文件"下拉菜单保存到指定位置。

图 5.2　创建新的进度计划项目

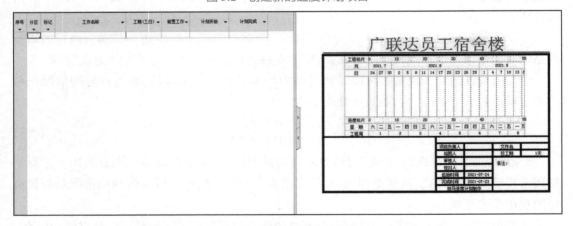

图 5.3　进度计划编制界面

②绘制工作过程。新建工作过程有两类,一是在绘图区直接绘制,二是在编辑区编辑工作任务,两类方法可结合使用,现分别介绍如下所述。

第一类在绘图区直接绘制的步骤是:

a.选择"计划"菜单栏"工作"状态下,在绘图区,按住鼠标左键,轻轻向右拖动鼠标添加一项工作。

b.鼠标拖动过程中会出现黄色提示框显示开始结束及持续时间,直到满足需要的工期时松开鼠标左键,如图 5.4 所示绘制工作任务。

c.弹出"工作信息卡",修改工作名称、工期、时间单位等相关信息,工作类型默认为工作,如图 5.5 所示工作信息卡,点击"确定"即可成功添加一项工作。

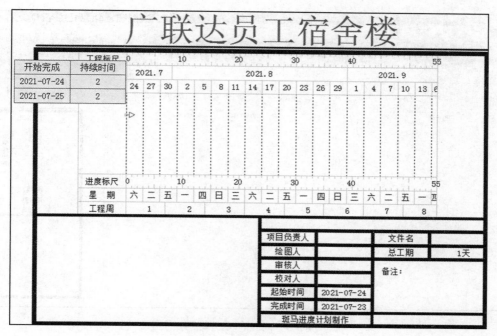

图 5.4 绘制工作任务

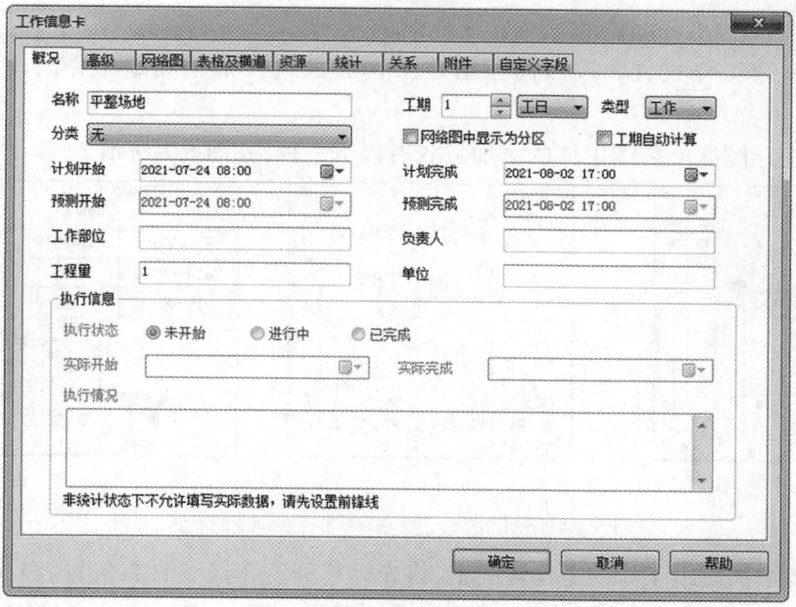

图 5.5 工作信息卡

第二类在编辑区编辑工作任务的步骤是:

a.选择"计划"菜单栏"工作"状态下,在左侧编辑区,鼠标左键点击"工作名称"下单元格,输入工作名称"平整场地"。

b.在右侧"工期"所属单元格输入 1,对应右侧绘图区域已显示绘制的工作任务,如图5.6所示。

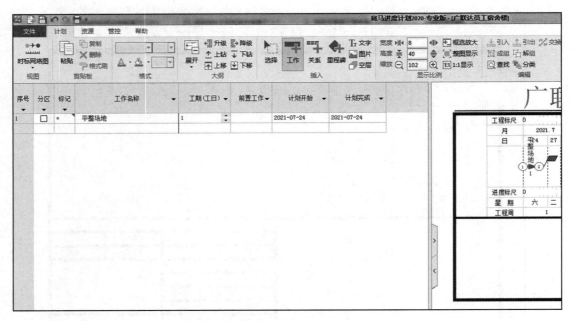

图 5.6　编辑输入工作任务

c.可在编辑区域编辑单元格上双击鼠标左键"工作信息卡",修改工作名称、工期、时间单位等相关信息。

③添加后续工作过程。按照前述新建工作的方式在平整场地工作后添加基坑开挖工作。

第一类在绘图区域后续工作的添加方式有以下 3 种,如图 5.7 所示。

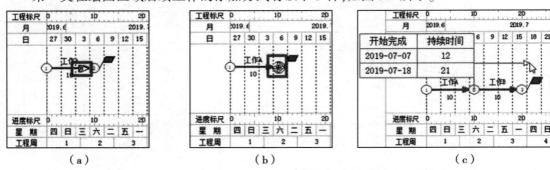

图 5.7　绘图区域添加后续工作的 3 种方式

a.在需要添加后续工作的工作箭线上,将光标移到工作箭线靠右位置,当光标变为向右箭头时双击鼠标左键,弹出工作信息卡,编辑信息后点击确定,添加一个后续工作。

b.在需要添加后续工作的工作箭线上,光标放在右侧节点上,当光标变为十字形时双击鼠标左键,弹出工作信息卡,编辑信息后单击确定,添加一项后续工作。

c.在需要添加后续工作的任务箭线上,光标放在右侧节点上,当光标变为十字形时按住鼠标左键拖拽,在满足需要的工期时,松开鼠标左键,弹出工作信息卡,编辑信息后点击确定,添加一项后续工作。

第二类在编辑区域后续工作的添加方式有以下 2 种:

a.鼠标点击"平整场地"下方单元格,添加后续工作。

b.回车键直接添加后续工作,此种方式可连续添加多项工作内容,再逐一修改"工作信息卡"内容即可。

④绘制剩余工作任务。按照上述添加后续工作的方式,输入所有的工作任务和工期,如图 5.8 所示。

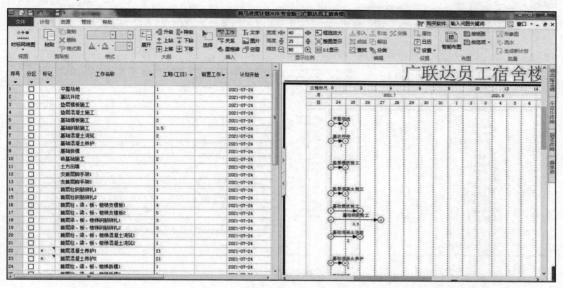

图 5.8　绘制全部工作任务

⑤完善工作任务并调整父子关系。添加"现场开工""基础完工""竣工验收"等里程碑事件,具体做法为:

a.按照正常添加工作的方式,添加"现场开工"工作。

b.双击工作任务弹出"工作信息卡","类型"下拉选项框选择"里程碑",工期自动变为"0",如图5.9所示里程碑事件。

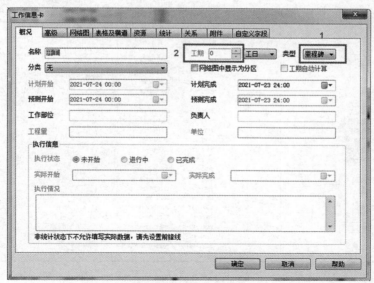

图 5.9　里程碑事件

添加"广联达员工宿舍楼"总分区,"基础工程""主体工程""砌筑工程""装饰装修工程"等一级分区,"一层主体""二层主体""三层主体""屋面层主体"等二级分区。左侧表格输入栏"行选"需要调整的工作任务(可选择多行任务),通过"升级""降级"命令来调整各工作任务间的父子关系,调整后如图 5.10 所示。

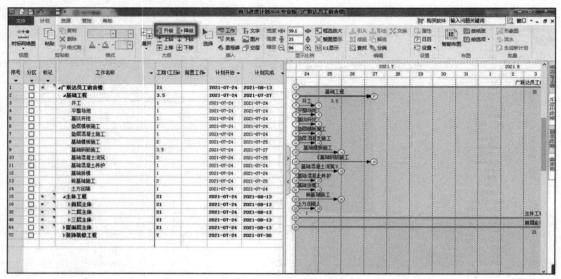

图 5.10 调整父子关系

⑥调整逻辑关系。根据工艺关系和组织关系合理确定各项工作的逻辑关系,找出并输入本工作的前置工作、后置工作。因为第 5 行"基坑开挖"的前置工作为第 4 行的"平整场地",所以在"基坑开挖"行与"前置工作"列交汇处输入"4",然后按回车键,此两项工作的逻辑关系就建立起来如图 5.11 所示。

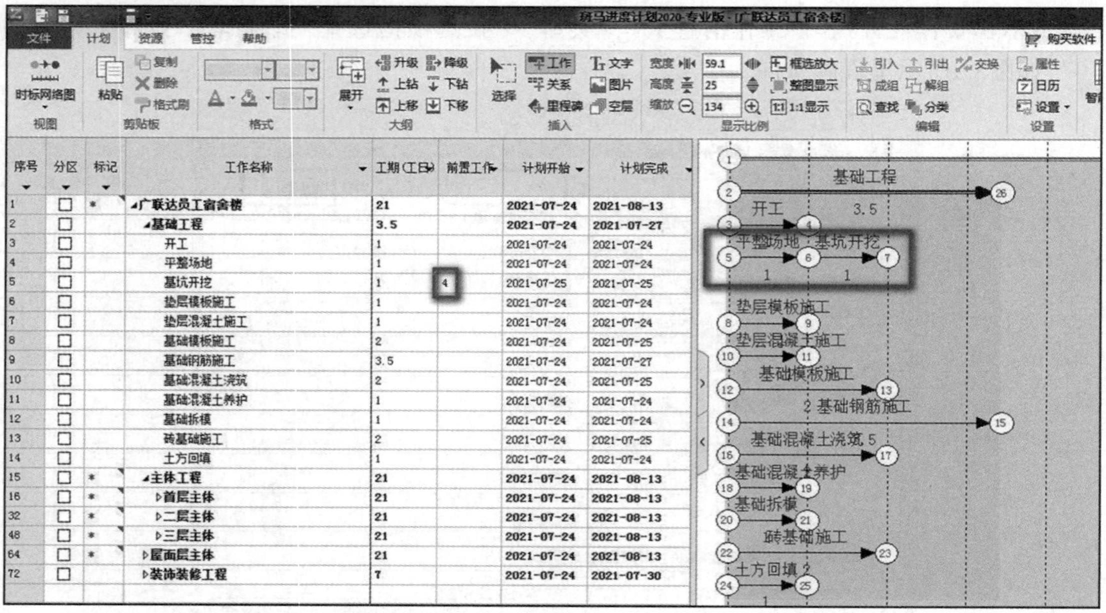

图 5.11 设置前置工作

若一项工作有两个及以上前置工作,则需要在对应行处的"前置工作"列输入两项前置工作所代表的行数,中间用","隔开,如图 5.12 所示。

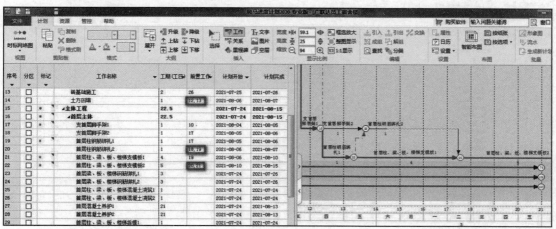

图 5.12　两项前置工作的逻辑关系设置

右击左侧输入区域的标题栏,弹出"属性设置"选项,在"后置工作"前打"√",单击确定即可添加"后置工作"列,如图 5.13 所示。

图 5.13　添加后置工作列

按照事前分配好的逻辑关系表分别输入所有工作的前置工作与后置工作,如图 5.14 所示。

⑦网络图检查与调整。利用"计划云检查"功能进行网络图自查,寻找断点并修改完善,利用"国标检查"检查网络图绘制规则,如图 5.15 所示。

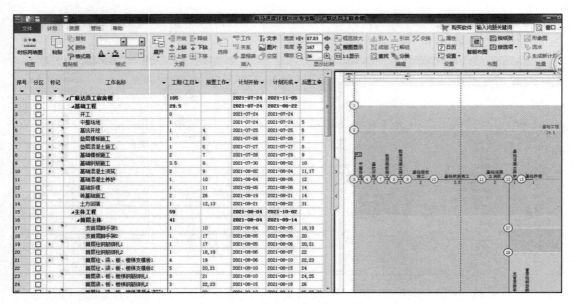

图 5.14　前置、后置工作设置

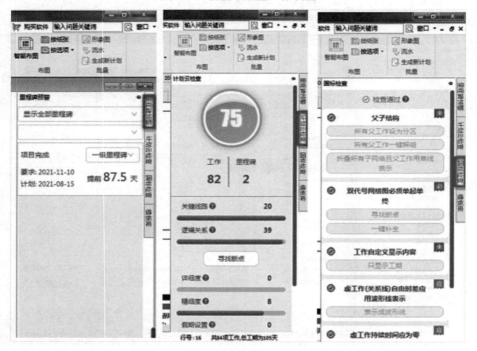

图 5.15　计划云检查

利用"分区"功能设置"所有父工作设为分区",利用"智能布图"优化网络图布置,如图 5.16 所示。

⑧成果输出。在"文件"菜单栏下切换成"横道图"模式即可完成网络图的一键转换,在"文件"菜单栏下"导出"功能可导出.png 与.jpg 格式的图片,同时还可导出 project、excel 格式文件如图 5.17、图 5.18 所示。

⑨成果展示。成果如图 5.19—图 5.21 所示。

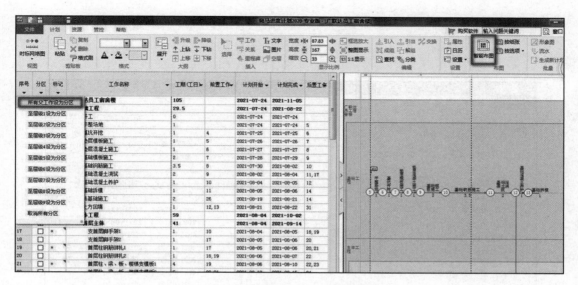

图 5.16　设置分区与智能布图

图 5.17　网络图转换

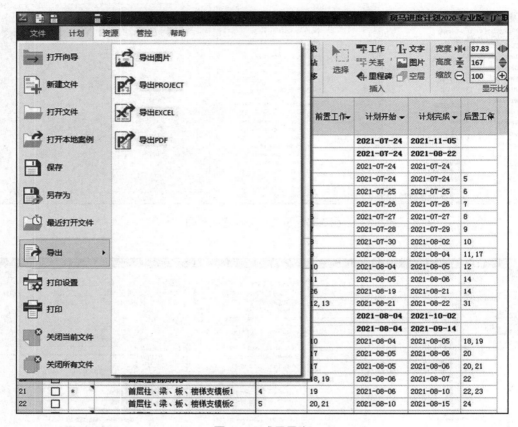

图 5.18　成果导出

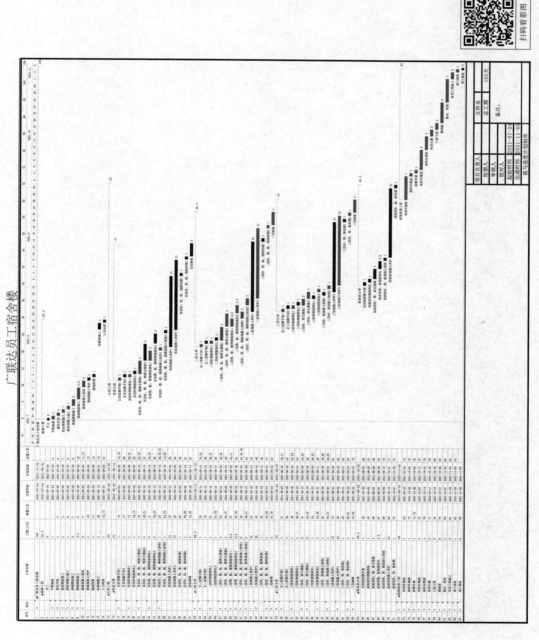

图 5.19　广联达员工宿舍楼——横道图

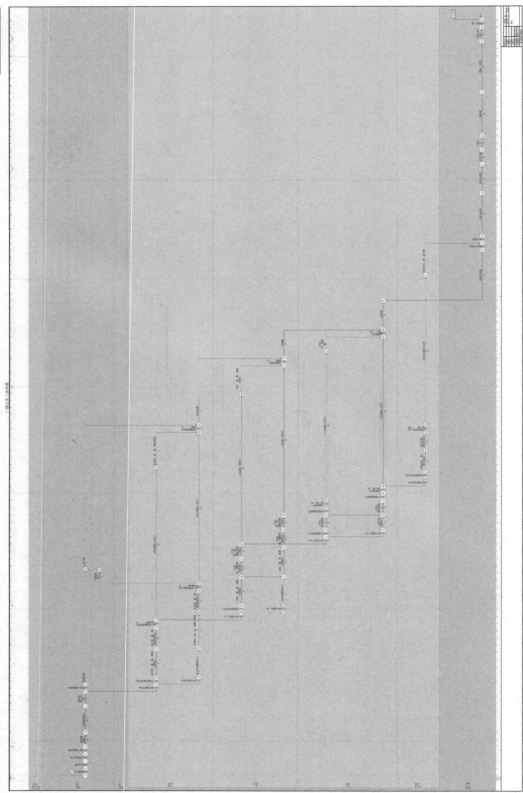

扫码看彩图

图 5.20 广联达员工宿舍楼——时标网络图

扫码看彩图

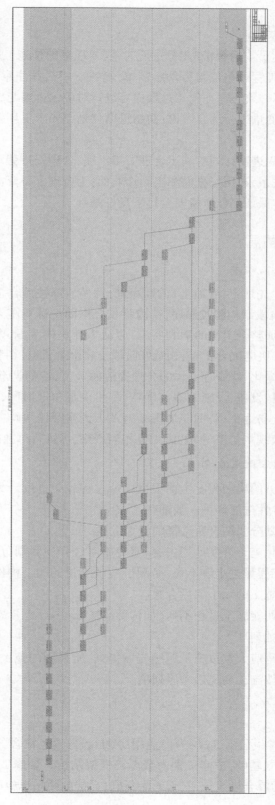

图 5.21 广联达员工宿舍楼——单代号网络图

5.1.5　任务总结

在编制"广联达员工宿舍楼"工程进度时,需要注意的是施工过程的划分要粗细得当;套用劳动定额时需把工程量单位与劳动定额单位转换一致,并注意定额内容与本项目内容划分是否一致,如若不一致还需把施工过程内容进行对应的拆解与合并;在确定班组人员和工期时需要对这两个变量进行综合考虑;初始进度计划与要求工期差别很大时,注意改变逻辑关系。

编制好单位工程进度计划有利于合理安排工期,合理安排劳动力、材料、设备、资金等资源;协调各方面的关系,利用好平面和空间作业面;为合理配备资源、设计好施工现场提供保证;为工程控制成本保证工程质量安全打下良好基础。

5.1.6　知识拓展

1)项目总体施工顺序

结构施工按照"先地下,后地上"的顺序进行;外装修按照自上而下的顺序进行;初装修(砌筑、抹灰)按分阶段结构验收顺序,结构验收合格即可进行施工;机电工程按照交叉作业的顺序进行。为保证整个工程的顺利实施,应从工程整体考虑,做到各工序合理相互穿插。施工应在结构阶段,机电配合土建,初装修阶段土建配合机电,精装修阶段机电配合精装,同时,兼顾市政、园林绿化、外檐等工程的合理提前插入,在各专业施工前采取样板先行的施工管理模式,所有材料、设备、设施需提前确认,尽可能地争取时间,按时完成施工作业。如若工程现场条件所限,场地狭小,钢筋加工场地及工人生活区等均需考虑外租场地,同时对生产资料(钢筋运输及现场储备等)的组织也相当严格,需进行单独的专项策划。

2)施工过程划分注意事项

①施工过程划分的粗细程度主要根据单位工程施工进度计划的客观作用,控制性进度计划一般粗些,指导性进度计划一般细些。

②施工过程的划分要结合所选择的施工方案。

③注意适当简化施工进度计划内容,避免施工过程项目划分过细、重点不突出,适当合并,简明清晰。如工程量过小者不列(防潮层);较小量的同一构件几个项目合并(圈梁);同一工种同时或连续施工的几个项目合并。

④不占工期的间接施工过程不列(如构件运输)。

⑤设备安装单独列项。

⑥所有施工过程应大致按施工顺序先后排列,所采用的施工项目名称可参考现行定额手册上的项目名称按施工的先后顺序列项。

【学习测试】

1.已知某四层学生公寓,底层为商业用房,上部为学生宿舍,建筑面积 3 277.96 m²。基础为钢筋混凝土独立基础,主体工程为全现浇框架结构。装修工程为塑钢门窗、胶合板门。外墙贴面砖;内墙为混合砂浆抹灰,普通涂料刷白、楼地面贴地板砖;屋面用聚苯乙烯泡沫塑料板保温层,上做 SBS 改性沥青防水层,其劳动量见表 5.6。试组织本工程流水施工,并绘制出流水施工进度计划表。

表 5.6　某幢四层框架结构公寓楼劳动量一览表

序号	分项工程名称	劳动量/(工日或台班)
(一)	基础工程	
1	机械开挖	6 台班
2	混凝土垫层	30
3	绑扎基础钢筋	59
4	基础模板	73
5	基础混凝土	87
6	回填土	150
(二)	主体工程	
7	脚手架	313
8	柱钢筋绑扎	135
9	柱、梁、板模板(含楼梯)	2 263
10	柱混凝土	204
11	梁、板绑扎钢筋(含楼梯)	801
12	梁、板混凝土(含楼梯)	939
13	拆模	398
14	砌墙	1 095
(三)	层面工程	
15	聚苯乙烯泡沫塑料板保温	152
16	层面找平层	52
17	SBS 改性沥青防水层	47
(四)	装饰装修工程	
18	外墙贴面砖	957
19	顶棚、墙面抹灰	1 648
20	楼地面及楼梯地砖	929
21	塑钢门窗安装	68
22	胶合板门	81
23	顶棚、墙面涂料	380
24	油漆	79
25	水、电安装及其他	

2.根据以下资料,运用 BIM 软件编制"凯旋门"双代号网络时标图,并输出横道图成果文件。

1)工程概况

"凯旋门"工程结构如图 5.22 所示。

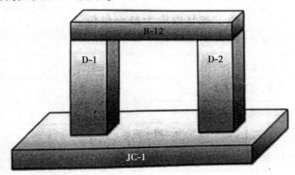

图 5.22 "凯旋门"工程结构图

2)工期要求

总工期 11 周,前半周为临设建造,紧接着 1 周为钢筋加工/成品订购,接下来为正常施工。

3)工程量表

"凯旋门"工程量表见表 5.7。

表 5.7 "凯旋门"工程量表

编 号	构件名称	工 序	单 位	工程量
JC	基础			
JC-1-1		绑钢筋	t	5
JC-1-2		支模板	m²	5
JC-1-3		浇筑混凝土	m³	10
D-1	墩-1			
D-1-1		绑钢筋	t	5
D-1-2		支模板	m²	5
D-1-3		浇筑混凝土	m³	10
D-2	墩-2			
D-2-1		绑钢筋	t	5
D-2-2		支模板	m²	5
D-2-3		浇筑混凝土	m³	10
B-12	板-12			
B-12-1		支模板	m²	5

续表

编 号	构件名称	工 序	单 位	工程量
B-12-1		绑钢筋	t	5
B-12-1		浇筑混凝土	m³	10

注:①假设工程项目所有构件只有绑钢筋、支模板、浇筑混凝土3个工序,并且需要钢筋劳务班组、模板劳务班组、混凝土劳务班组分部进行操作施工。

②假设钢筋加工机械和混凝土加工机械不需要配备人工便可进行加工操作。

③假设混凝土浇筑完成后便可拆除模板(拆除模板必须先退至库房),不需要养护时间,也不需要配备人员拆除。

④假设所有预定、加工、施工都是以周为最小单位,且本周开始,必须是下周才预定到场、加工完成或者施工完成时间算为一周。

4)市场资源情况

市场资源情况见表5.8。

表 5.8　市场资源情况

劳务班组工种	生产能力	市场最多可供应数量
钢筋劳务班组	5 t/(周·班组)	3个班组
模板劳务班组	5 m²/(周·班组)	3个班组
混凝土劳务班组	10 m³/(周·班组)	3个班组

3.根据所给"广联达办公大厦"电子版资料编制单位工程进度计划,并运用BIM软件编制"广联达办公大厦"双代号网络时标图,并输出横道图成果文件。

任务2　施工准备工作及资源配置量计划

5.2.1　任务说明

1)背景

施工准备工作是为了保证工程的顺利开工和施工活动正常进行所必须事先做好的各项准备工作,是生产经营管理的重要组成部分,是施工程序中的重要环节。

资源配置计划是决定施工平面布置的主要因素之一,也是做好劳动力与物资的供应、平衡、调度、落实的依据。

2)资料

"广联达员工宿舍楼"图纸和施工进度计划。

3)要求

根据给定的"广联达员工宿舍楼"资料,完成下列工作:

①完成本工程施工准备计划的编制。

②完成本工程资源配置计划。

5.2.2 任务分析

施工准备工作是为保证工程能连续、周密施工而必须事先要做的工作。不仅存在于开工前,同时随着工程的进展,在各个施工阶段、各分部分项工程及各项施工活动前,也都有相应的施工准备工作,施工准备工作贯穿于整个工程建设的全过程。

资源配置计划是根据单位工程施工进度计划的要求编制的,主要包括劳动力、物资、成品、半成品、施工机具等的配置计划。各项资源需要量计划是劳动力及物资供应、平衡、调度、落实的依据。

5.2.3 知识链接

施工进度计划编制完成后,应立即进行施工准备工作及编制各项资源需用量计划,如施工准备工作计划、主要材料需用量计划、劳动力计划、施工机具需用量计划,构配件需用量计划、运输计划等。以上计划与施工进度计划密切相关,它们是根据施工进度计划及施工方案编制而成的,是做好各种资源供应、调配、平衡及落实的保证。

1)知识点——施工准备工作计划

施工准备应包括技术准备、现场准备和资金准备等。在单位工程施工组织设计中,应列出具体准备的内容,应确定各项工作的要求、完成时间及有关责任人,使准备工作有计划、有步骤、分阶段地进行,见表5.9。

表 5.9　施工准备工作计划

序号	施工准备项目	内　容	负责单位	负责人	开始日期	完成日期	备注
1	劳动力准备						
2	施工机具准备						
3	材料准备						
4	……						

(1)技术准备

技术准备工作计划应包括施工所需技术资料的准备、施工方案编制计划、试验检验及设备调试工作计划、样板制作计划、技术培训计划、高程引测及建筑物定位等。

①制订提供施工现场使用的技术资料计划。根据单位工程设计文件、合同要求制订提供施工现场使用的有关技术规范、标准、规程、图集、企业标准等技术资料计划。

②制订主要施工方案编制计划。根据工程进度计划,主要分部(分项)工程和专项工程在施工前应单独编制施工方案,以便为施工提供足够的技术支持,此部分可分阶段编制完成。

③制订试验检验及设备调试工作计划。应根据现行规范、标准中的有关要求及工程规

模、进度等实际情况制订。

④制订样板制作计划。根据施工合同或招标文件的要求并结合工程特点制订,是针对装修施工设置的。

⑤技术培训计划。对四新技术内容、施工技术含量高的分项工程、危险性较大分项工程应在施工前对施工人员进行相关技术培训,保证施工质量及安全。

⑥高程引测与建筑物定位。对业主提供的坐标点、水准点进行校核无误后,按照工程测量控制网的要求引入,建立工程轴线及高程测量控制网,并将控制桩引测到基坑周围的地面或原有建筑物上,并对控制桩加以保护,以防破坏。

(2)现场准备工作计划

应根据现场施工条件和工程实际需要,明确现场施工障碍物,修筑现场施工临时道路,建造现场生产、生活等临时设施,建立现场施工测量控制网工作。

①清除现场障碍物,实现"四通一平"等工作计划。

②现场控制网测量工作计划。

③建造各项施工设施工作计划。

④做好冬雨期施工准备工作计划。

⑤组织施工物资和施工机具进场工作计划。

(3)资金准备工作计划

根据施工进度计划编制资金使用计划。在项目开工前,在成本分析的基础上,结合合同约定的付款条件以及分包商/供应商等的支付条件,编制项目资金收款计划表、项目资金支付计划表。对于跨年度的项目,还需编制年度收支计划,对项目的总体现金流量进行预测和分析。

(4)编制施工准备工作计划

为落实各项施工准备工作,加强对施工准备工作的监督和检查,根据已确定的施工方案、施工方法及进度计划的要求,编制上述各项施工准备工作计划。施工准备工作通常以计划表的形式表示,具体见表 5.10。

表 5.10　施工准备工作计划表

序号	准备工作名称	准备工作内容	主办单位	协办单位	完成时间	负责人

2)知识点——资源需要量计划的编制

资源需要量计划指的是施工所需要的劳动力、材料、构件、半成品构件及施工机械计划,应在单位工程施工进度计划编制好后,按施工进度计划、施工图纸及工程量等资料进行编制。编制这些计划,不仅可以保证施工进度计划的顺利实施,也为做好各种资源的供应、调配、落实提供了依据。

（1）劳动力需要量计划

劳动力需要量计划，主要是为安排施工现场的劳动力，平衡和衡量劳动力消耗指标，安排临时生活福利设施提供依据。其主要反映工程施工所需技工、普工人数，它是控制劳动力平衡、调配的主要依据，其编制方法是将施工进度表计划上每天施工的项目所需的工人按工种分配统计，得出每天所需工种及其人数，再按时间进度要求汇总。劳动力配置计划表见表5.11。

表 5.11　劳动力需要量计划表

序号	工种名称	劳动量/工日	2021 年											
			7 月			8 月			9 月			10 月		
			1	2	……	1	2	……	1	2	……	1	2	……
1	土方工													
2	混凝土工													
3	模板工													
4	钢筋工													
5	……													

（2）主要材料需用量计划

主要材料需要量计划是用作施工备料、供料、确定仓库和堆场面积及做好运输组织工作的依据。主要材料、成品、半成品配置计划是根据施工预算、材料消耗定额及施工进度计划编制的，主要材料指工程用水泥、钢筋、砂子、石子、砖、防水材料等主要材料；成品、半成品主要指混凝土预制构件、钢结构、门窗构件等成品、半成品材料。施工备料、供料和确定仓库、堆积面积及运输量的依据。一般按不同种类分别编制，编制时应提出材料名称、规格、数量、使用时间等要求，主要材料需要量计划表见表5.12。

表 5.12　主要材料需要量计划表

序号	材料名称	规　格	需要量		供应开始时间	备注
			单　位	数　量		
1	钢筋	直径≤10 mm				
		直径>10 mm				
2	模板	15 厚竹胶合模板				
3	砌体	煤陶粒空心砖				
4	商品混凝土	综合				
5	水泥	普通水泥				
6	防水材料	1.5 mm 厚聚氨酯涂膜防水				
		3 mm 厚高聚物改性沥青卷材				
7	……					

（3）构件需要量计划

构件、半成品构件的需要量计划主要用于落实加工订货单位，并按照所需规格、数量和时间组织加工、运输及确定仓库和堆场。它是根据施工图和施工进度计划编制的。其表格形式见表 5.13。

表 5.13　构件和半成品构件需要量计划表

序号	构件名称	规格	图号	需求量		使用部位	加工单位	供应时间	备注
				单位	数量				

（4）施工机械需要量计划

施工机械需要量配置量计划主要是确定施工机具的类型、规格、数量及使用时间，并组织其进场，为施工的顺利进行提供有力保证。编制的方法是将施工进度计划表中的每一个施工过程所用的机械类型、数量，按施工日期进行汇总。在安排施工机械进场时间时，应考虑某些机械需要铺设轨道、拼装和架设时间，如塔吊、龙门架等。其表格形式见表 5.14。

表 5.14　施工机械需要量计划表

序号	机械名称	规格型号	需求量		国别产地	制造年份	起止时间	备注
			单位	数量				
1	反铲挖土机							
2	砂浆搅拌机							
3	木工锯台							
4	木工压刨床							
5	手工电锯							
6	插入式震动器							
7	平板震动器							
8	钢筋切断机							
9	钢筋弯曲机							
10	钢筋调直机							
11	塔吊							
12	电渣压力焊							
13	……							

5.2.4 任务实施

"广联达员工宿舍楼"施工准备及资源配置计划。

1）施工准备

（1）技术准备

①组织技术人员、工程监理、质量工程师、预算工程师等认真审阅《广联达员工宿舍楼》施工图纸,并在施工前进行阶段性图纸会审,以便能准确地掌握设计意图,解决图纸中存在的问题,并整理出图纸会审纪要。施工中涉及的规范及标准见表5.15。

表 5.15 施工中涉及的规范及标准

序号	依据文件名称	标准号
1	《建筑工程施工质量验收统一标准》	GB 50300—2013
2	《工程测量标准》	GB 50026—2020
3	《建筑地基基础工程施工质量验收标准》	GB 50202—2018
4	《混凝土结构工程施工质量验收规范》	GB 50204—2015
5	《通用硅酸盐水泥》	GB 175—2007
6	《钢筋混凝土用钢第1部分:热轧光圆钢筋》	GB/T 1499.1—2017
7	《钢筋混凝土用钢第2部分:热轧带肋钢筋》	GB/T 1499.2—2018
8	《施工现场临时用电安全技术规范(附条文说明)》	JGJ 46—2005
9	《建筑施工安全检查标准》	JGJ 59—2011
10	《建筑施工高处作业安全技术规范》	JGJ 80—2016
11	《钢筋焊接及验收规程》	JGJ 18—2012
12	《普通混凝土用砂、石质量及检验方法标准(附条文说明)》	JGJ 52—2006
13	《砌体结构工程施工质量验收规范》	GB 50203—2011
14	《屋面工程质量验收规范》	GB 50207—2012
15	《建筑装饰装修工程质量验收规范》	GB 50210—2018
16	《建筑地面工程施工质量验收规范》	GB 50209—2010
17	《混凝土结构施工图平面整体表示方法制图规则和构造详图(现浇混凝土框架、剪力墙、梁、板)》	16G101—1
18	《混凝土结构施工图平面整体表示方法制图规则和构造详图(现浇混凝土板式楼梯)》	16G101—2
19	《混凝土结构施工图平面整体表示方法制图规则和构造详图(独立基础、条形基础、筏形基础、桩基础)》	16G101—3

②编制项目质量实施计划,按照确保"××市""××杯"优质工程、争创××省"××杯"及以上优质工程质量总目标要求对分部分项工程和检验批质量目标进行分解。施工过程中按住房和城乡建设部建设项目施工现场综合考评标准做好施工组织管理、工程质量管理和安全

管理,并做到科学管理、文明施工、保质守约、用户满意。

③编制详细的分部分项工程施工专项方案和施工管理措施,以便为施工提供足够的技术支持,其样表见表 5.16。

表 5.16　施工方案编制计划

序号	方案名称	编制人	完成日期	审核人	审批人	备注
1	员工宿舍楼施工组织设计	项目总工	2021 年 3 月	项目经理	公司总工	
2	施工测量方案	技术员	2021 年 3 月	项目经理	项目总工	
3	基坑支护专项施工方案	技术员	2021 年 3 月	项目经理	项目总工	
4	土方开挖工程专项施工方案	技术员	2021 年 3 月	项目经理	项目总工	
5	模板工程专项施工方案	技术员	2021 年 3 月	项目经理	项目总工	
6	脚手架工程专项施工方案	技术员	2021 年 5 月	项目经理	项目总工	
7	起重吊装专项施工方案	技术员	2021 年 5 月	项目经理	项目总工	
8	施工安全应急预案	安全员	2021 年 5 月	项目经理	项目总工	
9	临时用电施工方案	技术员	2021 年 3 月	项目经理	项目总工	

④组织人员进行钢筋翻样,预埋件加工,落实成品,半成品的货源。

⑤测量基准交底、复测及验收。根据建设单位与规划部门提供的实地放样坐标点,引测至围墙,地面建立半永久性坐标点,并请有关部门进行核样;根据建设单位提供的坐标点,对水准点进行校核无误后,按照工程测量控制网的要求引至场内,建立工程轴线及高程测量控制网,并将控制桩引测到基坑周围的地面上或原有建筑物上,并对控制桩加以保护以防破坏。

(2)现场准备

①工地施工区、办公区与宿舍区分离。钢筋现场加工,钢构件场外加工,二次运输进场,场内设置专门的堆放场堆放。工地设专门石灰池、砂池堆放砂及石灰,石灰、砂池、砖根据进度情况因地制宜堆放。

②施工干道现浇 C15 素混凝土,其余道路均应做好排水措施。场地做好硬底化,施工道路设置详见施工平面布置图。

③施工材料堆放。砂、石、砖、石灰堆放按因地制宜的原则,并应置于平整场地上,以便于施工。

④消防设备。消防设备配备齐全。临时建筑物、材料堆放区之间按有关规定设置防火间距。灭火器应每层楼面设置,均设在四边显眼处,灭火器设指示灯,便于夜间使用。

2)资源需要量计划的编制

(1)劳动力需要量计划

劳动力需要量计划见表 5.17。

表 5.17　劳动力配置计划

序号	工种名称	高峰期需要人数/人	备注
1	瓦工	39	
2	架子工	16	
3	钢筋工	30	
4	木工	44	
5	混凝土工	45	
6	电焊工	5	
7	塔吊司机	1	
8	测量工	1	
9	电工	2	
10	油漆工	40	
11	普工	40	

（2）主要工程材料、成品、半成品配置计划

主要工程材料、成品、半成品配置计划见表 5.18。

表 5.18　主要工程材料、成品、半成品配置计划

序号	材料名称	规格	需要量		供应开始时间	备注
			单位	数量		
1	钢筋		t	78	2021 年 7 月 26 日	根据各施工阶段的需要量及材料使用的先后顺序进行供应
2	商品混凝土		m³	665	2021 年 7 月 27 日	
3	模板	1 220 mm×2 440 mm	m²	3 426	2021 年 7 月 30 日	

（3）施工机具、机械配置计划

施工机具、机械配置计划见表 5.19。

表 5.19　施工机具、机械配置计划

序号	机具、机械名称	规格、型号	单位	需要数量	备注
1	塔吊	QTZ50	台	1	
2	电渣压力焊机	BX-500F	台	2	
3	电焊机	BX-300	台	2	
4	插入式振捣器	MZ6-50	台	3	
5	钢筋弯曲机	WL-40-1	台	1	
6	钢筋切断机	GL5-40	台	1	
7	圆盘锯	ML106	台	1	
8	平板刨	MB50318	台	1	

序号	机具、机械名称	规格、型号	单　位	需要数量	备　注
9	打夯机	HW-201	台	2	
10	翻斗车		辆	2	

5.2.5　任务总结

做好广联达员工宿舍楼的施工准备及资源配置计划,有利于合理分配资源和劳动力,协调各方面的关系,做好进度计划,保证工期,提高基础施工阶段、主体结构施工阶段、装饰装修阶段的施工质量,从而使工程从技术上和经济上得到保障。

【学习测试】

1.施工准备工作计划与资源配置计划包含哪些内容? 在施工管理中起什么作用?

2.劳动力需要量计划如何编制?

项目6 单位工程施工现场平面布置设计

【教学目标】

1）知识目标

(1)了解单位工程施工现场平面布置图的设计依据。

(2)熟悉单位工程施工现场平面布置图的设计内容。

(3)掌握单位工程施工现场平面布置图设计的基本原则、设计步骤。

(4)熟悉施工现场布置要求与规范及相关软件功能。

2）能力目标

(1)能熟练运用BIM施工场地布置软件建立施工现场布置BIM模型的方法。

(2)能熟练应用BIM施工场地布置软件进行施工模拟的方法。

3）素质目标

(1)培养理论结合实践的应用能力。

(2)提升相应的职业技能技术及工程项目管理能力。

4）思政目标

(1)培养注重团队协作的大局意识和安全生产中的责任意识。

(2)提升专业爱岗的奉献精神。

【思维导图】

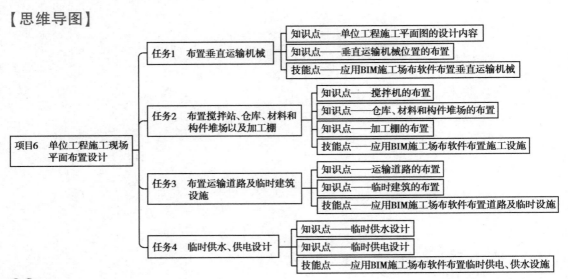

任务 1　布置垂直运输机械

6.1.1　任务说明

1）背景

施工平面图设计是单位工程开工前准备工作的重要内容之一。它既是安排和布置施工现场的基本依据，也是实现有组织、有计划和顺利地进行施工的重要条件，同时也是施工现场文明施工的重要保证。要科学、合理地规划单位工程施工平面图，首先要确定垂直运输机械设施。

2）资料

"广联达员工宿舍楼"项目建筑面积 1 239.75 m²，长 28.5 m，宽 14.5 m，高 16.17 m，建筑三层，场地 CAD 底图如图 6.1 所示。

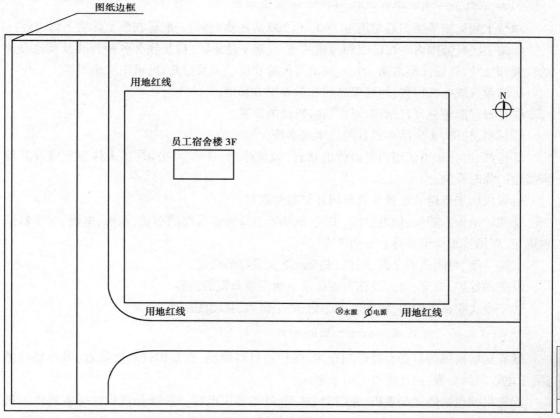

图 6.1　"广联达员工宿舍楼"场地 CAD 底图

扫码看彩图

3）要求

根据给定的"广联达员工宿舍楼"资料，完成下列工作。

①了解广联达 BIM 施工场布软件的应用功能。

②应用 BIM 施工场布软件创建"广联达员工宿舍楼"平面地形和拟建建筑。

③应用 BIM 施工场布软件布置垂直运输机械。

6.1.2　任务分析

在本项目中，由于拟建建筑不高，垂直运输机械主要考虑采用塔式起重机。塔式起重机的选择主要考虑以下因素：

①保证起重机械利用最大化。

②保证塔式起重机使用安全。

③保证安拆方便。

6.1.3　知识链接

1）知识点——单位工程施工平面图的设计内容

单位工程施工平面图通常用 1∶500～1∶200 的比例绘制，一般应在图上标明下列内容：

①施工区域范围内一切已建和拟建的地上、地下建筑物、构筑物和各种管线及其他设计的位置和尺寸，并标注出道路、河流、湖泊等位置和尺寸以及指北针、风向玫瑰图等。

②测量放线标桩位置、地形等高线和取弃土方场地。

③自行式起重机开行路线，垂直运输机械的位置。

④材料、构件、半成品和机具的仓库或堆场。

⑤生产、办公和生活用临时设施的布置，如搅拌站、泵站、办公室、工人休息室以及其他需搭建的临时设施。

⑥场内施工道路的布置及其与场外交通的联系。

⑦临时给排水管线、供电线路、供气、供热管道及通信线路的布置，水源、电源、变压器位置确定，现场排水沟渠及排水方向考虑。

⑧脚手架、封闭式安全网、围挡、安全及防火设施的位置。

⑨劳动保护、安全、防火设施布置以及其他需要布置的内容。

⑩安全文明施工内容，例如场区绿化、降尘措施、自动洗车池等。

2）知识点——垂直运输机械位置的布置

垂直运输机械的位置直接影响仓库、搅拌站材料堆场、预制构件堆放位置，以及场内道路、水电管网的布置，因此应首先给予考虑。

起重机械包括塔式起重机、龙门架、井架、外用施工电梯。选择起重机械时主要依据机械性能、建筑物平面形状和大小、施工段划分情况、起重高度、材料和构件的质量、材料供应和运输道路等情况来确定。其目的是充分发挥起重机械的能力并使地面和楼面上的水平运距最小。当建筑物各部分的高度相同时，布置在施工段的分界线附近；当建筑物各部分的高度不同时,布置在高低分界线处。

(1)塔式起重机的布置

塔式起重机是集起重、垂直提升、水平运输3种功能为一身的机械设备。按其在工地上使用架设的要求不同,固定式、轨道式、附着式、内爬式。塔式起重机布置的注意事项如下。

①保证起重机械利用最大化,即覆盖半径最大化并能充分发挥塔式起重机的各项性能。

②保证塔式起重机使用安全,其位置应考虑塔式起重机与建筑物(拟建建筑物和周边建筑物)间的安全距离塔式起重机安拆的安全施工条件等。塔机尾部与其外围脚手架的安全距离如图6.2所示,群塔施工的安全距离如图6.3所示,塔吊和高压电线水平距离要求见表6.1所示。

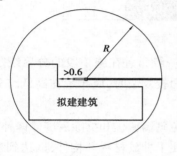

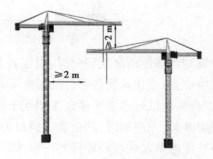

图6.2 塔机尾部与外围脚手架的安全距离　　　图6.3 群塔施工的安全距离

表6.1 塔吊和高压电线水平距离要求

高压线电压/kV	1～10	35～110	154～300	500
距离/m	≥5	≥10	≥15	≥20

③保证安拆方便,根据四周场地条件、场地内施工道路考虑安拆的可行性和便利性。

④除非建筑物特点及工艺需要,尽可能避免塔式起重机二次或多次移位。

⑤尽量使用企业自有塔式起重机,不能满足施工要求时采用租赁方式解决。

塔式起重机的高度可按式(6.1)计算,计算简图如图6.4所示。

$$H = h_1 + h_2 + h_3 + h_4 \tag{6.1}$$

式中　H——起重机的起重高度,m;

　　　h_1——建筑物高度,m;

　　　h_2——安全生产高度,m;

　　　h_3——构件最大高度,m;

　　　h_4——索具高度,m。

(2)固定式垂直运输机械的布置

固定式垂直运输机械包括井架、龙门架、施工电梯等。布置时应充分发挥设备能力,使地面或楼面上运距最短。主要根据机械的性能、建筑物的平面尺寸、施工段的划分、材料进场方向及运输道路等情况确定。布置时,应考虑下述几个方面。

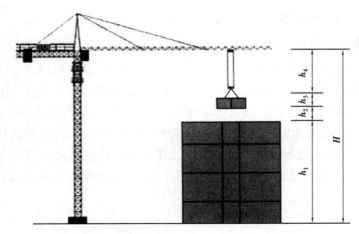

图 6.4 塔式起重机高度计算简图

①建筑物各部位的高度相同时,固定式起重设备一般布置在施工段的分界线附近或长度方向居中位置;当建筑物各部位的高度不相同或平面较复杂时,应布置在高低跨分界处高的一侧,以避免高低处水平运输施工相互干涉。

②采用井架、龙门架时,其位置以窗口为宜,以避免砌墙留槎和拆除后墙体修补工作。

③一般考虑布置在现场较宽的一面,因为这一面便于堆放材料和构件,以达到缩短运距的要求。

④井架、龙门架的数量要根据施工进度、提升的材料和构件数量、台班工作效率等因素计算确定,其服务范围一般为 50~60 m。

⑤井架、龙门架的卷扬机应设置安全作业棚,其位置不应距起重机械太近,以便操作人员的视线能看到整个升降过程。一般要求此距离大于建筑物的高度,水平距外脚手架 3 m以上。

⑥井架应立在外脚手架之外并有一定距离为宜,一般为 5~6 m。

⑦缆风绳设置,高度在 15 m 以下时设一道,15 m 以上时每增高 10 m 增设一道,宜用钢丝绳,并与地面夹角成 45°,当附着于建筑物时可不设缆风绳。

⑧在确定外用施工电梯的位置时,应考虑便于施工人员上下和物料集散。由电梯口至各施工处的平均距离应最近,便于安装附墙装置,接近电源,且有良好的夜间照明。根据建筑物高度、内部特点、电梯机械性能等选择一次到顶或接力方式的运输方式;高层建筑物选择施工电梯,低层建筑物宜选择提升井架;保证施工电梯的安拆方便及安全的安拆施工条件。

(3)混凝土泵和泵车

高层建筑物施工中,混凝土的垂直运输量十分大,通常采用泵送方式进行,其布置要求如下所述。

①混凝土泵设置处的场地应平整坚实,具有重车行走条件,且有足够的场地,道路畅通,使供料调车方便。

②混凝土泵应尽量靠近浇筑地点。

③其停放位置接近排水设施,供水、供电方便,便于泵车清洗。

④混凝土泵作业范围内,不得有障碍物、高压电线,同时要有防范高空坠物的措施。

⑤当高层建筑物采用接力泵泵送混凝土时,其设置位置应使上、下泵的输送能力匹配,且验算其楼面结构部位的承载力,必要时采取加固措施。

3)技能点——应用 BIM 施工场布软件布置垂直运输机械

(1)BIM 施工场布软件应用功能

广联达 BIM 施工现场布置软件提供多种临建 BIM 模型构件,可以通过绘制或者导入 CAD 电子图纸、GCL 文件快速建立模型,同时还可以导出自定义构件和导出构件,如图 6.5 所示。软件按照规范进行场地布置的合理性检查,支持导出和打印三维效果图片,导出 DXF、IGMS、3DS 等多种格式文件,软件还提供场地漫游、录制视频等功能,使现场临时规划工作更加轻松、更形象直观、更合理、更加快速。

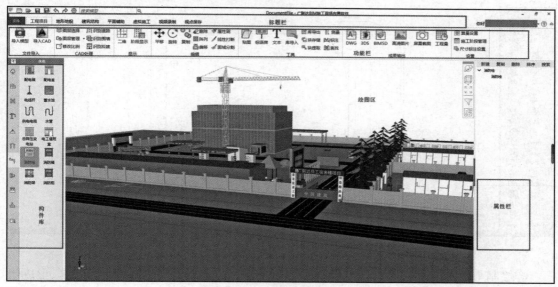

图 6.5　场布软件介绍

(2)垂直运输机械的选择和绘制

①首先导入"广联达员工宿舍楼"CAD 底图。

②根据工程概况绘制"广联达员工宿舍楼"场地平面地形。

③根据工程概况绘制拟建建筑。

④确定垂直运输机械塔吊的布置和塔吊参数。

6.1.4　任务实施

垂直运输机械的选择和绘制按以下步骤操作。

①启动软件。双击 [E] 图标,启动软件。

②导入"广联达员工宿舍楼"CAD 底图。

选择"工程项目"中"导入 CAD"选项,如图 6.6 所示,导入"广联达员工宿舍楼"CAD 图,如图 6.7 所示。

图 6.6　导入 CAD

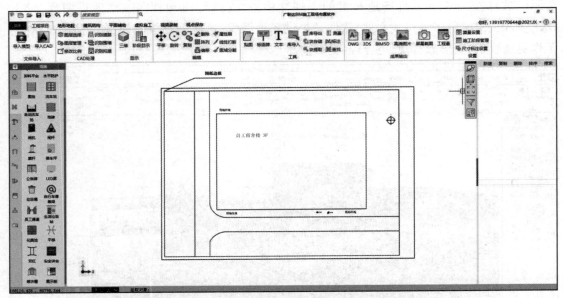

图 6.7　CAD 导入"广联达员工宿舍楼"

③绘制平面地形。选择平面地形,采取直线的绘制方式将地形轮廓线围合起来,形成闭合的线型。选择"地形地貌"中"地形设置"选项,如图 6.8 所示,效果如图 6.9 所示。

图 6.8　选择平面地形

图 6.9　平面地形绘制完成效果

④绘制拟建建筑。对于工程中的拟建建筑,软件只采用外轮廓线简易处理,并提供多种外轮廓的绘制方式,选择直线多边形绘制方式,选择拟建建筑,按鼠标左键指定直线的第一个端点,按鼠标左键指定直线的下一个端点,绘制时必须指定的端点数是 3 个以上,在绘制的过程中若指定端点错误,可按"u"键回退一步。软件还可以其他拟建建筑的绘制方式。第一,"起点—终点—中点弧形"绘制方式;第二,"起点—中点—终点弧线多边形"绘制方式;

第三,"对角矩形"绘制方式;第四,"长、宽矩形"绘制方式;第五,"圆形"绘制方式;第六,在导入 CAD 的情况下,选择封闭的 CAD 线,或者选择拟建建筑的 CAD 图层,然后单击"识别 CAD 线生成拟建建筑"即可快速生成拟建建筑。在属性栏可以对拟建建筑物进行参数设置,如图 6.10 所示。

⑤布置垂直运输机械塔吊。

员工宿舍楼 3F	
名称	广联达 员工宿舍楼
显示名称	☑
文字大小	3000
地上层数	3
地下层数	0
层高(mm)	4200
首层底标高(m)	0
地坪标高(m)	-0.45
屋顶材质	默认
设置外墙材质	
有无女儿墙	☑
女儿墙高度(mm)	3600
女儿墙厚度(mm)	200
女儿墙材质	混凝土
材质宽度(mm)	1000
锁定	☐
施工阶段	
施工阶段	基础阶段;主体阶段
清单属性	
规格	拟建建筑-1
单位	栋
单价	0
厂家	

图 6.10　"广联达员工宿舍楼"拟建建筑及参数设置

⑥塔吊为施工现场内常见的运输工具,软件绘制方式为点式和旋转点绘制,选择塔吊,按鼠标左键指定插入点,按右键终止或者 Esc 键即可绘制完成,选择旋转点绘制时,用鼠标左键指定塔吊的插入点,然后指定塔吊的角度即可完成绘制。

⑦"广联达员工宿舍楼"项目采用固定式塔式起重机,布置在拟建建筑物长度方向的居中位置,根据项目背景,拟建建筑长 28.5 m,宽 14.5 m,固定式塔式起重机与拟建建筑外边线距离 4~6 m,本项目取6 m。为满足塔式起重机的服务范围覆盖整个施工区域要求,避免出现死角,其最小起重半径计算如图 6.11 所示。

$$R = 14.25^2 + (14.5 + 6)^2$$

R 为最小臂长,$R = 24.9$ m,按 25 m 计。

"广联达员工宿舍楼"项目建筑高度 16.17 m,构件起吊的安全生产高度为 2 m,吊装生产中构件最大高度为 3 m,索具高度为 3 m。由式(6.1)完成模板安装所需塔吊的最小高度。

$$H = h_1 + h_2 + h_3 + h_4 = 16.17 + 2 + 3 + 3 = 24.17(\text{m})$$

最大起重质量为 3 t,经过分析,选用 QTZ50 塔式起重机,如图 6.12 所示。

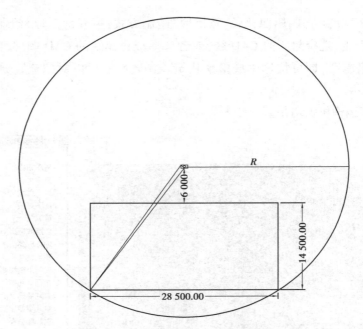

图 6.11　塔吊起重半径计算简图

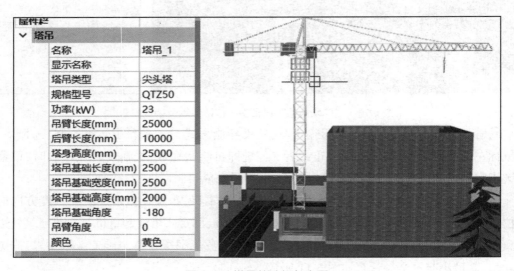

图 6.12　塔吊的选择与布置

6.1.5　任务总结

结合"广联达员工宿舍楼"案例背景,应用 BIM 施工场布软件,完成拟建建筑和塔吊的选择与布置,了解单位工程施工现场平面布置的流程和要求后,也掌握了用广联达 BIM 施工现场布置软件完成拟建建筑和塔吊的设置。培养学生在施工管理中的大局意识和安全管理中的责任意识。

布置搅拌站、仓库、材料和构件堆场以及加工棚

6.2.1　任务说明

1) 背景

建筑工程施工由于工程性质、规模、现场条件和环境的不同所选的施工方案、施工机械的品种、数量也不同。同时,建筑工程施工又是一个复杂多变的过程,它随着工程施工的不断展开,需要规划和布置的内容也不断增多,随着工程的逐渐收尾,材料构件等消耗,施工机械、施工设施逐渐退场和拆除。因此,合理布置搅拌站、仓库、材料、构件堆场、加工棚等直接关系到建筑工程施工的正常施工和安全。

2) 资料

参见"广联达员工宿舍楼"项目相关参数。

3) 要求

根据给定的"广联达员工宿舍楼"资料,完成下列工作:

①掌握各种材料堆场的要求和布置。

②应用 BIM 施工场布软件布置脚手架。

③应用 BIM 施工场布软件布置各种材料堆场和仓库。

④应用 BIM 施工场布软件布置各种施工机械。

6.2.2　任务分析

搅拌站、材料的堆场和仓库应尽量靠近起重机械的服务范围内,减少或避免二次搬运。砂、石等大宗材料尽量布置在搅拌站附近。按不同施工阶段,使用不同材料的特点,在同一位置上可先后布置几种不同的材料。对于材料堆场和加工棚、仓库等面积大小要满足加工厂生产需求和消防安全要求。

6.2.3　知识链接

1) 知识点——搅拌机的布置

砂浆、混凝土搅拌站位置取决于垂直运输机械,布置搅拌机时应考虑下述因素。

①搅拌机应有后台上料的场地,尤其是混凝土搅拌站,要考虑与砂石堆场、水泥库一起布置,既要相互靠近,又要便于这些大宗材料的运输和装卸。

②搅拌站应尽可能布置在垂直运输机械附近,以减少混凝土及砂浆的水平运距。当采用塔式起重机方案时,混凝土搅拌机的位置应使吊斗能从其出料口直接卸料并挂钩起吊。

③搅拌机应设置在施工道路旁,使小车、翻斗车运输方便。

④搅拌站场地四周应设置排水沟,以有利于清洗机械和排除污水,避免造成现场积水。

⑤混凝土搅拌机所需面积约为 25 m², 冬期施工还应考虑保温与供热设施等面积为 50 m²左右; 砂浆搅拌机所需面积约为 15 m², 冬期施工时面积为 30 m² 左右。

2) 知识点——仓库、材料和构件堆场的布置

(1) 布置要求

①材料的堆场和仓库应尽量靠近使用地点, 应在起重机械的服务范围内, 减少或避免二次搬运, 并考虑到运输及卸料方便。

②当采用固定式垂直运输机械时, 首层、基础和地下室所用的材料, 宜沿建筑物四周布置; 第二层及以上建筑物的施工材料, 布置在起重机附近或塔吊吊臂回转半径之内。

③砂、石等大宗材料尽量布置在搅拌站附近。

④多种材料同时布置时, 对大宗的、质量大的和先期使用的材料, 应尽可能靠近使用地点或起重机附近布置; 而少量的、轻的和后期使用的材料, 则可布置得稍远一些。

⑤当采用自行式有轨起重机械时, 材料和构件堆场位置应布置在自行有轨式起重机械的有效服务范围内。

⑥当采用自行式无轨起重机械时, 材料和构件堆场位置应沿着起重机的开行路线布置, 且其所在位置应在起重臂的最大起重半径范围内。

⑦预制构件的堆场位置, 要考虑其吊装顺序, 避免二次搬运。

⑧按不同施工阶段, 使用不同材料的特点, 在同一位置上可先后布置几种不同的材料。

(2) 单位工程储备量的确定

单位工程材料储备量应保证工程连续施工的需要, 同时应与全工地材料储备量综合考虑, 其储备量按下式计算:

$$Q = \frac{nq}{T}K_1 \tag{6.2}$$

式中　Q——单位工程材料储备量;

　　　n——储备天数, 按表 6.2 取用;

　　　q——计划期内需用的材料数量, m;

　　　T——需用该项材料的施工天数, 且不大于 n;

　　　K_1——材料消耗量不均匀系数(日最大消耗量/平均消耗量)。

【例 6.1】　建筑工地单位工程按月计划需用水泥 5 500 t, 试求其月需要的储备量。

解:　取 $n=30$ 天, $T=22$ 天, $K_1=1.05$ 水泥月储备量由式(6.2)得:

$$Q = \frac{nq}{T}K_1 = \frac{30 \times 5\ 500}{22} \times 1.05 = 7\ 875(\text{t})$$

故, 月需要水泥储备量为 7 875 t。

(3) 各种仓库及堆场所需面积的确定

各种仓库及堆场所需面积, 可根据施工进度、材料供应情况等, 确定分批分期进场, 并根据式(6.3)进行计算:

$$F = \frac{Q}{PK_2} \tag{6.3}$$

式中　F——材料堆场或仓库需要面积;

　　　　Q——单位工程材料储备量;

　　　　P——每平方米仓库面积上材料储备量,按表 6.2 取用;

　　　　K_2——仓库面积利用系数,按表 6.2 取用。

【例 6.2】　工地拟修建堆放 900 t 水泥仓库一座,试求仓库需用面积。

解：　根据题意查表 6.2 得 $P=1.5$,$K_2=0.6$

水泥仓库需用面积由式(6.3)得:

$$F=\frac{Q}{PK_2}=\frac{900}{1.5\times0.6}=1\,000(\text{m}^2)$$

故,水泥仓库需用面积 1 000 m^2。

表 6.2　常用材料仓库或堆场面积计算所需数据参考指标

序号	材料名称	储存天数 n	每平方米储存量 P	堆置高度 /m	仓库面积利用系数 K_2	仓库类型
1	槽钢、工字钢	40~50	0.8~0.9	0.5	0.32~0.54	露天、堆垛
2	扁钢、角钢	40~50	1.2~1.8	1.2	0.45	露天、堆垛
3	钢筋(直筋)	40~50	1.8~2.4	1.2	0.11	露天、堆垛
4	钢筋(盘筋)	40~50	0.8~1.2	1.0	0.11	仓库或棚约占 20%
5	水泥	30~40	1.3~1.5	1.5	0.45~0.60	库
6	砂、石子(人工堆置)	10~30	1.2	1.5	0.8	露天、堆放
7	砂、石子(机械堆置)	10~30	2.4	3.0	0.8	露天、堆放
8	块石	10~20	1.0	1.2	0.7	露天、堆放
9	红砖	10~30	0.5	1.5	0.8	露天、堆放
10	卷材	20~30	15~24	2.0	0.35~0.45	仓库
11	木模板	3~7	4~6		0.7	露天

3)知识点——加工棚的布置

木材、钢筋、水电等加工棚宜设置在建筑物四周稍远处,并有相应的材料及成品堆场。木工加工棚和钢筋加工棚分开设置,且满足消防需求。现场作业棚所需面积参考指标见表 6.3。

表 6.3　现场作业棚所需面积参考指标

序号	名称	单位	面积	备注
1	木工作业棚	m²/人	2	占地为建筑面积的 2~3 倍
2	电锯房	m²	80	863~914 mm 圆锯 1 台
	电锯房	m²	40	小圆锯 1 台
3	钢筋作业棚	m²/人	3	占地为建筑面积的 3~4 倍

续表

序号	名　称	单　位	面　积	备　注
4	搅拌棚	m²/台	10~18	
5	卷扬机棚	m²/台	6~12	
6	烘炉棚	m²	30~40	
7	焊工房	m²	20~40	
8	电工房	m²	15	
9	白铁工房	m²	20	
10	油漆工房	m²	20	
11	机、钳工修理房	m²	20	
12	立式锅炉房	m²/台	5~10	
13	发电机房	m²/kW	0.2~0.3	
14	水泵房	m²/台	3~8	
15	空压机房(移动式)	m²/台	18~30	
	空压机房(固定式)	m²/台	9~15	

4)技能点——应用 BIM 施工场布软件布置施工设施

"1+X"BIM 施工场布中施工设施布置有脚手架、安全通道、材料堆场、加工棚、防护棚、施工机械等。施工设施的布置要考虑利用率、生产效率、生产空间、生产安全等因素。

①脚手架的布置。

②安全通道的布置。

③材料堆场的布置。

④加工棚、防护棚的布置。

⑤施工机械的布置。

6.2.4　任务实施

1)布置脚手架

脚手架是建筑施工中重要的临时设施,是在施工现场为安全防护、工人操作以及解决楼层间少量垂直和水平运输而搭设的支架。脚手架布置的基本要求是:应满足工人操作、材料堆场和运输的需求;坚固稳定,安全可靠;搭拆简单,搬移方便;尽量节约材料,能多次周转使用。脚手架的宽度一般为 1.0~1.5 m,本项目脚手架宽度设置为 1.5 m。

(1)智能布置脚手架

软件会根据绘制的拟建物自动绘制脚手架,依附于建筑物,然后在脚手架的属性栏中简单修改属性就可以得到脚手架。

(2)手动布置

在绘制脚手架时选择直线或者弧形布置,可以不依附于建筑物,绘制完成后选择布置方向即可,绘制完成后效果如图6.13所示。

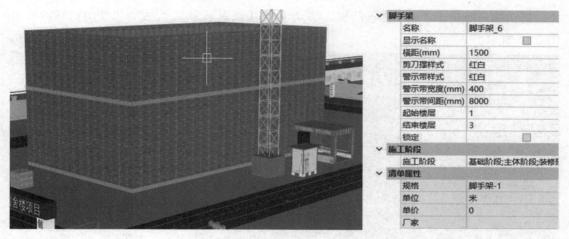

图6.13　脚手架绘制完成效果及设置参数

2)布置安全通道

施工现场的安全通道,通常是指在建筑物的出入口位置用脚手架、安全网及硬质木板搭设的,目的是避免上部掉落物伤人。因为安全通道常常依附脚手架绘制,软件默认提供点式绘制方式。当安全通道插入点在拟建建筑物或者脚手架附近时,安全通道能自动依附脚手架绘制,绘制完成后效果如图6.14所示。

图6.14　安全通道绘制完成效果

3)布置材料堆场

BIM施工场布软件提供10余种施工现场常见的材料堆场,如脚手架堆、钢筋堆、模板堆等,可以采用多种方式绘制堆场。堆场根据不同的施工阶段、材料品种及存放场地做适当调整,如图6.15所示。

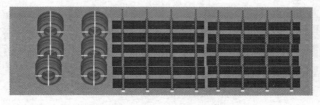

图6.15　材料堆场绘制完成效果

4）布置加工棚

防护棚一般用作于施工现场的加工棚,绘制方法以矩形为主,完成效果及防护棚参数如图 6.16 所示。

钢筋棚	
名称	防护棚_1
显示名称	
文字大小	1000
长度(mm)	9940
宽度(mm)	6697
高度(mm)	5000
防护层高度(mm)	600
防护层材质	木板
延长柱长度(mm)	0
立柱颜色	红白
立柱样式	圆柱
标语图(左)	常用标语1
标语图(右)	常用标语2
标语图(前)	钢筋房
标语图(后)	钢筋房
横向立柱个数	2
纵向立柱个数	2
立柱根数	3
立柱直径(mm)	100
用途	钢筋加工场

图 6.16　工棚绘制完成效果及参数设置

5）布置施工机械

软件提供多种常用的施工机械,如汽车吊、混凝土罐车、挖掘机等,这些施工机械为内置的 obj 构件,绘制方式为点式和旋转点绘制。该项目采用商品混凝土,混凝土浇筑采用混凝土泵车浇筑,绘制完成效果如图 6.17 所示。

图 6.17　施工机械完成效果

6.2.5　任务总结

通过对建筑施工现场设施的设计,可掌握施工辅助设施的搭设要求,也可掌握应用广联达 BIM 施工现场布置软件完成施工现场脚手架、加工棚、施工机械等设计能力,培养学生施工现场文明施工管理的能力和安全生产中的责任意识和安全意识。

任务3　布置运输道路及临时建筑设施

6.3.1　任务说明

1）背景

合理规划临时道路,充分利用拟建的永久性道路可以达到节约投资的目的,道路设置还需考虑保证运输通畅,满足施工和消防的需求。临时建筑解决了施工现场人员的办公、起居等场所,临时建筑的设计要充分体现人文理念,满足安全文明生产的需求。

2）资料

参见"广联达员工宿舍楼"项目相关参数。

3）要求

根据给定的"广联达员工宿舍楼"资料,完成下列工作:
①掌握施工运输道路和临时建筑布置的要求。
②应用BIM施工场布软件布置施工现场临时道路。
③应用BIM施工场布软件布置施工现场办公区和生活区临时建筑。

6.3.2　任务分析

施工运输道路的布置主要解决运输和消防两方面的问题,根据安全和文明施工的要求,合理布置施工运输道路。主要考虑因素有宽度要求、材料要求、主次干道交接要求、消防和排水要求、绿色环保要求等。临时建筑设计以经济、适用、拆装方便为原则。

6.3.3　知识链接

1）知识点——运输道路的布置

（1）现场运输道路及出入口的布置

施工运输道路的布置主要解决运输和消防两方面的问题,布置原则如下:
①尽可能利用永久性道路的路面或基础。
②应尽可能围绕建筑物布置环形道路,并设置两个以上的出入口。
③当道路无法设置环形道路时,应在道路的末端设置回车场。
④道路主线路位置的选择应方便材料及构件的运输及卸料,当不能到达时,应尽可能设置支路线。
⑤道路的宽度应根据现场条件及运输对象、运输流量确定,并满足消防要求;其中主干道应设计为双车道,宽度不小于6 m,次要车道为单车道,宽度不小于4 m。道路两侧要设有排水沟,以利雨期排水,排水沟深度不小于0.4 m,底宽不小于0.3 m。

⑥施工道路应避开拟建工程和地下管道等区域。

⑦施工现场入口应设置绿色施工制度图牌。

⑧施工现场进出口应设置大门、门卫室、企业形象标志、车辆冲洗设施等。

现场内临时道路的技术要求和临时路面的种类、厚度见表6.4—表6.6。

表6.4　简易道路技术要求

指标名称	单位	技术标准
设计车速	km/h	≤20
路基宽度	m	双车道6~6.5；单车道4.4~5；困难地段3.5
路面宽度	m	双车道5~5.5；单车道3~3.5
平面曲线最小半径	m	平原、丘陵地区20；山区15；回头弯道12
最大纵坡	%	平原地区6；丘陵地区8；山区11
纵坡最短长度	m	平原地区100；山区50
桥面宽度	m	木桥4.5
桥涵载重等级	t	木桥涵7.8~10.4(汽-6-汽-8)

表6.5　各类车辆要求路面最小允许曲线半径

车辆类型		路面内侧最小曲线半径/m		
		无拖车	有1辆拖车	有2辆拖车
小客车、三轮汽车		6	—	—
一般二轴载重汽车	单车道	9	12	15
	双车道	7	—	—
三轴载重汽车、重型重载汽车、公共汽车		12	15	18
超重型载重汽车		15	18	21

表6.6　临时道路路面种类和厚度

路面种类	特点及其使用条件	路基土	路面厚度/cm	材料配合比
级配砾石路面	雨天照常通车，可通行较多车辆，但材料级配要求严格	砂质土	10~15	体积比：黏土:砂:石子=1:0.7:3.5　质量比：1.面层：黏土13%~15%，砂石料85%~87%　2.底层：黏土10%，砂石混合料90%
		黏质土或黄土	14~18	

续表

路面种类	特点及其使用条件	路基土	路面厚度/cm	材料配合比
碎(砾)石路面	雨天照常通车,碎(砾)石本身含土较多,不加砂	砂质土	10~18	碎(砾)石>65%,当地土含量≤35%
		砂质土或黄土	15~20	
碎砖路面	可维持雨天通行,通行车辆较少	砂质土	13~15	垫层:砂或炉渣4~5 cm 底层:7~10 cm 碎砖 面层:2~5 cm 碎砖
		黏质土或黄土	15~8	
炉渣或矿渣路面	可维持雨天通行,通行车辆较少,当附近有此项材料可利用	一般土	10~15	炉渣或矿渣75%,当地土含量25%
		较松软时	15~30	
砂土路面	雨天停车,通行车辆较少,附近不产石料而只有砂时	砂质土	15~20	粗砂50%,细砂、粉砂和黏质土50%
		黏质土	15~30	
风化石屑路面	雨天停车,通行车辆较少,附近有石屑可利用	一般土	10~15	石屑90%,当地土10%
石灰土路面	雨天停车,通行车辆较少,附近产石灰时	一般土	10~13	石灰10%,当地土90%

(2)施工场地的安全与文明施工相关规定

工地必须沿四周连续设置封闭围挡,围挡材料应选用砌体、彩钢板等硬性材料,并做到坚固、稳定整洁和美观。

①市区主要路段的工地应设置高度不小于 2.5 m 的封闭围挡;一般路段的工地应设置高度不小于1.8 m 的封闭围挡。

②在软土地基上、深基坑影响范围内,城市主干道、流动人员较密集地区及高度超过 2 m 的围挡应选用彩钢板。

③彩钢板围挡的高度应符合下列规定:围挡的高度不宜超过 2.5 m;高度超过 1.5 m 时,宜设置斜撑,斜撑与水平地面的夹角宜为 45°。

④一般路段的工地应设置不小于 1.8 m 的封闭围挡。

⑤施工现场的主要道路及材料加工区地面应进行硬化处理。

⑥裸露的场地和堆放的土方应采取覆盖、固化或绿化等措施。

⑦施工现场应设置排水设施,且排水畅通无积水。

2）知识点——临时建筑的布置

临时建筑的布置既要考虑施工的需要,又要靠近交通线路,方便运输和职工的生活,还应考虑节能环保的要求,做到文明施工、绿色施工。

（1）临时建筑的分类

①办公用房,如办公室、会议室、门卫等。

②生活用房,如宿舍、食堂、厕所、盥洗室、浴室、文体活动室、医务室等。

（2）临时建筑的设计规定

①临时建筑不应超过二层,会议室、餐厅、仓库等人员较密集、荷载较大的用房应设在临时建筑的底层。

②临时建筑的办公用房、宿舍宜采用活动房,临时围挡用材宜选用彩钢板。

③办公用房室内净高不应低于 2.5 m。普通办公室每人使用面积不应小于 4 m²,会议室使用面积不宜小于 30 m²。

④宿舍内应保证必要的生活空间,室内净高不应低于 2.5 m,通道宽度不应小于 0.9 m。每间宿舍居住人数不应超过 16 人;宿舍内应设置单人铺,床铺的搭设不应超过 2 层。

⑤食堂与厕所、垃圾站等污染源的距离不宜小于 15 m,且不应设在污染源的下风侧。

⑥施工现场应设置自动水冲式或移动式厕所。

（3）临时房屋的布置原则

①施工区域与生活区域应分开设置,避免相互干扰。

②各种临时房屋均不能布置在拟建工程（或后续开工工程）、拟建地下管沟、取弃土地点。

③各种临时房屋应尽可能采用活动式、装拆式结构或就地取材。

④施工场地富余时,各种临时设施及材料堆场的设置应遵循紧凑、节约的原则;施工场地狭小时,应先布置主导工程的临时设施及材料堆场。

行政生活福利临时房屋包括办公室、宿舍、食堂、活动室等,其搭设面积参考指标见表6.7。

表 6.7 临时建筑面积参考指标

临时房屋名称		指标使用方法	参考指标/(m²·人⁻¹)
办公室		按使用人数	3~4
宿舍	单层通铺	按高峰年(季)平均人数扣除不在工地居住人数	2.5~3.0
	双层床	按高峰年(季)平均人数扣除不在工地居住人数	2.0~2.5
	单层床	按高峰年(季)平均人数扣除不在工地居住人数	3.5~4.0
食堂		按高峰年平均人数	0.5~0.8
食堂兼礼堂		按高峰年平均人数	0.6~0.9
浴室		按高峰年平均人数	0.07~0.1
医务室		按工地平均人数	0.05~0.07

续表

临时房屋名称		指标使用方法	参考指标/(m²·人⁻¹)
文体活动室		按工地平均人数	0.1
小型	按工地平均人数	按工地平均人数	10~40
	厕所	按工地平均人数	0.02~0.07
	工人休息室	按工地平均人数	0.15

3）技能点——应用BIM施工场布软件布置道路及临时设施

"1+X"BIM施工场布中对施工道路与临时设施的布置科学与合理,直接关系到项目建设的生产安全与生产成本,布置中主要考虑设施的规范化、安全性、使用率等要素。布置内容如下：

（1）布置建筑外围

①布置围墙。

②布置施工大门。

（2）布置交通枢纽

①布置道路。

②布置洗车池。

（3）办公生活区布置

①布置活动板房。

②布置公告牌。

③布置旗杆。

6.3.4　任务实施

1）布置建筑外围

（1）绘制围墙

围墙是施工现场的一种常见围护结构,可以采用以下两种方法进行绘制：

①采用直线绘制方式,起点→终点→中点弧线绘制方式、起点→中点→终点弧线绘制方式、矩形绘制方式、圆形绘制方式。在"平面辅助"中选择适当的线型,如图6.18所示。

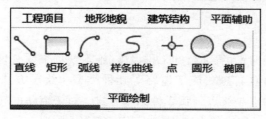

图6.18　线型选择

②利用 CAD 识别,选择 CAD 线,选择时可连续单击实现多选 CAD 线,选择后点击"识别围墙线",即可快速生成围墙,如图 6.19 所示。可以点击围墙,通过围墙属性栏,选择墙主体材质,"更多"可以为其选择其他材质,如图 6.20 所示。

图 6.19　识别围墙

图 6.20　围墙属性栏

(2)布置施工大门

施工大门是供人员、施工材料和机械运输车辆进出必备构件。选择左侧工具栏"临建"中"大门",如图 6.21 所示。

可以使用旋转点的绘制方式,用鼠标左键确定大门的插入点,指定大门的角度即可绘制完成。一般施工大门是与围墙是相互依附存在的,因此绘制施工大门时在围墙上点击插入点,大门即可依附围墙绘制,效果如图 6.22 所示。

图 6.21　大门设置

图 6.22　大门绘制完成效果

2)布置交通枢纽

(1)布置道路

道路是供各种车辆和行人等通行的工程设施,施工现场主要有现有永久道路、拟建永久道路、施工临时道路、场地内道路、施工道路等几种类型。绘制方法主要有直线、起点→终点→中点画弧、起点→中点→终点画弧 3 种绘制方式。对于道路的转弯路口、交叉路口或者 T 字形路口,软件在绘制过程中能自动生成,不用重复绘制。

（2）布置洗车池

为了不污染社会道路,规范要求在施工出入口处设置洗车池,因此可以依附于道路绘制,在左侧"措施"中选择"洗车池",如图 6.23 所示,在施工道路上点击,即可绘制完成。绘制完成后效果如图 6.24 所示。

图 6.23　洗车池

图 6.24　道路及洗车池绘制完成效果

3）布置办公生活区

（1）布置活动板房

对于施工现场常见的办公室、工人宿舍、食堂等,软件提供活动板房构件绘制。活动板房的绘制方式为直线拖曳。绘制完成后可以自由修改房间的数量、层高等属性。活动板房绘制完成效果如图 6.25 和图 6.26 所示。

图 6.25　活动板房绘制完成效果

活动板房	
名称	宿舍
显示名称	☑
文字大小	2000
房间开间(mm)	3640
房间进深(mm)	5460
楼层数	2
间数	15
高度(mm)	2850
楼梯	房间两侧
颜色方案	蓝白
朝向	前
屋顶形状	双坡
用途	办公用房
角度	180
标高(m)	0
锁定	☐
施工阶段	
施工阶段	基础阶段;主体阶段
清单属性	
规格	活动板房-1
单位	平方米
单价	0
厂家	

图 6.26　活动板房参数设置

（2）布置公告牌

公告牌主要体现工地安全文明施工，有"五牌一图"等。软件中提供了直线绘制的方法，绘制完成后在属性栏可以对公告牌的内容进行修改，如图 6.27 所示。

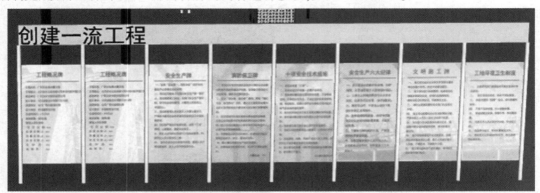

图 6.27　标牌绘制完成效果

（3）布置旗杆

选择旗杆，默认点式绘制，按鼠标左键指定插入点，按鼠标右键确认或 Esc 取消；选择旋转点绘制，选择旗杆，按鼠标左键指定插入点，拖动鼠标选择合适的角度，鼠标右键确认或 Esc 取消，完成效果如图 6.28 所示。

图 6.28　旗杆绘制完成效果

6.3.5　任务总结

通过对施工现场临时道路和临时建筑的设计，掌握施工道路和临时建筑布置的要求，也掌握了应用广联达 BIM 施工现场布置软件完成施工现场施工道路、临时建筑等设计能力，培养学生施工现场文明施工管理的能力及社会主义核心价值观的意识。

任务 4 临时供水、供电设计

6.4.1 任务说明

1)背景

水和电是施工现场重要的资源之一,水电的合理配置直接关系到建筑施工的效率和安全。因此重视水电管网的设计在现代施工中显得尤为重要。

2)资料

参见广联达员工宿舍工程相关参数。

3)要求

根据给定的"广联达员工宿舍楼"资料,完成下列工作:

①掌握建筑施工中水电设计的要求。

②应用 BIM 施工场布软件布置供水管网。

③应用 BIM 施工场布软件布置供电管网。

6.4.2 任务分析

在建筑施工项目中,要充分利用现场的水源施工。现场的供水管网一般有环状、枝状、混合式 3 种。施工用电一定要注意用电安全,一般 3~10 kV 的高压线采用环状,沿主干道布置;380/220 V 低压线采用枝状布置。

6.4.3 知识链接

1)知识点——临时供水设计

(1)施工给水管网的布置

①施工给水管网首先要经过设计计算然后再进行布置,其中包括水源选择,用水量计算(包括生产用水、机械用水、生活用水、消防用水等),取水设施,储水设施,配水布置管径确定等。

②施工用的临时给水管,一般由建设单位的干管或自行布置的干管接到用水地点(如搅拌站、食堂等),布置时应力求管网总长度最短,管径的大小和水龙头数目需视工程规模大小经计算确定。管线可暗铺,也可明铺,视当时的气温条件和使用期限的长短而定。其布置形式有环状、枝状、混合式 3 种。

③给水管网应按防灭要求布置消防栓,消防水管线的直径一般不小于 100 mm,消防栓应沿道路布置,消防栓的间距不应超过 120 m,距建筑物外墙不大于 25 m 且不小于 5 m,距路边不大于 2 m,且应设明显标志,周围 3 m 内不准堆放建筑材料。

④高层建筑施工给水系统应设置蓄水池和加压泵,以满足高空用水的需求。

（2）施工排水管网额布置

①当单位工程属于群体工程之一时，现场排水系统将在施工组织总设计中考虑；若是单独一个工程时，应单独考虑。

②为排出地面水和地下水，应及时修通永久性下水道，并结合现场地形在建筑物周围设置排泄地面水和地下水的沟渠。

③在山坡地施工时，应设有拦截山水下泄的沟渠和排泄通道，防止冲毁在建工程和各种设施。

2）知识点——临时供电设计

建筑施工现场临时用电工程专用的电源直接接地的 220/380 V 三相四线制低压电力系统，必须符合下列规定。

（1）采用三级配电系统

从电源进线开始至用电设备之间，经过三级配电装置配送电力。即由总配电箱（一级箱）开始，依次经由分配电箱（二级箱）、开关箱（三级箱）到用电设备。为保证三级配电系统能够安全、可靠、有效地运行，在实际设置系统时应遵守四项规则：

①分级分路规则。

a.从一级向二级配电可以分路。即一个总配电箱（配电柜）可以分若干分路向若干分配电箱配电；每一分路也可分支支接若干分配电箱。

b.从二级向三级配电同样可以分路。即一个分配电箱也可以分若干分路向若干开关箱配电，而其每一分路也可以支接或链接若干开关箱。

c.从三级开关箱向用电设备配电必须实行"一机一闸"制，不存在分路问题。即每一个开关箱只能连接控制一台与其相关的用电设备（含插座），包括一组不超过 30 A 负荷的照明器，或每一台用电设备必须有其独立专用的开关箱。

②动照分设规则。动力配电箱与照明配电箱宜分别设置；若需共箱配电，则动力与照明应分路配电。动力开关箱与照明开关箱必须分箱设置，不存在共箱分路设置问题。

③压缩配电间距规则。分配电箱应设在用电设备或负荷相对集中的场所。分配电箱与开关箱的距离不得超过 30 m。开关箱与其供电的固定式用电设备的水平距离不宜超过 3 m。

④环境安全规则。环境保持干燥、通风、常温。周围无易燃易爆物及腐蚀介质。能避开外物撞击、强烈振动、液体浸溅和热源烘烤。周围无灌木、杂草丛生。周围不堆放器材、杂物。

（2）采用 TN-S 接零保护系统

TN-S 系统：就是工作零线与保护零线分开设置的接零保护系统。

T——电源中性点直接接地。

N——电气设备外露可导电部分通过零线接地。

S——工作零线（N 线）与保护零线（PE 线）分开的系统。

（3）采用二级漏电保护系统

在基本供配电系统的总配电箱和开关箱设置漏电保护器。总配电箱中的漏电保护器可以设置于总路，也可以设置于各分路，但不必重叠设置。应合理选择总配电箱、开关箱中漏电保护器的额定漏电动作参数。

（4）施工临时用电布置注意事项

①单位工程施工用电，要与建设项目施工用电综合考虑，在全工地性施工平面图中安排。如属于独立的单位工程，要先计算出施工用电总量（包括电动机用电量、电焊机用电量、室内和室外照明电量），并选择相应变压器，然后计算导线截面积，并确定供电网形式。

②为了维修方便，施工现场一般采用架空配电线路，并尽量使其线路最短。要求现场架空线与施工建筑物水平距离不小于1 m，线与地面距离不小于4 m，跨越建筑物或临时设施时，垂直距离不小于2.5 m，线间距不小于0.3 m。

③现场线路应尽量架设在道路的一侧，且尽量保持线路水平，以免电杆受力不均，在低压线路中，电杆间距应为25~40 m，分支线及引入线均应由电杆处接出，不得在两杆之间接线。

④线路应布置在起重机的回转半径之外。否则应搭设防护栏，其高度要超过线路2 m，机械运转时还应采取相应措施以确保安全。现场机械较多时，可采用埋地电缆，以减少互相干扰。

⑤变压器应远离交通要道口处，布置在现场边缘高压线接入处，离地应大于3 m，设有高度大于1.7 m的铁丝网防护栏，并用明显标志。

3）技能点——应用BIM施工场布软件布置临时供电、供水设施

"1+X"BIM施工场布中对临时供电、供水设施的布置科学与合理，直接关系到项目建设的生产安全与生产效率，供电、供水布置中主要考虑水、电线路布置的合理性、安全性等。布置内容如下：

①临水临电绘制。

②广联达员工宿舍楼BIM施工现场布置成果图。

6.4.4　任务实施

1）绘制临水临电线路

施工现场的临水临电采用外部引入，软件提供了施工水源，施工电源。在布置图中根据策划方案进行绘制即可，如图6.29所示。消防设施也是通过点式绘制和旋转点的绘制方法完成的，如图6.30所示。

施工现场配电系统应设置配电柜或总配电箱、分配电箱、开关箱，实行三级配电，如图6.29所示。"广联达员工宿舍楼"项目施工现场设总降压变电站一座；设总配电室两座，分别位于施工场地和办公生活区；塔吊、木工棚、钢筋棚等用电加工场所各设配电箱一个。软件中配电室和配电箱采用点式绘制和旋转点绘制两种方式，绘制完成效果如图6.31所示。

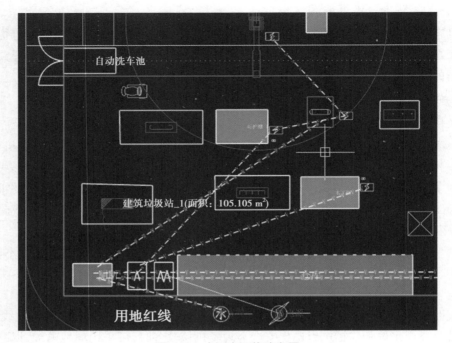

图 6.29　水源电源线路布置

图 6.30　消防设施绘制完成效果

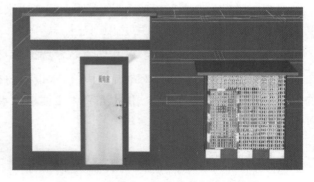

图 6.31　配电室、配电箱绘制完成效果

2)成果展示

根据"1+X"建筑信息模型(BIM)职业技能等级证书考评大纲要求,依托"广联达员工宿舍楼"建设项目背景,借助广联达 BIM 施工现场布置软件平台,完成"广联达员工宿舍楼"建设项目施工现场主体阶段施工场地布置图,成果有二维施工现场平面图、三维施工现场布置图、施工现场全景图,分别如图 6.32—图 6.34 所示。

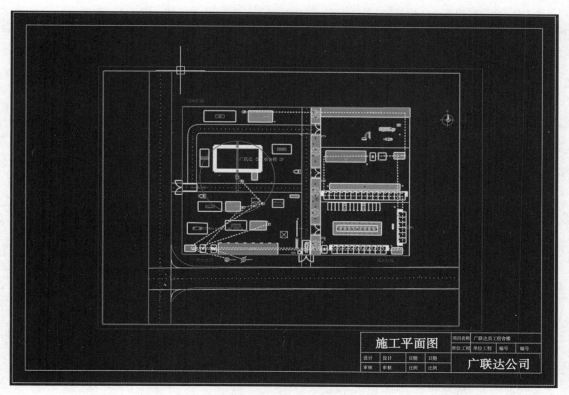

图 6.32　广联达员工宿舍楼二维施工现场平面图

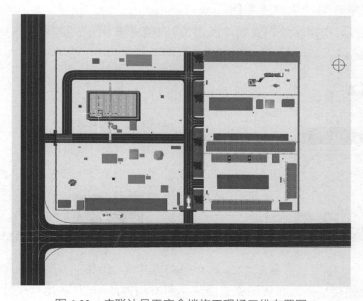

图 6.33　广联达员工宿舍楼施工现场三维布置图

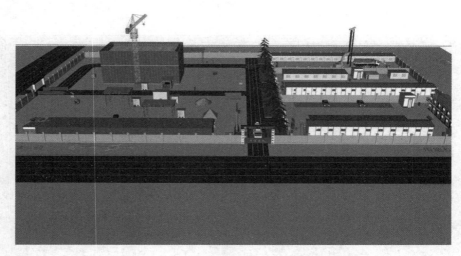

图 6.34　广联达员工宿舍楼施工现场三维全景图

6.4.5　任务总结

通过对建筑施工现场水电管网的设计,可掌握施工用水和用电要求,也可掌握应用计算机技术完成施工现场水电管网的设计能力,培养学生施工现场文明施工管理的能力,在劳动生产中提倡节约社会资源,同时树立可持续性发展的社会责任感。

6.4.6　知识拓展

"1+X"BIM 职业资格证书——建设工程管理方向考试(场地布置及优化)案例:

1)识读"实训楼现场平面布置图"

如图 6.35 所示,应用场地布置软件创建"实训楼现场平面布置"模型。

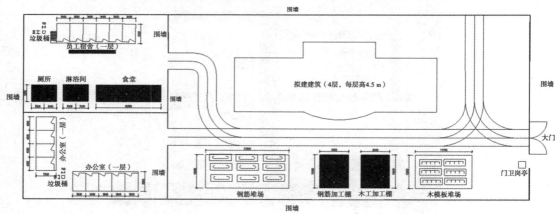

图 6.35　实训楼现场平面布置 CAD 图

①根据实训楼现场平面布置图完成图纸中所有构件的绘制,各构件尺寸详见图纸,室外地坪高程为-0.400,图中未注明的尺寸自定。

②根据施工现场布置图设计原则补充绘制塔吊。

③将最终场地布置模型保存,并命名为"实训楼场布模型"。

2)导出最终"现场平面布置图"

导出最终"现场平面布置图"并命名为"实训楼现场平面布置图"。

案例解析

①施工现场平面图布置流程:工程新建→地形绘制与场外布置→临时道路布置→拟建建筑布置→塔吊参数设置→施工设施布置→临建建筑布置→出图。

②根据案例条件,利用广联达 BIM 施工现场布置软件绘制实训楼现场平面布置。

①打开广联达 BIM 施工现场布置软件→新建工程(图 6.36)→导入实训楼现场平面布置 CAD 图(图 6.37)。

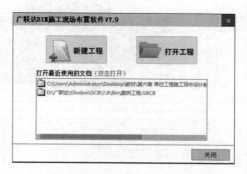

图 6.36 新建工程

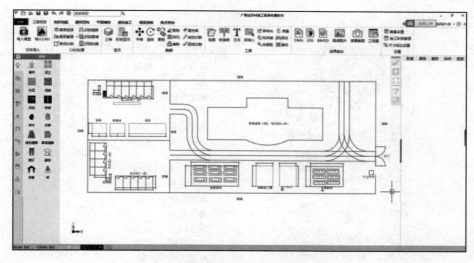

图 6.37 导入实训楼现场平面布置 CAD 图

②设置地形图,如图 6.38 所示→绘制地形平面,如图 6.39 所示。

③布置围墙,设置围墙的参数如图 6.40 所示→布置施工大门,设置大门参数,如图 6.41 所示。

④绘制拟建建筑物,设置拟建建筑物参数,如图 6.42 所示。

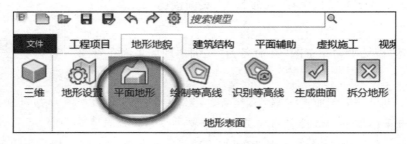

图 6.38　地形平面设置

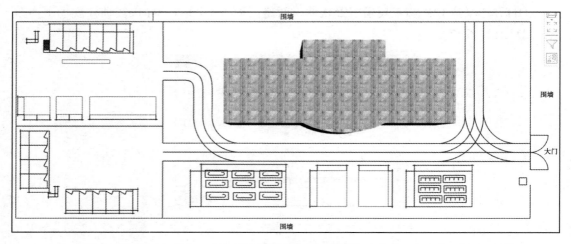

图 6.39　地形平面绘制效果

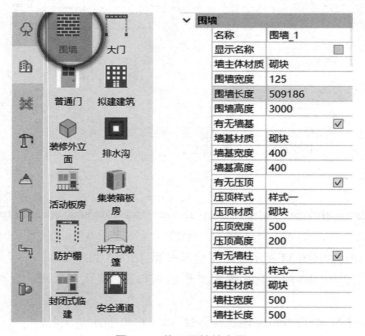

图 6.40　施工围墙的布置

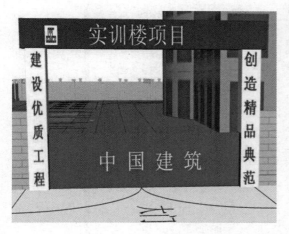

大门	
名称	大门_1
显示名称	
文字大小	1000
大门样式	默认样式A
门宽度(mm)	8000
门高度(mm)	2000
门柱截面宽度(mm)	800
门柱截面高度(mm)	800
有无大门	
门材质	铁皮
有无角门	
大门文字	中国 建筑
门柱截面	矩形
左立柱标语图	默认标语

图 6.41　施工大门的布置

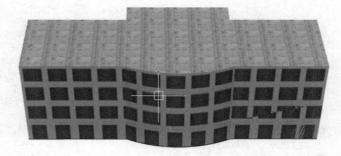

图 6.42　拟建建筑物绘制

⑤根据拟建建筑物选择塔吊,已知其高度为 18 m,设置塔吊的参数,如图 6.43 所示。

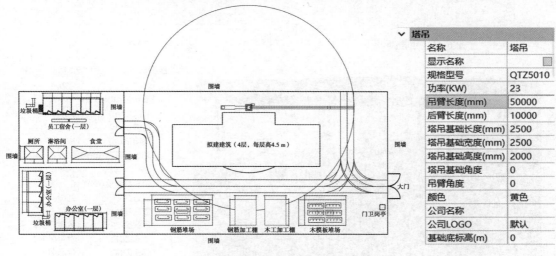

塔吊	
名称	塔吊
显示名称	
规格型号	QTZ5010
功率(KW)	23
吊臂长度(mm)	50000
后臂长度(mm)	10000
塔吊基础长度(mm)	2500
塔吊基础宽度(mm)	2500
塔吊基础高度(mm)	2000
塔吊基础角度	0
吊臂角度	0
颜色	黄色
公司名称	
公司LOGO	默认
基础底标高(m)	0

图 6.43　塔吊的布置及参数的设置

⑥根据实训大楼平面 CAD 底图,应用线性道路命令绘制现场施工道路,如图 6.44 所示。

⑦根据实训大楼平面 CAD 底图要求,绘制钢筋堆场(图 6.45)、模板堆场(图 6.46)、钢筋加工棚(图 6.47)、木工加工棚。

图 6.44　道路绘制命令

钢筋	
名称	钢筋_1(面积：230.000m^2)
显示名称	☐
放大比例(%)	100
角度	0
底标高(m)	0
锁定	☐
施工阶段	
施工阶段	基础阶段;主体阶段;装修阶段;
清单属性	
规格	钢筋-1
单位	个
单价	0
厂家	

图 6.45　钢筋堆场

模板堆	
名称	模板_1(面积：157.000m^2)
显示名称	☐
放大比例(%)	100
角度	0
底标高(m)	0
锁定	☐
施工阶段	
施工阶段	基础阶段;主体阶段;装修阶段;
清单属性	
规格	模板堆-1
单位	个
单价	0
厂家	

图 6.46　模板堆场

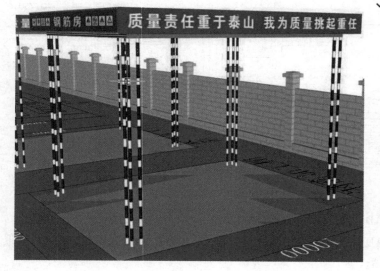

防护棚	
名称	钢筋棚
显示名称	
长度(mm)	8000
宽度(mm)	10000
高度(mm)	5000
防护层高度(mm)	600
防护层材质	木板
延长柱长度(mm)	0
立柱颜色	红白
立柱样式	圆柱
标语图(左)	常用标语1
标语图(右)	常用标语2
标语图(前)	钢筋房
标语图(后)	钢筋房
横向立柱个数	2
纵向立柱个数	2
立柱根数	3
立柱直径(mm)	100

图 6.47　钢筋棚布置

⑧根据实训大楼平面 CAD 底图要求绘制生活区和办公区,如图 6.48 和图 6.49 所示。

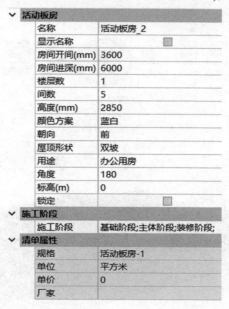

图 6.48 办公室设置参数

图 6.49 办公室效果图

⑨保存场地布置模型,并命名为"实训楼场布模型",如图 6.50 所示。

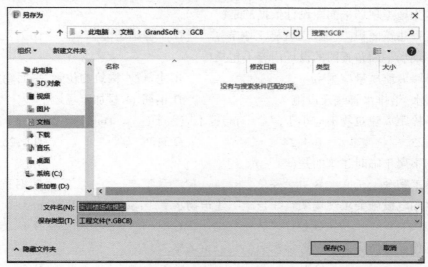

图 6.50 实训楼场布文件保存

⑩导出最终"现场平面布置图",并命名为"实训楼现场平面布置图",如图 6.51 和图 6.52所示。

图 6.51　高清图片导出命令

图 6.52　实训楼现场平面布置图

【学习测试】

一、选择题

1.在设计单位工程施工平面图时,一般应首先考虑(　　)的布置。

  A.办公、生活临时设施　　　　　　　　　B.水电管网

  C.运输道路　　　　　　　　　　　　　　D.起重机械

2.可作为施工现场平面图设计依据的是(　　)。

  A.工程建筑面积　　　B.工程施工季节　　　C.工程施工部署　　　D.工程质量目标

3.施工现场平面布置图的设计内容不包括(　　)。

  A.幕墙玻璃质量检测室　　　　　　　　　B.建筑物、构筑物位置、平面轮廓

  C.供水、给排水管线及设施　　　　　　　D.钢筋、木材加工场地

4.消防栓距离建筑物不应小于(　　)m,也不应大于(　　)m。

  A.3;23　　　　　　　B.4;24　　　　　　　C.5;25　　　　　　　D.6;26

5.下列不属于临时建筑的是(　　)。

  A.员工宿舍　　　　　B.办公室　　　　　　C.食堂　　　　　　　D.钢筋棚

6.临时用电设施要求现场架空线与施工建筑物水平距离不小于(　　)m。

  A.2　　　　　　　　　B.1　　　　　　　　　C.3　　　　　　　　　D.4

7.钢筋作业棚所需面积参考指标为(　　)m²/人。

  A.2　　　　　　　　　B.1　　　　　　　　　C.3　　　　　　　　　D.4

8.道路设计中主干道应设计为双车道,宽度不小于(　　　)m,次要车道为单车道,宽度不小于(　　　)m。

A.5;4　　　　　　　　B.6;4　　　　　　　　C.8;5　　　　　　　　D.6;4.5

二、简答题

1.单位工程施工现场平面布置的设计内容有哪些?

2.简述单施工现场运输道路布置原则?

三、实训题

案例内容如下所述。

(1)工程概况

工程名称:办公楼 2#;

建筑面积:参见 CAD 底图中已勾画拟建建筑物的外轮廓线范围;

在施楼层:办公楼 1#为 7 层,在施 6 层,层高均为 3.5 m;

施工阶段:主体和二次结构穿插阶段;

结构形式:钢筋混凝土框架剪力墙结构。

(2)主要布置内容及相关要求

①拟建建筑。需考虑外脚手架布置。

②施工用机械设备。需考虑材料垂直和水平运输、人员上下、材料加工等,其中本工程施工方案中塔吊的设置高度与在施楼层高度需在合理范围之内;塔吊位置也需满足规范要求;如设置 2 台以上塔吊,塔吊之间垂直和水平间距也需在合理范围之内。

③施工主材加工棚、材料堆场。需根据材料尺寸、工程规模、施工进度考虑场地大小。其中本工程施工方案中钢筋加工棚的长度应满足最小直筋的长度。可燃材料堆场及其加工场与在建工程的防火间距,其他临时用房、临时设施与在建工程的防火间距需满足相应规范要求。

④办公用房。房间种类、间数、面积满足办公需要和相关规范要求。

⑤生活用房。房间种类、间数、面积满足生活需要和相关规范要求。本工程施工方案中劳务人数峰值为 76 人,每间宿舍最多容纳 6 人,请合理设计。为便于管理,劳务宿舍与项目管理人员宿舍需分开布置。

⑥临水临电布置。临电须满足三级配电;水电管线、配电设施均需满足用电用水的基本要求,还需要满足相关规范要求,且水管电线均需连接接入端和输出端,详见 CAD 底图。

⑦消防设施。至少包含消火栓、消防箱,位置、数量需满足施工与消防要求。

⑧场内道路、围墙、工地大门(道路宽度、围墙高度、大门数量与宽度满足规定)。由于该施工区域为市区,人员相对较多,其施工围挡需根据周围环境要求设置为最低高度。

⑨安全文明施工。包含但不限于以下内容:五牌一图、排水沟、化粪池、垃圾站、洗车池、门卫岗亭、安全通道、临设标识(如办公楼中甲方办公室,在对应位置用"标语牌"进行标识)。

⑩绿色施工。包含但不限于以下内容:雾炮、场地内绿化(草坪、树林、植草砖铺地、停车场)覆盖面积不小于用地红线覆盖面积的 5%。

⑪整体布置设计需满足规范要求,参考规范如下:

《建筑施工安全检查标准》(JGJ 59—2011);

《建筑施工组织设计规范》(GB/T 50502—2009);

《建设工程施工现场消防安全技术规范》(GB 50720—2011);

《建设工程施工现场环境与卫生标准》(JGJ 146—2013);

《施工现场临时用电安全技术规范(附条文说明)》(JGJ 46—2005)。

(3)图元选择特别说明

①所绘制的图元其对应的图元属性须正确选择所对应的施工阶段。

②图元属性中的"用途"是判断选用何种图元绘制何种设施的主要依据。所绘制的图元属性中如涉及"用途",请合理选择,如办公楼采用图元"活动板房"进行绘制,用途选用"办公用房";多种图元属性中可能有相同的用途,故对以下图元在绘制时做统一要求:食堂、厕所、开水房、超市用集装箱板房图元绘制,属性中的"用途"均按实际用途进行修改。其他图元不做统一要求,可自行选择绘制,合理即可。

(4)施工现场布置区域划分

施工现场布置区域按功能划分成施工作业区、办公区和生活区 3 个区域。

(5)特别提示

周边环境可简单绘制,施工现场布置禁止引入非软件自带的图元(包括图片),否则成绩将判定为 0 分。

项目7 专项工程施工方案设计

【教学目标】

1) 知识目标

(1) 掌握专项施工方案的编制内容。

(2) 掌握脚手架工程及模板工程各构件的技术要求。

(3) 掌握广联达 BIM 模板脚手架设计软件的应用。

2) 能力目标

(1) 能熟练应用广联达 BIM 模板脚手架设计软件编制专项施工方案。

(2) 能熟练运用广联达 BIM 模板脚手架设计软件进行成果输出。

3) 素质目标

(1) 培养理论结合实践的应用能力。

(2) 提升相应的职业技能技术及工程项目管理能力。

4) 思政目标

(1) 培养注重实践的务实意识。

(2) 提升专业爱岗的奉献精神。

【思维导图】

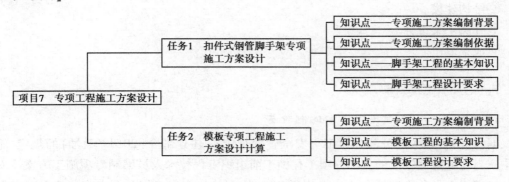

任务 1 扣件式钢管脚手架专项施工方案设计

7.1.1 任务说明

1）背景

近几年来,随着建筑规模、建筑高度、建筑跨度越来越大,建筑施工的难度也在增加,脚手架工程施工过程中的质量安全事故屡见不鲜。究其原因,实际施工时存在无方案、无设计、无交底、无技术安全措施,由操作人员盲目地按照固有经验进行安装,而无任何理论依据。之所以出现上述这些情况,很大原因是其设计及方案的编制烦琐且难度很大,本任务通过介绍广联达 BIM 模板脚手架设计软件的应用来解决此难题。

2）资料

本任务以"员工宿舍楼模型"工程为背景进行结构建模和脚手架搭设,本幢建筑地面以上部分共 3 层,总高度 16.17 m,采用钢筋混凝土现浇框架结构,基础为条形基础。

3）要求

根据给定的"广联达员工宿舍楼"资料,完成下列工作:

①完成本工程结构建模工作。

②完成外脚手架设计。

③输出外脚手架施工图及工程量。

7.1.2 任务分析

本任务主要通过广联达 BIM 模板脚手架设计软件进行"广联达员工宿舍楼"外脚手架设计工作,任务分解为:

①工程设置。

②结构建模。

③外脚手架设计。

④成果输出。

7.1.3 知识链接

1）知识点——专项施工方案编制背景

据《危险性较大的分部分项工程安全管理规定》(住建部令〔2018〕37 号)的规定,施工单位应当在危险性较大的分部分项工程施工前组织工程技术人员编制专项施工方案。对于超过一定规模且危险性较大的分部分项工程,施工单位应当组织召开专家论证会对专项施工方案进行论证。实行施工总承包的,由施工总承包单位组织召开专家论证会。专家论证前,专项施工方案应当通过施工单位审核和总监理工程师审查。

《住房和城乡建设部办公厅关于实施〈危险性较大的分部分项工程安全管理规定〉有关问题的通知》(建办质〔2018〕31号)中对危险性较大及超过一定规模的危险性较大的分部分项工程范围进行了规定,具体见表7.1。

表 7.1　危险性较大(超过一定规模的危险性较大)的分部分项工程范围

内容	危险性较大的分部分项工程	超过一定规模的危险性较大的分部分项工程
脚手架工程	(一)搭设高度24 m及以上的落地式钢管脚手架工程(包括采光井、电梯井脚手架)。 (二)附着式升降脚手架工程。 (三)悬挑式脚手架工程。 (四)高处作业吊篮。 (五)卸料平台、操作平台工程。 (六)异型脚手架工程。	(一)搭设高度50 m及以上的落地式钢管脚手架工程。 (二)提升高度在150 m及以上的附着式升降脚手架工程或附着式升降操作平台工程。 (三)分段架体搭设高度20 m及以上的悬挑式脚手架工程。

2)知识点——专项施工方案编制依据

编制依据主要包括相关法律、法规、规范性文件、标准、规范、安全操作规程及施工图设计文件、施工组织设计等。需要注意的是,当采用的企业标准与国家标准不一致时,需要重点说明。常用编制依据如下:

①《木结构设计标准》(GB 50005—2017)。

②《建筑结构荷载规范》(GB 50009—2012)。

③《混凝土结构设计规范(2015版)》(GB 50010—2010)。

④《混凝土结构工程施工质量验收规范》(GB 50204—2015)。

⑤《钢结构工程施工质量验收标准》(GB 50205—2020)。

⑥《建筑工程施工质量验收统一标准》(GB 50300—2013)。

⑦《混凝土结构工程施工规范》(GB 50666—2011)。

⑧《施工现场临时用电安全技术规范(附条文说明)》(JGJ 46—2005)。

⑨《建筑施工扣件式钢管脚手架安全技术规范》(JGJ 130—2011)。

⑩《建筑施工模板安全技术规范》(JGJ 162—2008)。

⑪《建筑施工安全检查标准》(JGJ 59—2011)。

⑫《建筑施工高处作业安全技术规范》(JGJ 80—2016)。

⑬《建筑施工临时支撑结构技术规范》(JGJ 300—2013)。

⑭《危险性较大的分部分项工程安全管理规定》(住建部令〔2018〕37号)。

⑮建设工程高大模板支撑系统施工安全监督管理导则(建质〔2009〕254号)。

⑯施工图纸。

⑰施工组织设计。

3)知识点——脚手架工程的基本知识

脚手架工程是目前建筑施工中常用的堆放材料和工人进行操作的临时设施。具体来说脚手架是建筑人员用来进行砌筑砖墙、浇筑混凝土墙面的抹灰、装饰和粉刷、结构构件安装等,在其近旁搭设的、在其上进行施工操作、堆放施工用料和必要时的短距离水平运输的平台。因此,脚手架工程应用面广量大,难度也随高度增加而加大,脚手架工程的安全性、适应性、经济性显得尤为重要,也是建筑施工企业和技术人员特别需要关注的内容。

(1)脚手架工程基本要求

为确保脚手架工程的安全使用,根据《建筑施工脚手架安全技术统一标准》(GB 51210—2016),脚手架应满足以下基本要求:

①脚手架搭设和拆除前,应根据工程特点编制专项施工方案,并应经审批后组织实施。

②脚手架的构造设计应能保证脚手架结构体系的稳定。

③脚手架的设计、搭设、使用和维护应满足下列要求:应能承受设计荷载;结构应稳定,不得发生影响正常使用的变形;应满足使用要求,具有安全防护功能;在使用中,脚手架结构性能不得发生明显改变;当遇到意外作用或偶然荷载时,不得发生整体破坏;脚手架所依附、承受的工程结构不应受到损害。

④脚手架应构造合理、连接牢固、搭设与拆除方便、使用安全可靠。

(2)脚手架的分类及构造

脚手架的种类和名称有很多,按所用的材料分为:竹木脚手架和金属脚手架。按搭设部位分为:外脚手架、内脚手架。按其结构形式分为:立杆式(碗扣式、扣件式、插销式等)、门式、附着升降式及悬吊式。按搭设的立杆排数分为:单排架、双排架和满堂架。按脚手架底部支撑情况分为:落地架和悬挑架。本章节仅介绍扣件式钢管脚手架工程。

扣件式脚手架从结构组成来看,就是由钢管、扣件和底座组成的纵横向具有一定尺寸的钢框架,如图7.1所示。

①立杆。在钢框架中,垂直于地面与建筑物高度一致的杆件称为立杆,立杆是脚手架中重要的竖向受力杆件,脚手架纵向相邻立杆之间轴线距离称为纵距,纵向相邻立杆之间轴线距离称为横距。

②水平杆。在脚手架中,垂直于立杆,平行于地面沿着脚手架横向的杆件称为横向水平杆,即"小横杆";平行于地面沿着脚手架纵向的杆件称为纵向水平杆,即"大横杆";贴近地面设置,连接立杆根部的纵横水平杆称为纵向扫地杆、横向扫地杆。

③扣件。在脚手架中,所有纵横向、斜向钢管的交叉点紧固件采用螺栓紧固的扣件连接件,主要分为3种,即直角扣件、旋转扣件和对接扣件。

④连墙件。为保证脚手架的稳定性,将脚手架架体与建筑主体结构连接,能够传递拉力和压力的构件。

⑤底座。落地式脚手架立杆底部的垫座,包括固定底座、可调底座。

⑥剪刀撑。为提高脚手架刚度及稳定性,在脚手架外侧沿着脚手架的纵向成对出现的交叉斜杆即为剪刀撑。

⑦横向斜撑。与双排脚手架内外立杆或水平杆斜交,作用同剪刀撑的"之"字形斜杆。

⑧步距。上下水平杆轴线之间的距离。

⑨立杆纵(跨)距。脚手架纵向相邻立杆之间的轴线距离。

⑩立杆横距。脚手架横向相邻立杆之间的轴线距离,单排脚手架为外立杆轴线至墙面的距离。

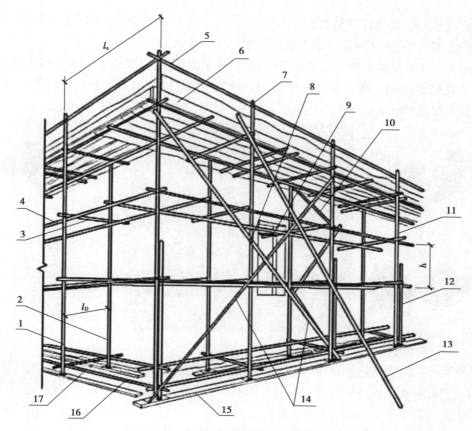

图 7.1　双排扣件式钢管脚手架各杆件位置

1—外立杆；2—内立杆；3—横向水平杆；4—纵向水平杆；5—栏杆；6—挡脚杆；

7—直角扣件；8—旋转扣件；9—连墙件；10—横向斜撑；11—主立杆；12—副立杆；

13—抛撑；14—剪刀撑；15—垫板；16—纵向扫地杆；17—横向扫地杆

4）知识点——脚手架工程设计要求

脚手架工程的设计属于先假设模型再验算其安全性的验证型设计，即首先假设脚手架工程的构配件类型及杆件尺寸，然后根据规范和实际情况计算验算假设的脚手架模型是否满足安全要求。应用软件和 BIM 软件都能快速对其进行验证，并提示不合格内容，最后在分析不合格原因后进行调整，直至验算通过。

（1）脚手架构配件材料要求

脚手架工程是安装工程，构成脚手架工程的构配件主要是定型化生产，因此脚手架的设计首先应根据项目所在地的特点选用构配件。主要的构配件有钢管、扣件、脚手板、可调托撑、落地脚手架的底座、悬挑脚手架用型钢等。

①钢管。扣件式脚手架的主要材料是钢管。钢管材料应采用现行国家标准规定的 Q235 普通钢管，钢管的钢材质量应符合国家标准《碳素结构钢》（GB/T 700—2006）中的对 Q235 级钢的规定。钢管尺寸宜采用为 48.3 mm×3.6 mm 电焊管，为确保施工安全，运输方便，一般情况下需限制钢管的长度和质量，每根最大质量不应大于 25.8 kg，横向水平杆最大

长度不超过 2.2 m，其他杆件最大长度不超过 6.5 m。特殊情况下（如不同地区）也可以采用其他规格的钢管，但实际搭设的钢管不能小于设计计算采用的尺寸。

②扣件。扣件是脚手架中连接钢管的配件，数量大，最容易丢失。一般用可锻铸铁或铸钢制作，如图 7.2 所示。质量和性能符合《钢管脚手架扣件》（GB 15831—2006）规定，扣件在螺栓拧紧力矩达到 65 kN·m 时，不得发生破坏。

图 7.2　扣件

③脚手板。脚手板是搭设在脚手架作业层上形成操作平台的配件，可采用钢、木、竹材料制作，单块脚手板的质量不宜大于 30 kg，木脚手板厚度不应小于 50 mm，两端宜各设置直径不小于 4 mm 的镀锌钢丝箍两道。一般根据就地取材满足使用要求原则，南方常选用竹芭、竹串片脚手板，北方多选用冲压钢脚手板。

④可调托撑。可调托撑是满堂支撑架直接传递荷载的主要构件，如图 7.3 所示。螺杆外径不小于 36 mm，螺杆与支托板焊接牢固，焊缝高度不小于 6 mm，螺杆与螺母（厚度不小于 30 mm）旋合不少于 5 扣。可调托撑抗压性能实验结论：可调托撑受压承载力设计值不应小于 40 kN，支托板厚不应小于 5 mm。

（2）脚手架技术要求

图 7.3　可调托撑

①架体搭设高度。根据规范要求，双排脚手架落地高度不宜超过 50 m，单排不应超过 24 m。如果建筑物高度较大，可以设置分段脚手架。《建筑施工扣件式钢管脚手架安全技术规范》（JGJ 130—2011）中 6.3.6 规定立杆顶端宜高出女儿墙 1 m，高出檐口上端 1.5 m。

②立杆。搭设前按方案进行预排，做到立杆间距均匀。各杆件纵横间距满足方案要求。立杆选用 3.0 m、4.5 m、6.0 m 钢管纵向排列布置，立杆件长采用对接扣件，大于 500 mm 的建筑物凹挡处须加设立杆。立杆上的对接扣件应交错布置即两根相邻立杆的接头不应设置在同步内，同步内隔一根立杆的两个相隔接头在高度方向错开的距离不宜小于 500 mm；各接头中心至主接点的距离不大于步距的 1/3；主立杆要求垂直度偏差不大于全高的 1/400。

落地式脚手架必须设置纵、横向扫地杆，纵向扫地杆宜采用直角扣件固定在距底座上皮不大于 200 mm 的立杆上，横向扫地杆也采用直角扣件固定在紧靠纵向扫地杆下方的立杆上。当脚手架基础不在同一高度时必须将高处的纵向扫地杆向低处延长两跨与立杆固定，高低差不应大于 1 m，靠边坡上方的立杆轴线到边坡的距离不小于 500 mm。

③大小横杆。纵向水平杆设置在立杆的内侧，其长度不宜小于 3 跨；纵向水平杆（大横杆）必须选用两种不同长度的钢管交错布置，并满足相邻两接头的水平距离大于 500 mm，且不应在同步同跨内。内隔一根立杆的两个接头在水平方向错开的距离不宜小于 500 mm。

主节点处必须设置一根横向水平杆，用直角扣件连接固定且严禁拆除，小横杆伸出外立杆控制在 100 mm 左右。靠墙一端外伸长度为杆件端头距建筑物保持 50 mm 的距离。作业层的小横杆应根据脚手板的需要等间距设置，最大间距不应大于纵距的 1/2。

④剪刀撑。剪刀撑应在外侧立面上由底至顶连续设置，并随立杆、纵横水平杆等同步搭设，每组跨越立杆根数为 4~6 根，宽度不小于 4 跨，与地面的倾角应为 45°~60°。杆件连接长采用搭接，搭接长度不小于 1 000 mm，用不少于 3 个转角扣件连接，杆件端头伸出扣件盖板边缘长度不应小于 100 mm，与相邻的立杆用活动扣件连接。

⑤连墙件。脚手架的连墙件设在靠近主节点处，偏离主节点的距离不应大于 300 mm。在门窗洞口处采用加设两道横杆通过扣件与连墙杆连接。连墙件应从底层第一步纵向水平杆处，转角部位第一根立杆开始设置，连墙件采用菱形、方形、矩形布置。连墙件必须与脚手架内外立杆连接，严禁向上翘起。连墙件布置最大间距见表 7.2。

表 7.2　连墙件布置最大间距

搭设方法	高度/m	竖向间距/h	水平间距/l_a	每根连墙件覆盖面积/m²
双排落地	≤50	3	3	≤40
双排悬挑	>50	2	3	≤27
单排	≤24	3	3	≤40

⑥脚作业层设计。作业层一般设置在建筑物楼层附近，高出或低于楼面高度 20~30 cm 处，每个作业层均需要设置栏杆、挡脚板，上栏杆上皮高度应为 1.2 m，挡脚板高度不应小于 180 mm，中栏杆（拦腰杆）居中设置。使用钢筋网片、冲压钢脚手板时，脚手架在中间加设一根纵向水平杆，采用对接平铺，四角用不细于 18#铁丝双股并联绑扎牢固。

⑦悬挑脚手架用型钢。工程中应采用型钢作为悬挑梁，型钢原则上采用 16 号以上的工字钢，悬挑梁落于结构上的锚固段应大于悬挑段的 1.5 倍，且两道锚固必须用木楔塞紧。每道悬挑梁均应加设斜拉钢丝绳。悬挑梁的锚环与钢丝绳吊环不得预埋在悬挑结构板上。锚环与吊环必须是圆钢制作，不得用螺纹钢代替。钢丝绳的绳卡不得少于 3 个，开口方向朝主绳，方向一致。悬挑脚手架最底层（第一步架）的正面和侧面必须采用木板进行硬性隔离防护，立杆内侧设置 180 mm 高踢脚板。

（3）脚手架搭设与拆除

脚手架必须配合施工进度搭设，一次搭设高度不应超过相邻连墙件以上两步（即搭设 2 个步距的自由高度后，做好连墙件的拉结后方可继续架体的搭设）。脚手架的搭设顺序为：水平扫脚杆→扫地小横杆→第一步、二步大横杆、小横杆→钢管斜撑→三、四步大小横杆→

连墙拉结件及顶杆→接立杆→剪刀撑→绑扎架桥→循环搭设。

架体的拆除顺序为先搭的后拆,后搭的先拆。拆除前应全面检查脚手架的扣件连接、拉结件、支撑体系等是否符合构造要求;根据检查结果制订完善的拆除方案和安全防护措施;拆除前对作业工人进行拆除安全技术交底,清除脚手架上垃圾及杂物;拆除作业应由上至下逐层拆除,严禁上下同时作业;拉结件必须随脚手架逐层拆除,严禁先将拉结件整层或数层拆除后再拆除脚手架,分段拆除高差不应大于两步,如高差大于两步应增设连墙杆加固;分段拆除时,对不拆除的脚手架两端应按规定设置连墙杆和横向斜撑加固。

7.1.4　任务实施

1)工程设置

(1)项目信息

项目信息即对项目名称、建设地点、建筑面积、建筑层数及各单位基本情况进行填写。填写方法如图 7.4 所示。

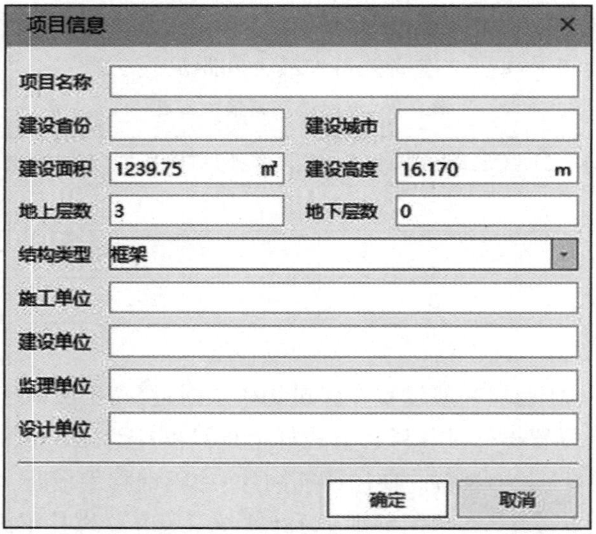

图 7.4　项目信息示意图

(2)外脚手架材料库

通过分析本工程情况,选择杆件材料,包括立杆、水平杆、剪刀撑的规格、尺寸及材料特性。填写方法如图 7.5 所示。

(3)危大工程识别标准

针对不同规范要求,可设置危大工程、超危大工程的界限值以及荷载取值标准,填写方法如图 7.6 所示。

2)结构建模

结构建模包含导入及手动建模两种方式,其中导入方式又包含 CAD 识别、GCL、GFC、

CAD 导入 4 种模式,手动建模即通过手动绘制各混凝土构件进行模型建立,如图 7.7 所示。本节主要以 GCL 导入的方式进行结构建模。

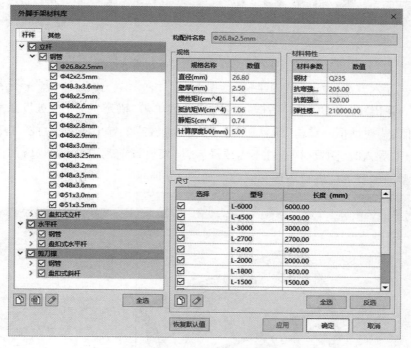

图 7.5 外脚手架材料库示意图

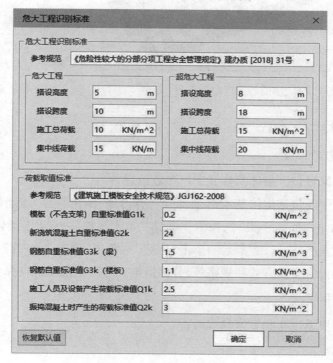

图 7.6 危大工程识别示意图

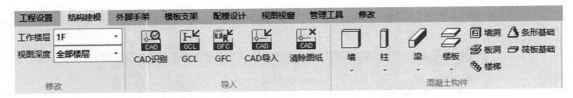

图 7.7　结构建模页签示意图

GCL 格式导入方法:点击"结构建模"选项卡→"导入"组→单击"GCL"→选择路径下的模型并打开→弹出"导入 GCL"对话框→按需选择后单击"确定"→等待进度条完成→弹出"导入 GCL 信息"对话框→单击"确认"或查看"导入报告"。导出模型示意图如 7.8 所示。

注意:GCL 导入时,圈梁、构造柱不需要导入;模架设计前需要对模型进行"一键处理",可对导入模型的细节部位进行清理和完善。如图 7.9 所示。

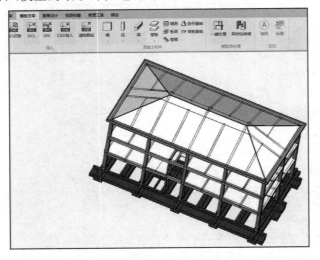

图 7.8　GCL 导入模型示意图

图 7.9　一键处理设置示意图

3)外脚手架设计

(1)外脚手架参数设置

外脚手架参数设置包含架体参数及支撑参数设置。

架体参数设置主要包括架体基本信息、杆件、剪刀撑、横向斜撑、连墙件和脚手板等,设置操作步骤如下:单击"外脚手架"选项卡→单击"架体参数"→弹出"架体参数设置"对话框→选中左栏的配置参数→设置参数→单击"应用"→单击"确定",如图 7.10 所示。

支撑参数设置包含支撑方式和规格等,分为落地支撑和主梁悬挑支撑,如图 7.11 所示。

(2)外脚手架排布

排布方式包含快速排布和专家模式两种。

图 7.10　架体参数示意图

图 7.11　支撑参数示意图

快速排布可实现立面变化不大的建筑外脚手架的快速排布,本工程建筑立面变化不大,可按照快速排布架体方式进行排布,如图 7.12 所示,专家模式可实现复杂造型的建筑脚手架排布。

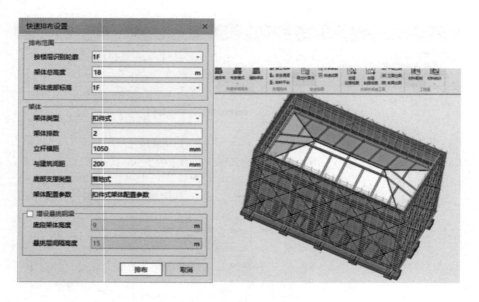

图 7.12　快速排布示意图

（3）外脚手架附属构件

附属构件主要包括施工电梯、安全通道以及卸料平台。

附属构件的放置与外脚手架无关，只与建筑物外轮廓有关；第一点必须放置在建筑物外轮廓线上，第二点用于确定附属构件的放置方位；生成附属构件后，外脚手架会自动剖开附属构件所占据的位置；后期移动附属构件后，剖开位置自动更新；可在选中附属构件后，在属性对话框内修改其参数。

（4）外脚手架安全验算

安全验算包括计算参数设置、快速试算以及导出计算书。

在快速试算或导出计算书前，对于荷载、分项系数等不反映在排布中的计算参数，应做检查与调整，如图 7.13 所示。操作步骤如下：点击"计算参数"按钮→弹出"安全计算参数"对话框→检查并修改相关参数→点击"应用"或"确定"按钮→修改保存。

快速试算是对已排布的外脚手架做安全性验证，并获取修改建议。操作步骤：点击"快速试算"→进入"选择模式"→点选"单个架体"→点击"√"符号→开始对选中的架体做安全复核。如果"快速试算"没有发现安全性的问题，会弹出如图 7.14 所示的提示框。如果"快速试算"发现排布结果存在不合理的地方，也会弹出"快速试算"结论对话框。

导出计算式是对已排布的外脚手架，查看详细的安全验算过程，或者获取计算书。操作步骤：点击"导出计算书"→进入"选择模式"→点选"单个架体"→弹出"计算书"对话框并查看详尽的计算过程→点击"输出"保存用于方案交底、专家评审。可以用 Word 格式将计算书保存到指定路径下，如图 7.15 所示。

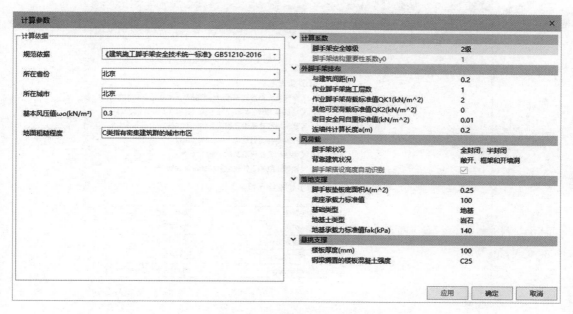

图 7.13　计算参数示意图

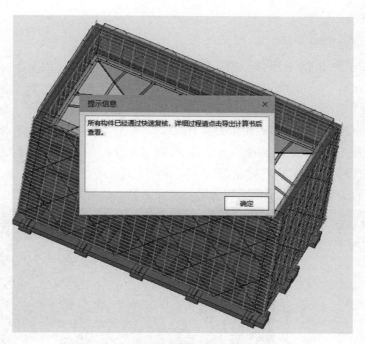

图 7.14　"快速试算"结论对话框示意图

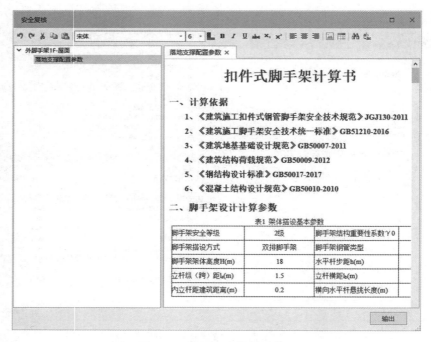

图 7.15 脚手架计算书示意图

4）成果输出

（1）外脚手架施工图

外脚手架施工图包括平面体、立面图和剖面图，如图 7.16 所示。

平面图的操作步骤：首先点击"外脚手架施工图-平面出图"，在弹出的视图列表中选择要出图的楼层，然后单击"确定"。如果仅选择了一个楼层，则会进入该楼层平面的预览窗口；然后点击"保存"，即可指定路径并保存为 dwg 文件，如图7.17所示。

图 7.16 外脚手架施工图面板示意图

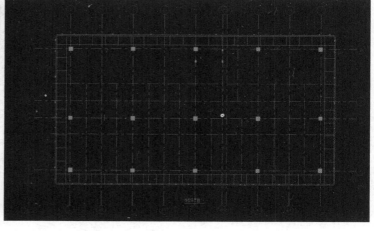

图 7.17 平面图出图示意图

　　立面图及剖面图出图需要先创建立面或剖面视图(图 7.18),然后针对选中的立面或剖面视图进行出图(图 7.19)。

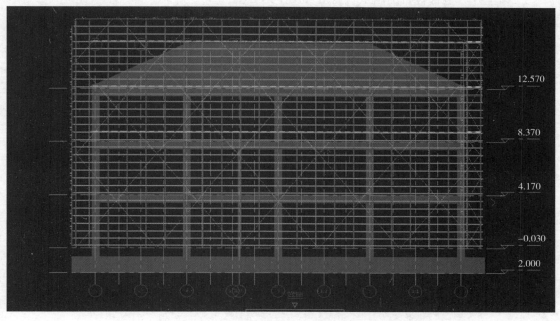

图 7.18　立面图示意图

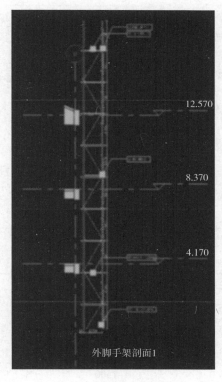

图 7.19　剖面图示意图

（2）外脚手架工程量

工程量计算包含材料配制及材料统计两个部分。

材料配制为项目级设定，后续工程量计算以该规则为依据，工程量计算需基于已排布的架体。外脚手架的材料配制涉及立杆、水平杆、剪刀撑、悬挑钢梁，如图 7.20 所示。

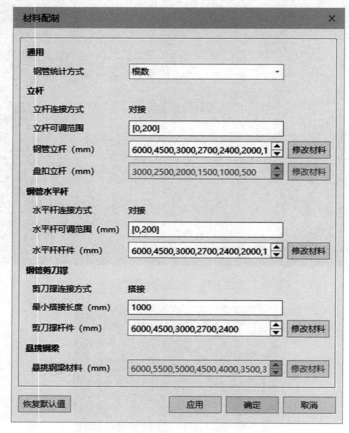

图 7.20　材料配制示意图

材料统计下拉命令中有整栋统计和选择架体统计，可根据需要进行选择。统计结果以 Excel 表格的形式呈现，可以单击"输出"保存到需要的路径下，见表 7.3。

表 7.3　新建项目 1 材料工程量估算

序号	材料名称	规格	单位	工程量	备注
1	钢管 $\phi48\times3.0$	L-6000	根	1 212.00	
2	钢管 $\phi48\times3.0$	L-4500	根	96.00	
3	钢管 $\phi48\times3.0$	L-3000	根	4.00	
4	钢管 $\phi48\times3.0$	L-2700	根	20.00	
5	钢管 $\phi48\times3.0$	L-2400	根	156.00	
6	钢管 $\phi48\times3.0$	L-1500	根	640.00	
7	钢管 $\phi48\times3.0$	L-900	根	84.00	

序号	材料名称	规格	单位	工程量	备注
8	钢管 $\phi48\times3.0$	L-300	根	16.00	
9	密目网	—	m²	1 673.16	
10	木挡脚板	180 mm	m	288.58	
11	竹笆片脚手板	50 mm	m²	289.17	
12	垫木	50 mm×200 mm	m	175.15	
13	旋转扣件	GKU48	个	1 048.00	
14	直角扣件	GKZ48	个	4 602.00	
15	对接扣件	GKD48	个	620.00	
16	连墙件	预埋	套	6 900	

7.1.5　任务总结

本任务首先介绍脚手架工程专项施工方案背景及脚手架的基本知识内容,再结合实际案例学习 BIM 模板脚手架设计软件的应用,按国家、行业制订的最新规范、标准和法规,使学生能够高效掌握 BIM 脚手架工程设计、施工方案编制的技能并应用到实际工程中去。

7.1.6　任务拓展

脚手架设计是"1+X"建筑信息模型(BIM)职业技能等级考试—中级(结构工程方向)—实操试题中必不可少的题目,脚手架的合理设计及安全施工是保证工程质量安全的重要步骤,下面拓展介绍脚手架施工安全管理的有关规定。

①管件式脚手架安装与拆除人员必须是经考核合格的专业架子工。架子工应持证上岗。搭拆脚手架人员必须戴安全帽、系安全带、穿防滑鞋。

②脚手架的构配件质量与搭设质量,按规定检查合格后才能使用。钢管上严禁打孔。

③作业层上的施工荷载应符合设计要求,不得超载。不得将模板支架、缆风绳泵送混凝土和砂浆的输送管等固定在架子上;严禁悬挂起重设备,严禁拆除或移动架体上安全防护设施。

④满堂支撑架在使用过程中应有监护施工,当出现异常情况时,应立即停止施工、并应迅速撤离作业面上人员。应在采取确保安全措施后,查明原因、作出判断和处理满堂支撑架顶部的实际荷载不得超过设计规定。

⑤当有六级强风及以上风、浓雾、雨或雪天气时应停止脚手架搭设与拆除作业雨雪后上架作业应有防滑措施,并应扫除积雪。夜间不宜进行脚手架搭设与拆除作业。

⑥脚手架应按规范要求进行安全检查与维护。

⑦脚手板应铺设牢靠、严实,并应用安全网双层兜底。施工层以下每隔 10 m 应用安全网封闭。脚手架沿架体外围应用密目式安全网封闭,密目式安全网宜设置在脚手架外立杆

的内侧,并与架体绑扎牢固。

⑧脚手架在使用期间,严禁拆除下列杆件:

a.主节点处的纵、横向水平杆,纵、横向扫地杆。

b.连墙件。

⑨当脚手架在使用过程中开挖脚手架基础下的设备基础或管沟时,必须对脚手架采取加固措施。满堂脚手架与支撑架在安装过程中应采取防倾覆的临时固定措施。

⑩临街搭设脚手架时,外侧应有防止坠物伤人的防护措施。

⑪在脚手架上进行电、气焊作业时,应有防火措施和专人看守。工地临时用电线路的架设及脚手架接地、避雷措施等应按相关规范执行。

⑫搭设脚手架时,地面应设围栏和警戒标志,并应派专人看守,严禁非操作人员入内。

任务2 模板专项工程施工方案设计计算

7.2.1 任务说明

1)背景

近几年来,我国高层、大跨度建筑越来越多,但是由于对该类建筑认识不足,支模技术也不能匹配,导致在混凝土浇筑过程中出现的质量安全事故屡见不鲜。究其原因,实际施工时存在无方案、无设计、无交底、无技术安全措施,由操作人员盲目地按照固有经验进行安装,而无任何理论依据。模板工程施工之所以出现上述这些情况,是因为其设计及方案的编制烦琐且难度很大,本任务通过介绍广联达 BIM 模板脚手架设计软件的应用来解决模板专项工程施工方案设计的难题。

2)资料

本任务以"员工宿舍楼模型"工程为背景进行结构建模和部分危大构件的支模,本幢建筑地面以上部分共三层,总高度 16.17 m,采用钢筋混凝土现浇框架结构,基础为条形基础。

3)要求

根据给定的"广联达员工宿舍楼"资料,完成下列工作:

①完成本工程结构建模工作。

②完成部分模板支架设计。

③输出模板支架施工图及工程量。

7.2.2 任务分析

本任务主要通过广联达 BIM 模板脚手架设计软件进行"广联达员工宿舍楼"模板支架设计工作,任务分解为:

①工程设置。

②结构建模。

③模板支架设计。

④配模设计。

7.2.3 知识链接

1) 知识点——专项施工方案编制背景

住房和城乡建设部办公厅《关于实施〈危险性较大的分部分项工程安全管理规定〉有关问题的通知》(建办质〔2018〕31 号)中对危险性较大及超过一定规模的危险性较大的分部分项工程范围进行了规定,见表 7.4。

表 7.4 危险性较大(超过一定规模的危险性较大)的分部分项工程范围

危险性较大的分部分项工程	超过一定规模的危险性较大的分部分项工程
(一)各类工具式模板工程:包括滑模、爬模、飞模、隧道模等工程。 (二)混凝土模板支撑工程:搭设高度 5 m 及以上,或搭设跨度 10 m 及以上,或施工总荷载(荷载效应基本组合的设计值,以下简称"设计值")10 kN/m² 及以上,或集中线荷载(设计值)15 kN/m 及以上,或高度大于支撑水平投影宽度且相对独立无联系构件的混凝土模板支撑工程。 (三)承重支撑体系:用于钢结构安装等满堂支撑体系。	(一)各类工具式模板工程:包括滑模、爬模、飞模、隧道模等工程。 (二)混凝土模板支撑工程:搭设高度 8 m 及以上,或搭设跨度 18 m 及以上,或施工总荷载(设计值)15 kN/m² 及以上,或集中线荷载(设计值)20 kN/m 及以上。 (三)承重支撑体系:用于钢结构安装等满堂支撑体系,承受单点集中荷载 7 kN 及以上。

2) 知识点——模板工程的基本知识

(1)模板工程的作用、组成及基本要求

模板是使钢筋混凝土构件成型的模型。已浇筑的混凝土需要在此模型内养护、硬化、增加强度,形成所要求的结构构件。模板体系是指由面板、支架和连接件三部分系统组成的体系,可简称为"模板"。面板是指直接接触新浇混凝土的承力板,包括拼装的板和加肋楞带。

支架是指支撑面板用的楞梁、立柱、连接件、斜撑、剪刀撑和水平拉条等构件的总称;连接件是指面板与楞梁的连接、面板自身的拼接、支架结构自身的连接和其中二者相互间连接所用的零配件,包括卡销、螺栓、扣件、卡具、拉杆等。

对模板的基本要求如下:保证模板及支撑体系具有足够的承载能力、刚度和稳定性;保证构件的形状、几何尺寸及构件相互间尺寸正确;安拆方便;接缝不得漏浆。

(2)模板的分类

模板的分类见表 7.5。

表 7.5 模板的分类

分类原则	模板类型
按材料分类	木模板、钢模板、木胶合板模板、竹胶合板模板、钢框木模板、钢框木(竹)胶合板模板、塑料模板、玻璃钢模板、铝合金模板等
按结构类型分类	基础模板、柱模板、梁模板、楼板模板、楼梯模板、墙模板、墩模板、壳模板、烟囱模板
按施工方法分类	现场装拆式模板、固定式模板、移动式模板、永久性模板等

(3)模板的构造

根据模板的分类原则不同,模板的类型也各不相同,有组合钢模板、现浇混凝土结构木模板、大模板、滑动模板、爬模、飞模及隧道模等。本节主要介绍现浇混凝土结构木模板的基本构造,主要包括柱模板、墙模板、梁板模板。

①柱模板。如图 7.21 所示,柱模板由 4 块拼板围成,四角由角模连接,外设柱箍。柱模板顶部开有与梁模板连接的缺口,底部可开有清理孔。当柱较高时,可根据需要在柱中设置混凝土浇筑口。现场拼装柱模时,应适时地安设临时支撑进行固定,斜撑与地面的倾角宜为 60°,严禁将大片模板系于柱子钢筋上;待 4 片柱模就位组拼经对角线校正无误后,应立即自下而上安装柱箍;角柱模板的支撑,除满足上款要求外,还应在里侧设置能承受拉压力的斜撑。

②墙模板。墙模板内外支撑必须坚固、可靠,应确保模板的整体稳定。当墙模板外面无法设置支撑时,应于里面设置能承受拉和压的支撑。多排并列且间距不大的墙模板,当其支撑互成一体时,应有防止灌筑混凝土时引起临近模板变形的措施;对拉螺栓与墙模板应垂直,松紧应一致,墙厚尺寸应正确,如图 7.22所示。

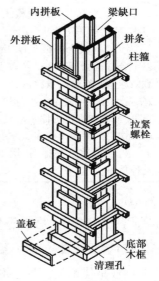

图 7.21 柱模板

③梁、板模板。梁、板模板由底模和侧模组成,如图 7.23 所示。

梁和板的立柱,纵横向间距应相等或成倍数。钢管立柱底部应设垫木和底座,顶部应设可调支托,U 形支托与楞梁两侧间如有间隙,必须楔紧,其螺杆伸出钢管顶部不得大于 200 mm,螺杆外径与立柱钢管内径的间隙不得大于 3 mm,安装时应保证上下同心。

在立柱底距地面 200 mm 高处,沿纵横水平方向应按纵下横上的程序设扫地杆。可调支托底部的立柱顶端应沿纵横向设置一道水平拉杆。扫地杆与顶部水平拉杆之间的间距,在满足模板设计所确定的水平拉杆步距要求条件下,进行平均分配确定步距后,在每一步距处纵横向应各设一道水平拉杆。当层高在 8~20 m 时,在最顶步距两水平拉杆中间应加设一道水平拉杆;当层高大于 20 m 时,在最顶两步距水平拉杆中间应分别增加一道水平拉杆。所有水平拉杆的端部均应与四周建筑物顶紧顶牢无处可顶时,应于水平拉杆端部和中部沿竖向设置连续式剪刀撑。

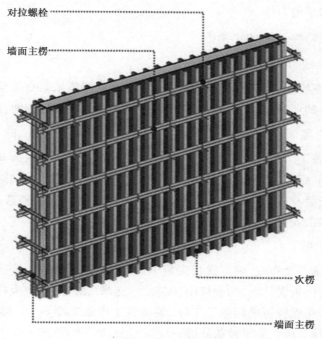

图 7.22　墙模板示意图

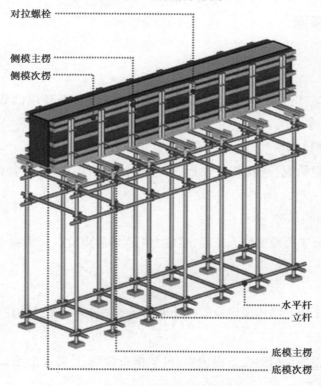

图 7.23　梁模板示意图

　　满堂模板支架立柱,在外侧周删应设由下至上的竖向连续式剪刀撑;中间在纵横向应每隔 10 m 左右设由下至上的竖向连续式的剪刀撑,其宽度宜为 4~6 m,并在剪刀撑部位的顶部、扫地杆处设置水平剪刀撑。

3）知识点——模板工程设计要求

（1）模板设计原则

模板工程的基本原则主要有以下几点：保证模板及支撑体系具有足够的承载能力、刚度和稳定性；保证构件的形状、几何尺寸及构件相互间尺寸正确；安拆方便；接缝不得漏浆。

（2）模板设计内容

根据混凝土的施工工艺和季节性施工措施，确定其构造和所承受的荷载；绘制配板设计图、支撑设计布置图、细部构造和异形模板大样图；按模板承受荷载的最不利组合对模板进行验算；制订模板安装及拆除的程序和方法；编制模板及配件的规格、数量汇总表和周转使用计划；编制模板施工安全、防火技术措施及设计、施工说明书。

（3）模板设计步骤

首先进行系统选型及布置，确定模板配板平面布置及支撑布置，然后验算其强度、刚度及稳定性，绘制全套模板设计图，如翻样图、配板图、支撑系统图、节点大样图、零件及非定型拼接件加工图，最后根据模板确定施工工序，编制各工序施工要点、技术要求、安全要求、质量安全通病防治措施及施工质量验收标准。

7.2.4 任务实施

1）工程设置

（1）项目信息

项目信息即对项目名称、建设地点、建筑面积、建筑层数及各单位基本情况进行填写。填写方法如图 7.24 所示。

（2）模板支架材料库

通过分析本工程情况，选择杆件及面板等材料，包括规格、尺寸特性。填写方法如图7.24所示。

（3）危大工程识别标准

针对不同规范要求可设置危大工程、超危大工程的界限值以及荷载取值标准，填写方法如图 7.6 所示。

2）结构建模

此项目中模板工程的结构建模及模型处理同任务一外脚手架结构建模。

3）模板支架设计

模板支架设计主要包括危大工程识别、模架排布设置、计算及方案以及成果输出、工程量统计，如图 7.25 所示。

（1）危大构件识别

依照《危险性较大的分部分项工程安全管理规定》（建办质〔2018〕31 号）文件，对选取的梁、板构件进行高度、跨度、荷载 3 个维度的高支模判定,进行危大构件的汇总并输出危险性判断计算书。本项目中,危险性判断结果如图 7.26—图 7.28 所示,软件中危大构件采用黄色显示,超危大构件用红色显示。

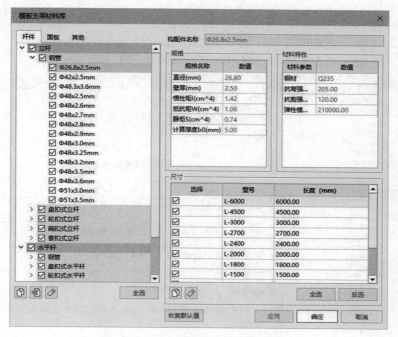

图 7.24　模板支架材料库示意图

图 7.25　模板支架页签示意图

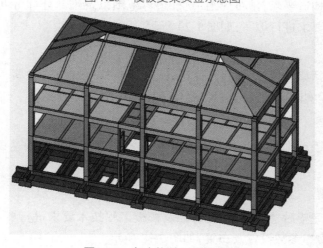

图 7.26　危大构件识别示意图

工程名称：								日期：	
施工单位：									
楼层	结构构件	构件规格	构件位置			搭设高度/m	搭设跨度/m	施工总荷载/(kN·m⁻²)	集中线荷载/(kN·m⁻¹)
屋面	板	120 mm	板_75_120 mm<Ⓒ-Ⓓ轴/③-①/③轴>			15.2	5.8	7.354	/

图 7.27　危大构件汇总示意图

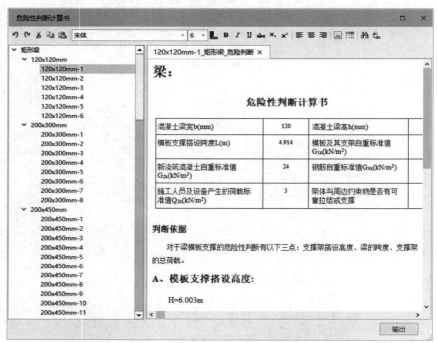

图 7.28　危大构件计算书示意图

（2）架体设置

架体设置包含构造要求、排布规则、立杆边界范围以及细部处理等几个部分，可根据相应规范及工程实际要求进行填写，如图 7.29 所示。

（3）模板做法

模板中主要包括梁、板、柱、墙等几个部分，对应立杆、水平杆、次楞、主楞等不同构件做法，根据规范及工程实际要求进行填写，梁模板做法如图 7.30 所示。

（4）架体排布

架体排布包括手动排布与剪刀撑的手动排布，排布之前可进行快速试算，本项目试算结果如图 7.31 所示。

（5）剪刀撑布置

模板架体布置完毕后，要根据项目需要及模板工程技术要求进行剪刀撑布置，点击"剪刀撑布置"进行剪刀撑参数设置及布置，如图 7.32 所示。

图 7.29　架体设置参数示意图

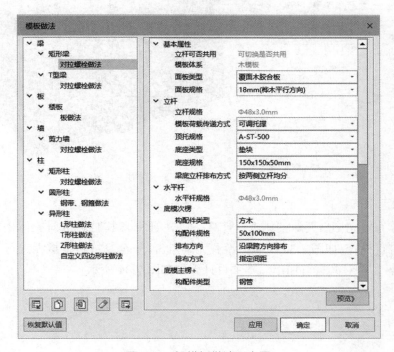

图 7.30　梁模板做法示意图

序号	危大构件 - 扣件式	试算结果	模板做法	☑ 立杆共用	梁立杆纵距La	梁两侧立杆间距Lb	边梁外侧立杆距梁外侧边距离	梁底立杆增设个数	水平…
1	200x300mm (8)	✔	对拉螺栓做法 ▾	☑	900	600	/	0	1500
2	200x450mm (12)	✔	对拉螺栓做法 ▾	☑	900	600	/	0	1500
3	300x500mm (2)	✔	对拉螺栓做法 ▾	☑	900	900	/	0	1500

序号	普通构件 - 扣件式	试算结果	模板做法	☑ 立杆共用	梁立杆纵距La	梁两侧立杆间距Lb	边梁外侧立杆距梁外侧边距离	梁底立杆增设个数	水平…
1	边梁_300x500mm (3)	✔	对拉螺栓做法 ▾	☑	1200	600	/	0	1500
2	边梁_300x600mm (11)	✔	对拉螺栓做法 ▾	☑	1200	600	/	0	1500
3	200x300mm (6)	✔	对拉螺栓做法 ▾	☑	1200	600	/	0	1500
4	300x500mm (9)	✔	对拉螺栓做法 ▾	☑	1200	900	/	0	1500
5	300x550mm (8)	✔	对拉螺栓做法 ▾	☑	1200	900	/	0	1500
6	300x600mm (3)	✔	对拉螺栓做法 ▾	☑	1200	900	/	0	1500
7	350x650mm (1)	✔	对拉螺栓做法 ▾	☑	900	900	/	1	1500

☐ 结构边缘自动布置斜立杆 ☐ 跨楼层置支架

快速试算 应用 排布 取消

图 7.31 快速试算结果示意图

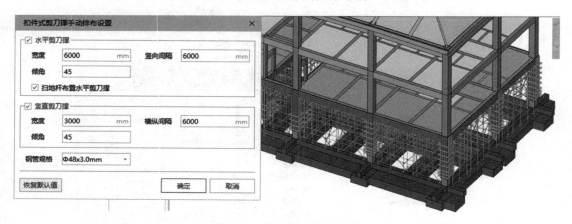

图 7.32 剪刀撑布置示意图

(6) 模板支架的计算

模板架体布置完毕后要对架体进行计算,点击"计算参数",可以对架体中梁、板、柱、墙等基本参数进行检查,如图 7.33 所示。设置完毕点击"安全复核",复核无误可以点击"计算书""专项方案",并对其进行输出。本项目计算书如图 7.34 所示。

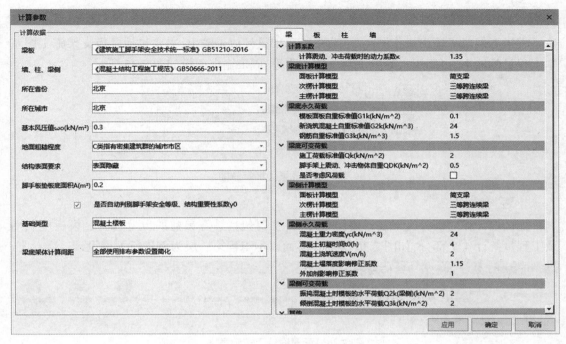

图 7.33 计算参数示意图

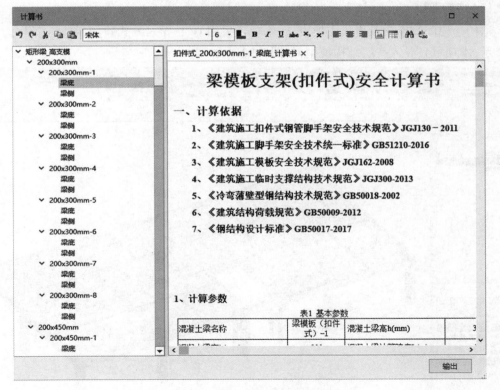

图 7.34 计算书示意图

（7）成果输出

模板支架成果输出操作同 7.1.3 节中脚手架设计成果输出，主要包括模板支架施工图基本工程量的输出，可用于指导施工及材料采购等，成果输出面板如图 7.35 所示。

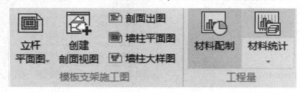

图 7.35　成果面板示意图

4）配模设计

配模设计相对模板支架设计要简单许多，主要包括计算参数的设置、配模、模板施工图及工程量统计 4 个部分，如图 7.36 所示。下面以本工程第一层为例进行配模设计。

图 7.36　配模设计页签示意图

（1）结构建模

结构建模同脚手架及模板支架设计，本项目采用 GCL 导入方式建模，导入工程时，为方便展示，本项目只导入一层结构模型，如图 7.37 所示。

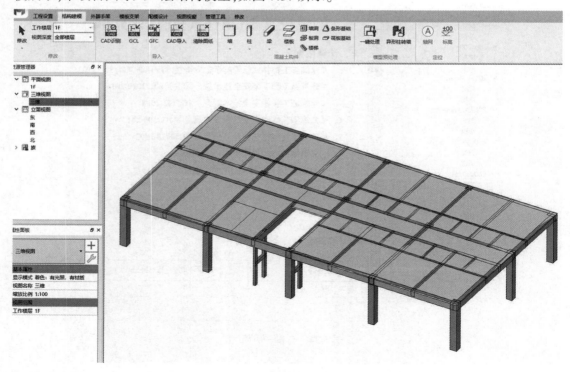

图 7.37　一层结构模型导入示意图

（2）配模参数设置及配模

配模参数包括模板材料设置、布置参数设置、模板加工设置等模块，可根据规范要求及本工程实际情况进行输入及调整，如图 7.38 所示。

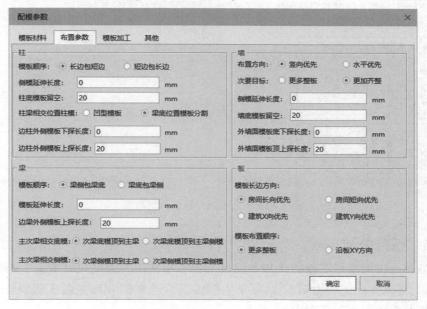

图 7.38　配模参数示意图

（3）成果输出

可根据具体需要选择任意柱、梁、板等区域进行输出模板施工图和材料工程量统计表，工程中可用于指导模板配模施工及材料采供等，成果如图 7.39 和图 7.40 所示。

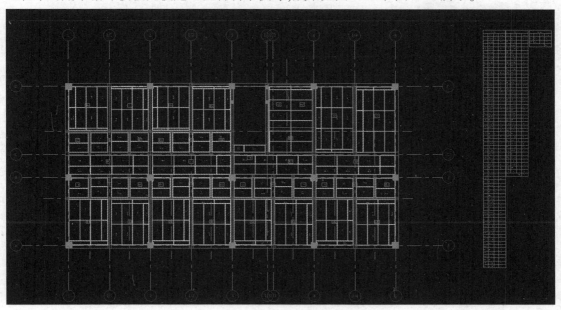

图 7.39　板配模图示意

1F层 模板材料总表

序号	构件类型	模板规格	未切割整板数量(张)	整板面积(m2)	切割整板数量(张)	切割板使用面积(m2)	切割板使用率	模板总用量(张)	整体使用率
1	墙柱	1830X915	0	0.00					
2	梁	1830X915	0	0.00	400	581.06	87%	514	90%
3	板	1830X915	114	190.89					
	合计		114	190.89	400	581.06	87%	514	90%

说明:【未切割整板数量(张)】指:可直接使用、不必切割加工的标准整板数量;【切割整板数量(张)】指:需要进行切割、以加工成非标准碎板所耗用的整板数量

1F层 模板下料明细汇总表

序号	规格(mm)	数量(张)	面积(m2)
1	1830 X 915	114	190.89
2	1650 X 915	1	1.51
3	1550 X 915	1	1.42
4	1525 X 915	2	2.79
5	1830 X 735	12	16.14
6	1450 X 915	12	15.92
7	1650 X 785	3	3.89
8	1550 X 785	7	8.52
9	1310 X 915	1	1.20
10	1525 X 785	2	2.39
11	1285 X 915	1	1.18
12	1830 X 635	32	37.19
13	1795 X 635	1	1.14
14	1450 X 785	12	13.66
15	1830 X 610	1	1.12

模板材料总表　墙柱模板下料表　梁模板下料表　板模板下料表　非标板加工明细表　+

图 7.40　一层模板材料统计示意图

7.2.5　任务总结

本任务首先讲解模板工程的认知和模板工程专项施工方案的设计要点、具体编制方法等专业知识,再以实际工程为切入点,使学生能够高效地掌握 BIM 模板工程设计、施工方案编制的技能并应用到实际工程中去。

7.2.6　知识拓展

《危险性较大的分部分项工程安全管理规定》(住房和城乡建设部令第 37 号)的规定文件如下:

一、达到一定规模的危险性较大的分部分项工程

(一)规模标准

1.基坑工程

(1)开挖深度超过 3 m(含 3 m)的基坑(槽)的土方开挖、支护、降水工程。

(2)开挖深度虽未超过 3 m,但地质条件、周围环境和地下管线复杂,或影响毗邻建、构筑物安全的基坑(槽)的土方开挖、支护、降水工程。

2.模板工程及支撑体系

(1)各类工具式模板工程:包括滑模、爬模、飞模、隧道模等工程。

(2)混凝土模板支撑工程:搭设高度 5 m 及以上,或搭设跨度 10 m 及以上,或施工总荷载(荷载效应基本组合的设计值,以下简称"设计值")10 kN/m^2 及以上,或集中线荷载(设计值)15 kN/m 及以上,或高度大于支撑水平投影宽度且相对独立无联系构件的混凝土模板支撑工程。

(3)承重支撑体系:用于钢结构安装等满堂支撑体系。

3.起重吊装及起重机械安装拆卸工程

(1)采用非常规起重设备、方法,且单件起吊重量在 10 kN 及以上的起重吊装工程。

（2）采用起重机械进行安装的工程。

（3）起重机械安装和拆卸工程。

4.脚手架工程

（1）搭设高度24 m及以上的落地式钢管脚手架工程(包括采光井、电梯井脚手架)。

（2）附着式升降脚手架工程。

（3）悬挑式脚手架工程。

（4）高处作业吊篮。

（5）卸料平台、操作平台工程。

（6）异型脚手架工程。

5.拆除工程

可能影响行人、交通、电力设施、通信设施或其他建、构筑物安全的拆除工程。

6.暗挖工程

采用矿山法、盾构法、顶管法施工的隧道、洞室工程。

7.其他

（1）建筑幕墙安装工程。

（2）钢结构、网架和索膜结构安装工程。

（3）人工挖孔桩工程。

（4）水下作业工程。

（5）装配式建筑混凝土预制构件安装工程。

（6）采用新技术、新工艺、新材料、新设备可能影响工程施工安全,尚无国家、行业及地方技术标准的分部分项工程。

（二）管理规定

施工单位应当在危险性较大的分部分项工程施工前组织工程技术人员编制专项施工方案。实行施工总承包的,专项施工方案应当由施工总承包单位组织编制。危险性较大的分部分项工程实行分包的,专项施工方案可由相关专业分包单位组织编制。

专项施工方案应当由施工单位技术负责人审核签字、加盖单位公章,并由总监理工程师审查签字、加盖执业印章后方可实施。实行分包并由分包单位编制专项施工方案的,专项施工方案应当由总承包单位技术负责人及分包单位技术负责人共同审核签字并加盖单位公章。

二、超过一定规模的危险性较大的分部分项工程范围

（一）规模标准

1.深基坑工程

开挖深度超过5 m(含5 m)的基坑(槽)的土方开挖、支护、降水工程。

2.模板工程及支撑体系

（1）各类工具式模板工程:包括滑模、爬模、飞模、隧道模等工程。

（2）混凝土模板支撑工程:搭设高度8 m及以上,或搭设跨度18 m及以上,或施工总荷载(设计值)15 kN/m^{2}及以上,或集中线荷载(设计值)20 kN/m及以上。

(3)承重支撑体系:用于钢结构安装等满堂支撑体系,承受单点集中荷载 7 kN 及以上。

3.起重吊装及起重机械安装拆卸工程

(1)采用非常规起重设备、方法,且单件起吊重量在 100 kN 及以上的起重吊装工程。

(2)起重量 300 kN 及以上,或搭设总高度 200 m 及以上,或搭设基础标高在 200 m 及以上的起重机械安装和拆卸工程。

4.脚手架工程

(1)搭设高度 50 m 及以上的落地式钢管脚手架工程。

(2)提升高度在 150 m 及以上的附着式升降脚手架工程或附着式升降操作平台工程。

(3)分段架体搭设高度 20 m 及以上的悬挑式脚手架工程。

5.拆除工程

(1)码头、桥梁、高架、烟囱、水塔或拆除中容易引起有毒有害气(液)体或粉尘扩散、易燃易爆事故发生的特殊建、构筑物的拆除工程。

(2)文物保护建筑、优秀历史建筑或历史文化风貌区影响范围内的拆除工程。

6.暗挖工程

采用矿山法、盾构法、顶管法施工的隧道、洞室工程。

7.其他

(1)施工高度 50 m 及以上的建筑幕墙安装工程。

(2)跨度 36 m 及以上的钢结构安装工程,或跨度 60 m 及以上的网架和索膜结构安装工程。

(3)开挖深度 16 m 及以上的人工挖孔桩工程。

(4)水下作业工程。

(5)质量 1 000 kN 及以上的大型结构整体顶升、平移、转体等施工工艺。

(6)采用新技术、新工艺、新材料、新设备可能影响工程施工安全,尚无国家、行业及地方技术标准的分部分项工程。

(二)管理规定

对于超过一定规模的危险性较大的分部分项工程,施工单位应当组织召开专家论证会对专项施工方案进行论证。实行施工总承包的,由施工总承包单位组织召开专家论证会。专家论证前专项施工方案应当通过施工单位审核和总监理工程师审查。

专家应当从地方人民政府住房和城乡建设主管部门建立的专家库中选取,符合专业要求且人数不得少于 5 名。与本工程有利害关系的人员不得以专家身份参加专家论证会。

专家论证会后,应当形成论证报告,对专项施工方案提出通过、修改后通过或者不通过的一致意见。专家对论证报告负责并签字确认。

专项施工方案经论证需修改后通过的,施工单位应当根据论证报告修改完善后,按照专项方案的审批要求重新履行方案审批程序。

专项施工方案经论证不通过的,施工单位修改后应当按照本规定的要求重新组织专家论证。

【学习测试】

以下测试题改编自 2020 年第四期"1+X"建筑信息模型(BIM)职业技能等级考试—中级(结构工程方向)—实操试题中"模板、脚手架设计"题目,请用广联达 BIM 模板脚手架设计软件作答。

已知某工程大楼位于成都市郊区,本项目共 12 层,其中 1~2 层采用 C30 混凝土,3~12 层采用 C25 混凝土,其余选材见材料采购计划表 1 和表 2,要求采用《建筑施工承插型盘扣式钢管支架安全技术规程》(JGJ 231—2021)和《建筑施工扣件式钢管脚手架安全技术规程》(JGJ 130—2011)进行模板工程设计和脚手架工程设计,请建立"项目七"文件夹,工程文件和按要求正确命名后的成果文件一并保存到该文件夹中。

任务一:模板工程设计

表 7.6　模板工程材料采购计划单

序号	材料类别	规　格	单位
1	覆面木板	15 mm×1 200 mm×2 400 mm	张
2	钢管	φ48×3.0 mm	m
3	横杆	A-SG-1200	根
		A-SG-900	
		A-SG-600	
		A-SG-300	
4	矩形木楞	50×80 mm	m
5	对拉螺栓	M12	套
6	可调托座	—	个
7	可调底座	—	个
8	直角扣件	—	个

本项目拟采用盘扣式模板支架,节点模数为 0.6,要求立杆纵横向间距不得超过 1 000:1 000 mm,水平杆步距采用 1.8 m,底座采用可调底座,主楞与立杆用可调托座传递荷载。

(1)在"项目七"文件夹下新建"工程大楼模板设计"子文件夹,通过 BIM 软件完成"某工程大楼 rvt"的模型导入,根据该项目资料与材料采购计划表等信息,对结构模型的楼层属性、混凝土强度属性进行检查并完成修改,同时对模板工程安全参数进行设计(未提供参数均按默认值设定)。

(2)应用 BIM 模板工程设计软件完成本项目第一、二层结构模板工程设计与布置,需满足安全计算要求。输出第二层的"立杆平面布置图.dwg"、第二层"WKL-1 计算书.doc"、第二层"WKL-1 大样图.dwg"、"3 轴与 A 轴交点处柱支模区域三维图.png"。

(3)应用 BIM 模板工程设计软件对本项目第二层模板工程进行材料统计,对第二层模板面板进行配置,要求拼接模板最小边尺寸为 300 mm,输出"第二层模板配置图.dwg",并根据配模结果统计切割板与非切割板数量,按照相应材料统计结果完成下面填空题。

第二层模板工程用到中 $\phi48\times3.0$ mm 钢管共需（　　　）m，横杆中型号 A-SG-1 200（　　　）m，15 mm 厚的覆面木胶合板切制板（　　　）张，非切割板（　　　）张，次楞中用到的 50 mm×80 mm 方木（　　　）m，M12 对拉螺栓（　　　）套，可调拖座（　　　）个，直角扣件（　　　）个（以上均指第二层）。

（4）应用 BIM 软件对本项目进行"高支模辨识"，判断本项目高支模区域，对其进行核对，输出"高支模区域汇总表.xls"。将以上制作的成果保存至"项目七"文件夹子目录。

任务二：脚手架工程设计

本项目拟从第二层开始往上设置扣件式悬挑脚手架用于装饰施工，悬挑型钢采用 16 号工字钢，阳角处采用联梁形式、联梁采用 14 号工字钢，连墙件采用两步两跨，脚手板每 3 步一设，依据《建筑施工扣件式钢管脚手架安全技术规程》（JGJ 130—2011），应用 BIM 软件，完成该项目脚手架工程设计。

（1）在"项目七"文件夹下新建"工程大楼脚手架设计"子文件夹，通过 BIM 设计软件完成"某工程大楼"模型导入，结合项目资料与材料采购计划等资料，完成脚手架工程安全参数的填写。根据脚手架做法要求与用途，对脚手架进行合理分段。

（2）应用 BIM 脚手架工程设计软件完成脚手架工程设计与布置，需满足安全计算要求。输出不同分段悬挑主梁平面图（命名为"楼层号+悬挑主梁平面图.dwg"，如"8 层悬挑主梁平面图.dwg"，每一个分段制作一张图纸）。

（3）应用 BIM 脚手架工程设计软件完成脚手架材料统计。根据统计结果完成下面填空题。

全楼脚手架工程中用到 $\phi48\times3.0$ mm 的钢管共（　　　）m，悬挑型钢中 16 号工字钢（　　　）m，14 号工字钢（　　　）m，竹笆脚手板（　　　）m^2，木挡脚板（　　　）m，单扣件（　　　）个（以上均指整栋楼）。

（4）将脚手架工程进行整栋三维显示，拍照并输出"脚手架工程整栋三维图.png"，在 3 轴处绘制剖切线，剖切方向向右，部切深度 1 000 mm，输出："整栋脚手架剖面图.dwg"。将以上制作的成果保存至"项目七"文件夹子目录。

表 7.7　脚手架工程材料采购计划单

序号	品　名	规　格	单位
1	钢管	$\phi48\times3.0$ mm	m
2	工字钢	16 号	m
3	工字钢	14 号	套
4	竹芭脚手板	—	m^2
5	木挡脚板	—	m
6	单扣件	—	个

项目 8　单位工程施工组织设计的编制

【教学目标】

1) 知识目标

(1) 熟悉单位工程施工组织设计的基本概念、编制依据与原则、编制程序与内容。

(2) 掌握单位工程施工程序及施工顺序、施工起点及流向的确定方法。

(3) 掌握单位工程施工进度计划及其资源需要量计划的编制方法。

(4) 掌握单位工程施工平面布置图的设计方法。

2) 能力目标

(1) 能参与编制施工部署、施工方案。

(2) 能够编制单位工程施工进度计划和主要资源配置计划。

(3) 能够进行单位工程施工平面图的布置。

3) 素质目标

(1) 培养理论结合实践的应用能力。

(2) 提升相应的职业技能技术及工程项目管理能力。

4) 思政目标

(1) 培养注重实践的务实意识。

(2) 提升专业爱岗的奉献精神。

【思维导图】

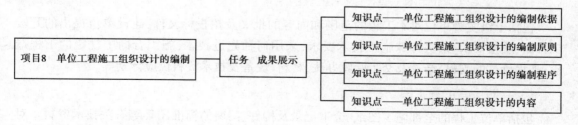

235

任务 成果展示

8.1.1 任务说明

1) 背景

单位工程施工组织设计就是以单位工程为主要对象编制的施工组织设计,对单位工程的施工过程起指导和制约作用。单位工程施工组织设计是一个工程的战略部署,是宏观定性的。体现指导性和原则性的,是用来指导拟建工程施工全过程中各项活动的技术、经济和组织的综合性文件。

2) 资料

广联达员工宿舍图纸;施工组织设计规范等。

3) 要求

根据给定的"广联达员工宿舍楼"资料,完成本工程施工组织设计文件的编制。

8.1.2 任务分析

单位工程施工组织设计是对拟建工程在人力和物力、技术和组织、时间和空间上做出全面合理的计划,以及组织施工、指导施工活动的重要依据,是对项目施工活动实行科学管理,保证工程项目安全、快速优质、高效、全面完成的重要手段,对工程项目施工的顺利实施是必不可少的。本工程施工组织设计的内容主要包括:编制依据、工程概况、施工部署、施工进度计划、施工准备及资源配置计划、主要分部分项工程施工方案、施工现场平面布置图和施工技术保障措施。

8.1.3 知识链接

1) 知识点——单位工程施工组织设计的编制依据

(1)上级主管单位和建设单位对本工程的要求

包括上级主管单位对本工程的范围和内容的批文及招投标文件,建设单位提出的开竣工日期、质量要求、某些特殊施工技术要求、采用何种先进技术,施工合同中规定的工程造价,工程价款的支付、结算及交工验收办法,材料、设备及技术资料供应计划等。

(2)经过会审的施工图

包括单位工程的全部施工图纸、会审记录及构件、门窗的标准图集等有关技术资料。对于较复杂的工业厂房,还要有设备、电气和管道的图纸。

(3)施工组织总设计

本工程是整个建设项目中的一个单位工程,应把施工组织总设计作为编制依据。

（4）工程预算文件及有关定额

应有详细的分部、分项工程量，必要时应有分层分段或分部位的工程量及预算定额和施工定额。

（5）建设单位对工程施工可能提供的条件

施工用水、用电的供应量，水压、电压能否满足施工要求，可借用作为临时设施的房屋数量、施工用地等。

（6）工程施工协作单位的情况

工程施工协作单位的资质、技术力量、设备安装进场时间等。

（7）本工程的资源供应情况

施工中所需劳动力数量，材料、构件、半成品的来源、运输条件、运距、价格及供应情况，施工机具的配备及生产能力等。

（8）施工现场的勘察资料

施工现场的地形和地貌，地上与地下障碍物，地形图和测量控制网，工程地质和水文地质，气象资料和交通运输道路等。

（9）有关的国家规范、规程和标准

包括施工及验收规范、质量评定标准及安全操作规程，如《建筑施工组织设计规范》（GB/T 50502—2009）、《混凝土结构工程施工规范》（GB 50666—2011）、《建筑工程施工质量验收统一标准》（GB 50300—2013）、《钢筋焊接及验收规程》（JGJ 18—2012）等。

2）知识点——单位工程施工组织设计的编制原则

（1）做好施工现场相关资料的调查工作

工程技术资料等原始资料是编制施工组织设计的主要依据，要求其必须全面、真实、可靠，特别是材料供应运输及水、电供应的资料。有了完整、准确的资料，就可以根据实际条件制订方案和进行方案优选。

（2）合理划分施工段和安排施工顺序

为了科学地组织施工，满足流水施工的要求，应将施工对象划分成若干个合理的施工段。同时，按照施工客观规律和建筑产品的工艺要求安排施工顺序，这也是编制单位工程施工组织设计的重要原则。在施工组织设计中一般应将施工对象按工艺特征进行分解，以便组织流水作业，使不同的施工过程尽量进行平行搭接施工。同施工工艺（施工过程）连续作业，可以缩短工期，减少窝工现象。当然在组织施工时应注意安全。

（3）采用先进的施工技术和施工组织措施

提高企业劳动生产率，保证工程质量，加快施工进度，降低施工成本，减轻劳动强度等需要先进的施工技术。但选用新技术和新方法应从企业的实际技术水平出发，以实事求是的态度，在充分调查研究的基础上，经过科学分析和技术经济论证，既要保证其先进性，又要保证其适用性和经济性。在采用先进施工技术的同时，也要采用相应的科学管理方法，以提高企业人员的技术水平和整体实力。

（4）专业工种的合理搭接和密切配合

施工组织设计要有预见性和计划性，既要使各施工过程、专业工种顺利进行施工，又要使它们尽可能地实现搭接和交叉,以缩短工期。在有些工程的施工中,一些专业工种既相互制约又相互依存,这就需要各工种间密切配合。高质量的施工组织设计应对专业工种的合理搭接和密切配合做出周密的安排。

(5)充分做好施工前的计划编制工作

编制工程施工劳动力需求计划、施工机具使用计划、材料需求量计划、施工进度计划等是一项科学性极强,要求相当严谨的工作。这些计划应以该项目的分项工程工作量为基础,用定额进行测算拟定,计划的编制目标为节能降耗和高效。

(6)进行施工方案的技术经济分析

对主要工种工程的施工方案和主要施工机械的选择方案进行论证和技术经济分析,优选出经济上合理、技术上先进且符合现场实践要求的施工方案。

3)知识点——单位工程施工组织设计的编制程序

单位工程施工组织设计的编制程序是指各组成部分间形成的先后次序以及相互制约的关系,如图8.1所示。

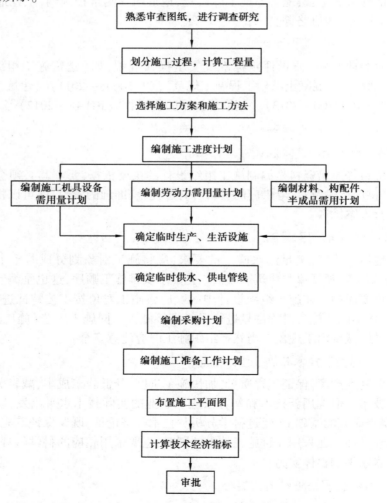

图 8.1 单位工程施工组织设计编制程序

4）知识点——单位工程施工组织设计的内容

（1）工程概况

单位工程施工组织设计中的工程概况，是对拟建工程的工程特点、地点特征、施工条件、施工特点、施工目标、组织机构等所作的一个简要、突出重点的文字介绍。主要内容包括：

①工程主要情况。

a.工程名称、性质和地理位置。

b.工程的建设、勘察、设计、监理和总承包等相关单位的情况。

c.工程承包范围和分包工程范围。

d.施工合同、招标文件或总承包单位对工程施工的重点要求。

e.其他应说明的情况。如资金来源及工程投资额、工程造价，开竣工日期，施工图纸情况（是否齐全、会审）等。

②各专业设计特点。

a.建筑设计特点。建筑设计简介应依据建设单位提供的建筑设计文件进行描述，包括建筑规模、建筑功能、建筑特点、拟建工程的建筑面积、平面形状、层数、层高、总高、总宽、总长、建筑耐火、防水及节能要求等，并应简单描述工程的主要装修做法。

b.结构设计特点。结构设计简介应根据建设单位提供的结构设计文件进行描述，包括结构形式、地基基础形式、结构安全等级、抗震设防类别、主要结构构件类型及要求等。

c.机电设备安装专业设计。机电及设备安装专业设计简介应依据建设单位提供的各相关专业设计文件进行描述，包括给水、排水及采暖系统、通风与空调系统、电气系统、智能化系统、电梯等各个专业系统的做法要求。

③施工条件。

a.项目建设地点气象状况。简要介绍项目建设地点的气温、雨、雪、风和雷电等气象变化情况以及冬、雨期的期限和冬季土的冻结深度等情况。

b.项目施工区域地形和工程水文地质状况。简要介绍项目施工区域地形变化和绝对标高，地质构造、土的性质和类别、地基土的承载力，河流流量和水质、最高洪水和枯水期水位，地下水位的高低变化，含水层的厚度、流向、流量和水质等情况。

c.项目施工区域地上、地下管线及相邻的地上、地下建（构）筑物情况。

d.与项目施工有关的道路、河流等状况。

e.当地建筑材料、设备供应和交通运输等服务能力状况。简要介绍建设项目的主要材料、特殊材料和生产工艺设备供应条件及交通运输条件。

f.当地供电、供水、供热和通信能力状况。根据当地供电供水、供热和通信情况，按照施工需求描述相关资源提供能力及解决方案。

g.其他与施工有关的主要因素。

④工程施工特点。主要介绍工程施工的重点所在。找出施工中的关键问题，以便在选择施工方案、组织各种资源供应和技术力量配备，以及在施工准备工作上采取相应措施。不同类型或不同条件下的工程施工均有其不同的施工特点。砖混结构建筑的施工特点是砌砖工程量大；框架结构建筑的施工特点是模板和混凝土工程量大。

（2）施工部署

施工部署是在充分了解单位工程情况、施工条件和建设要求的基础上，对单位工程施工组织做总体布置和安排。施工部署是否合理，将直接影响到工程的施工质量、施工速度、工程造价及企业的经济效益，是单位工程施工组织设计的核心。施工部署的编制依据为：施工合同或招投标文件，施工图纸，勘察报告，工程地质及水文地质、气象等资料，施工组织总设计，资源供应资料等。

施工部署内容包括确定项目施工目标、建立施工现场项目管理组织机构、进度安排和空间组织、施工重点与难点分析等。对于工程施工中开发和使用的新技术、新工艺应做出部署，对新材料和新设备的使用应提出技术及管理要求，对主要分包工程施工单位的选择要求及管理方式应进行简要说明。

（3）施工进度计划

单位工程施工进度计划是在施工方案的基础上，根据规定的工期和技术物资供应条件，遵循工程的施工顺序，用图表形式表示各分部分项工程搭接关系及工程开工、竣工时间的一种计划安排。

单位工程施工进度计划是施工组织设计的重要内容，既是控制各分部分项工程施工进程及总工期的主要依据，也是编制施工作业计划及各项资源需要量计划的依据。其主要作用是：确定各分部分项工程的施工时间及其相互之间的衔接、穿插、平行搭接、协作配合等关系；确定所需的劳动力、机械、材料等资源用量；指导现场的施工安排，确保施工任务的如期完成。

施工进度计划的编制，可以采用横道图、网络图（时标或无时标）等形式。其中，网络图应用较为普遍，加之电子计算机的应用，编制了多功能适宜的系统软件，用于网络计划的编制、优化、动态控制与管理。

单位工程施工进度计划的编制步骤如下：

a.划分施工过程。

b.计算工程量。

c.套用施工定额。

d.确定劳动量和机械台班数量。

e.确定各施工过程的施工持续时间。

f.编制施工进度计划的初始方案。

g.施工进度计划的检查与调整。

（4）施工准备及资源配置计划

①施工准备计划。施工准备工作是完成施工任务的重要保障。全场性施工准备工作应根据已拟订的工程开展程序和主要项目的施工方案来编制，其主要内容为：安排好场地平整、全场性排水及防洪、场内外运输、水电来源及引入方案，安排好生产和生活基地建设，安排好建筑材料、构件等的货源、运输方式、储存地点及方式，安排好现场区域内的测量工作、永久性标志的设置，安排好新技术、新工艺、新材料、新结构的试制试验计划，安排好各项季

节性施工的准备工作,安排好施工人员的培训工作等。

施工准备应包括技术准备、现场准备和资金准备等。在单位工程施工组织设计里,应列出具体准备的内容并确定各项工作的要求,完成时间及有关的责任人,使准备工作有计划、有步骤、分阶段地进行,见表 8.1。

表 8.1　施工准备工作计划

序号	施工准备项目	内　容	负责单位	负责人	开始日期	完成日期	备注
1	人员准备						
2	材料准备						

②资源配置计划。单位工程施工进度计划确定后,根据施工图纸、工程量、施工方案、施工进度计划等有关技术资料,着手编制劳动量配置计划,主要材料、成品、半成品购置计划及施工机具、机械配置计划。资源配置计划不仅是为了明确各种技术工人和各种技术物资的配置,而且还是做好劳动力与物资的供应、平衡、调度、落实的依据,也是施工单位编制月、季生产作业计划的主要依据之一,是保证施工进度计划顺利执行的关键。

a.劳动力需要量计划。根据工程量汇总表中列出的各个建筑物的主要实物工程量,查预算定额或有关资料,便可计算出各个建筑物主要工种的劳动量,再根据施工总进度计划表中各单位工程分工种的持续时间,即可得到某单位工程在某段时间里的平均劳动力数,按同样方法可计算出各个建筑物各工种在各个时期的平均工人数,即为某工种劳动力动态曲线图;其他工种也用同样方法绘制成曲线图,从而根据劳动力曲线图列出主要工种劳动力需要量计划表。

主要反映工程施工所需技工、普工人数,它是控制劳动力平衡、调配的主要依据。其编制方法是,将施工进度计划表上每天施工项目所需的工人按工种分配统计,得出每天所需工种及其人数,再按时间进度要求汇总。劳动力配置计划表见表 8.2。

表 8.2　劳动力配置计划表

序号	工种名称	高峰期需要人数/人	××××年	
			现有人数/人	多余或不足人数/人
1	瓦工			
2	木工			
3				

b.主要材料、成品、半成品配置计划。主要材料、成品、半成品配置计划是根据施工预算、材料消耗定额及施工进度计划编制的,主要材料指工程用水泥、钢筋、砂子、石子、砖、防水材料等主要材料;成品、半成品是主要指混凝土预制构件、钢结构、门窗构件等成品、半成品材料。施工备料、供料和确定仓库、堆场面积及运输量的依据。一般按不同种类分别编

制,编制时应提出材料名称、规格、数量、使用时间等要求,样表见表 8.3。

表 8.3 主要材料、成品、半成品配置计划

序号	材料名称	规　格	需要量		供应开始时间	备　注
			单位	数量		

c.施工机具、机械配置计划。施工机具、机械配置计划是组织机具、机械进场,计算施工用电,选择变压器容量等的依据。根据施工进度计划,主要建筑物施工方案和工程量,套用机械产量定额,即可得到主要机械需要量,辅助机械可依据工程概算指标求得,主要反映施工所需的各种机械和器具的名称、规格、型号、数量及使用时间,样表见表 8.4。

表 8.4 施工机具、机械配置计划

序号	机具、机械名称	规格、型号	单位	需要数量	备　注
1	塔吊		台		
2	电渣压力焊机		台		
3					

(5)单位工程施工平面布置图

单位工程施工平面图是对拟建单位工程施工现场所作的平面规划和空间布置图。一般按地基基础、主体结构、装修装饰 3 个阶段分别绘制。它是根据拟建工程的规模、施工方案、施工进度计划及施工现场的条件等,按照一定的设计原则,来正确地解决施工期间所需的各种暂设工程同永久性工程和拟建工程之间的合理位置关系。

单位工程施工平面图通常用 1∶500~1∶200 的比例绘制,一般应在图上标明下列内容:

a.施工区域范围内一切已建和拟建的地上、地下建筑物、构筑物和各种管线及其他设计的位置和尺寸,并标注出道路、河流、湖泊等位置和尺寸以及指北针、风向玫瑰图等。

b.测量放线标桩位置、地形等高线和取弃土方场地。

c.自行式起重机开行路线,垂直运输机械的位置。

d.材料、构件、半成品和机具的仓库或堆场。

e.生产、办公和生活用临时设施的布置,如搅拌站、泵站、办公室、工人休息室以及其他需搭建的临时设施。

f.场内施工道路的布置及其与场外交通的联系。

g.临时给排水管线、供电线路、供气、供热管道及通信线路的布置,水源、电源、变压器位置确定,现场排水沟渠及排水方向考虑。

h.脚手架、封闭式安全网、围挡、安全及防火设施的位置。

i.劳动保护、安全、防火设施布置以及其他需要布置的内容。

(6)主要分部分项工程施工方案

施工方案是以分部(分项)工程或专项工程为主要对象编制的施工技术与组织方案,用以具体指导其施工过程。

施工方案包括下列 3 种情况：

a.专业承包公司独立承包(分包)项目中的分部(分项)工程或专项工程所编制的施工方案。

b.作为单位工程施工组织设计的补充,由总承包单位编制的分部(分项)工程或专项工程施工方案。

c.按规范要求单独编制的强制性施工方案。

在《建设工程安全管理条例》(国务院第 393 号令)中规定：对下列达到一定规模的危险性较大的分部(分项)工程编制专项施工方案,并附具安全验算结果,经施工单位技术负责人、总监理工程师签字后实施。

- 基坑支护与降水工程；
- 土方开挖工程；
- 模板工程；
- 起重吊装工程；
- 脚手架工程；
- 拆除爆破工程；
- 国务院建设主管部门或其他有关部门规定的其他危险性较大的工程。

对涉及高层脚手架、起重吊装工程的专项施工方案,施工单位应当组织专家进行论证、审查。除上述《建设工程安全生产管理条例》中规定的分部(分项)工程外,施工单位还应根据项目特点和地方政府部门有关规定,对具有一定规模的重点、难点分部(分项)工程进行相关论证。

(7)施工保障措施

项目在施工中,采取保障措施的目的是提高效率、降低成本、减少支出、保证工程质量、保证工期、保证施工安全、节能减排、绿色环保等,因此任何一个项目的施工,都必须制订相应的保障措施。保障措施的制订必须严格执行现行的建筑安装工程施工及验收规范、建筑安装工程质量检验及评定标准、建筑安装工程技术操作规程、建筑工程建设标准强制性条文等有关法律法规以及工程特点、施工中的重难点和施工现场的实际情况、项目所处的环境等。编制保证措施的主要内容有施工进度保证措施、施工质量保证措施、施工成本保障措施、施工安全保证措施、施工环境保障措施。

8.1.4 任务实施——广联达员工宿舍施工组织设计

广联达员工宿舍施工组织设计

建设单位：×××房地产开发公司(盖章)
设计单位：×××建筑设计院
施工单位：×××建筑工程公司(盖章)
编 制 人：×××
审 核 人：×××

×××× 年 ×× 月 ×× 日

目　录

1

2

一、施工组织设计编制依据

1.1　招标文件及图纸

名　称
广联达员工宿舍工程施工招标文件
广联达员工宿舍工程设计图纸
广联达员工宿舍工程岩土工程勘察报告

1.2　主要规程、规范

名　称	编　号
《工程测量标准》	GB 50026—2020
《建筑地基基础工程施工质量验收规范》	GB 50202—2018
《地下工程防水技术规范》	GB 50108—2008
《地下防水工程质量验收规范》	GB 50208—2011
《混凝土结构工程施工质量验收规范》	GB 50204—2015
《砌体结构工程施工质量验收规范》	GB 50203—2011
《屋面工程质量验收规范》	GB 50207—2012
《建筑装饰装修工程质量验收规范》	GB 50210—2018
《建筑地面工程施工质量验收规范》	GB 50209—2010
《建筑工程施工质量验收统一标准》	GB 50300—2013
《混凝土质量控制标准》	GB 50164—2011
《电梯安装施工质量验收标准》	GB 50310—2002
《建筑地基处理技术规范》	JGJ 79—2012
《玻璃幕墙工程技术规范》	JGJ 102—2003
《玻璃幕墙工程质量检验标准》	JGJ 139—2020
《建筑施工扣件式钢管脚手架安全技术规范》	JGJ 130—2011
《建筑施工高处作业安全技术规范》	JGJ 80—2016
《建筑机械使用安全技术规程》	JGJ 33—2012
《施工现场临时用电安全技术规范(附条文说明)》	JGJ 46—2005
《建设工程施工现场供用电安全规范》	GB 50194—2014

1

1.3　主要图集

名　称	编　号
《框架结构填充空心砌体构造图集》	京 94SJ19
《北京市厕浴间防水推荐做法》	京 2002TJ1
《建筑工程资料管理规程》	DBJ01-51-2003
《建筑设备施工安装图集》	91SB1~9
《混凝土结构施工图平面整体表示方法制图规则和构造》	16G101-1 16G101-2 16G101-3

1.4　主要法规

名　称	编　号
《中华人民共和国建筑法》	—
《中华人民共和国环境保护法》	—
《中华人民共和国安全生产法》	—

二、工程概况

2.1　工程总体概述

2.1.1　建设概况

①工程名称:广联达员工宿舍楼;

②建设单位:广联达科技公司;

③建设地点:北京上地科技园区北部;

④建筑分类:三层办公住宿楼;

⑤主要功能:办公,住宿;

⑥工程设计等级:二级;

⑦建筑面积及占地面积:总建筑面积 1 239.75 m²,基地面积 413.25 m;

⑧建筑高度及层数:建筑高度 16.170 m,层数地上 3 层;

⑨结构类型及基础类型:结构类型框架结构,基础类型条形基础;

⑩屋面防水等级及抗震设防烈度:屋面防水等级 1 级,抗震设防烈度 7 度;

⑪建筑物设计使用年限为 50 年。

2

2.1.2 结构概况

本工程结构型式为钢筋混凝土现浇框架结构。

1. 建筑结构安全等级： 二级 （GB 50068—2018）
2. 主体结构设计使用年限： 50年 （GB 50068—2018）
3. 建筑抗震设防类别： 丙类 （GB 50223—2008）
4. 地基基础设计等级： 丙级 （GB 50007—2011）
5. 框架抗震等级： 三级 （GB 50011—2010）
6. 建筑耐火等级： 二级 （GB 50016—2014）
7. 混凝土构件的环境类别： 一、二类 （GB 50010—2010）

2.2 场地的工程地质条件

①本工程基础根据勘察研究院提供的《广联达员工宿舍》岩土勘察报告。

②地形地貌：场地位于北京上地科技园区的北部边缘地带，地势平坦，孔口地面高程为40.60～44.61 m。

③地层岩性：勘察孔深范围内岩土层划分为十大层，每层土特征详见地质报告。

④地下水：地下水稳定水位为24.21～30.12 m。

⑤场地类别：拟建场地土类型为中型中软场地土，建筑场地类别为Ⅱ类，当地震烈度为8度时，场地地基不液化。

2.3 施工条件

2.3.1 现场施工条件

施工场地已进行三通一平，材料、构件、加工品由建设方提供，施工的建设机械由施工方自行租赁，劳动力的投入按照进度计划实施，施工严格按照规范，现场管理按照文明工地要求进行管理。

2.3.2 施工重点、难点

基坑较深，及时做好支护，以及做好雨季施工降水工作。

三、施工部署

3.1 工程施工展开程序

本工程采用整体浇注，采用塔吊、井架等施工机械，柱下条形基础不划分施工段采用连续整体浇注，主体部分以后浇带划分为两个施工段（根据进度计划确定）。工程展开程序遵循"先准备、后开工""先地下、后地上""先主体、后围护""先结构、后装饰""先土建、后设备"的程序要求。

3

3.2　施工起点流向

基坑→垫层→条形基础→回填土→一至三层主体→屋面工程→装饰装修工程。

3.3　主要工程施工顺序

（1）柱下条形基础施工工序

平整场地→基槽挖土→混凝土垫层→支设基础模板→绑扎基础钢筋→浇筑基础混凝土→养护→回填土。

（2）主体结构施工工序

框架柱钢筋绑扎→框架柱模板→框架柱混凝土浇灌→楼层结构顶板、梁模板→楼层结构顶板、梁钢筋绑扎→楼层结构混凝土浇灌。

四、施工准备及资源配置计划

4.1　工程施工准备

4.1.1　施工技术准备

（1）施工前的准备工作

进场后，首先是与业主进行测量资料移交和进行测量控制网放线工作，对轴线、标高和定位坐标进行复测和测量控制网的布设工作。及时进行现场临时设施搭设及临水、临电方案上报监理公司和业主审批并及时组织施工队伍进场；抓紧进行分包商的选择；塔吊布置方案、总平面布置方案、底板混凝土浇筑组织方案进行讨论，确定最终方案；紧接着进行塔吊地基基础处理和塔吊安装工作，场地平整清理和总平面布置，迅速敲定各种设备材料的进出场路线。制订各种详细的实施计划和施工方案，进行分阶段、分部、分项进度计划的编制，制订整个工程的综合配套计划；抓紧进行钢筋备料、钢筋放样、钢筋加工和模板准备等。

（2）施工图、技术规范准备

工程施工进场时，组织工程技术人员熟悉施工图纸，参加设计交底，理解和掌握设计内容，尤其对较为复杂、特殊功能部分，对结构配筋、不同结构部位混凝土强度等级、高程和细部尺寸，以及各部位装修做法等。解决设计施工图本身不交圈、与施工技术不一致问题，提出施工对设计的优化建议，为顺利按图施工扫清障碍。开工之前编制应用于本工程的技术规范、技术标准目录，配置各类技术软资源并进行动态管理，满足技术保证的基础需要。

（3）编制实施性施工组织设计、细化专项施工方案

组织相关专业的工程技术人员编制实施性施工组织设计和项目质量计划，编制专项施工方案，向有关施工人员做好一次性施工组织、专项方案和分项工程技术交底工作。主要专项施工方案，包括防水、钢筋、混凝土、模板、回填土、型钢混凝土组合结构、有粘结预应力

技术、装修、交通导流、施工用电、临时设施等。根据工程特点,对重点、关键施工部位提出科学、可行的技术攻关措施。

（4）工程测量准备

成立项目部测量组,组织测量人员参加工程交接桩及工程定位工作;编制测量方案,建立现场测量控制网(平面及高程网)。

（5）验工程准备

现场建立标养室,配置与工程规模相适应的现场试验员,制订本项目检验、试验管理制度和程序。现场试验工作包括各种原材料取样、混凝土及其他试块(件)制作与临时养护、土工试验等。

4.1.2　施工现场准备

（1）工程地基处理已经完毕,但现场场地与道路均不平整,故应进一步地进行三通一平工作,用推土机从北向南将基坑周围的场地推至平整,并有2%的坡度,坡度找向排水沟,以利于现场排水,技术部门提前做好施工用水电设计,确保道路畅通水电到位。

（2）根据施工平面布置图和施工组织设计以及现场实际情况,提前恢复、完善各项大临设施及搅拌站的建设,并做好安装运作调试工作。材料机械提前进场进行施工现场平面管理准备。

（3）制订施工现场各类人员岗位责任制和有关规章制度,建立各单位台账,并做好宣传工作,划分各工区责任人,实行定岗定位管理。

（4）清理施工作业面上的材料,将原有钢筋表面水泥保护浆清理干净,除锈调直。召开相关单位协调会,提前做好水电专业的配保工作,坚持每周召开生产碰头会,研究解决协调工程中问题。

（5）做好施工现场周围居民的工作。施工期尽量减少噪声,避免扰民,环保部门做好环保工作。

（6）做好施工现场的安全保卫工作。现场配置保安人员,值班时间,必须保证到位,夜间巡逻,重要部位(如钢筋加工厂、搅拌站、库房)应由专人负责看护。

4.1.3　施工用水准备

根据施工组织设计要求及现场实际情况,本工程考虑采用消防用水、施工用水两项,搅拌用水为场区统一设计,现场供水采用暗敷输送至楼前,设置大型蓄水池 5 m×8 m,深度 2.5 m,采用高压泵向楼内供应施工及消防水管管径 $\phi75$ 每层均设置给水阀门。现场有 $\phi100$ mm 市政上水干管,从预留接口接出 $\phi75$ 施工干线,可满足施工与消防用水。

（1）供水

水源从建设单位上水管中接出,现场采用 $\phi75$ 的供水管径,经(水表)供入施工现场管网,管网布置沿现场用水点布置支管,埋入地下 50 cm 深;各施工段用胶管接用,考虑到季节性供水短缺和周围的环境卫生,备蓄水(暗)池供施工用水。

（2）排水

现场所有排水沟均为暗沟,排入建设单位指定的家属区下水管道;为保证现场清洁卫生,做到文明工,在混凝土搅拌站旁挖一个沉淀(暗)池,将沉淀后的水用泵抽到排水沟中。

4.1.4 施工用电准备

施工现场安排三路供电,建筑物北侧一路,电焊机一路,生活区一路。每隔一层各设流动配电箱一个,所有动力线路均用电埋地暗敷设设置引入,分别设配电箱控制,夜间照明采用低压行灯。

4.1.5 物资准备

(1)编制物资计划

主要包括钢材、混凝土、架料、模板及支撑系统;辅助施工材料及设施;应急处置材料;防水材料;门窗;各种装修材料;水、电、设备等专业相关的材料及设备等。

(2)物资采购与委托加工

①根据进度计划情况及时编报物资申请计划。材料采购前认真询价,做到对所购材料的价格、质量有清楚的认识,确定合格资质的供货商,作好材料的采购、供货工作。

②严把材料质量关,对本工程所需材料、物资坚持质量第一的原则,杜绝劣质产品进场。所有材料进场时均由项目专职质检员、材料员、技术员共同验收,未经验收合格的材料一律不得使用,不合格材料严禁进入施工现场;装修阶段业主指定的分供方材料、设备及业主指定的分包工程材料进场后由项目部质检人员进行验收,协助业主和分包把关,以确保进场材料质量和工程质量。在此基础上,我方还应督促供货方提供产品质量合格证书,需复测的材料进行测试,确保供货质量。

③在采购、运输过程中对工程所需材料、物资的规格、型号、数量认真进行核对,要确保无误。

④易损、易耗物资要认真包装,以免运输途中受损,另外根据情况在采购中加一定的损耗量,以满足工程的需要。

4.1.6 生产准备

根据施工进度计划,组织现场各类施工机械、设备及用于垂直运输的外用电梯等机械进场,按总平面布置安装、调试。施工机械准备中,重点是塔吊和混凝土施工设备的安装就位。尽早完成塔吊基础施工。结构基础垫层施工之前塔吊及混凝土地泵安装就位,并通过验收达到使用条件。

(1)大型机械的选择

①塔吊的选择。由于现场施工场地较大,结合工程所需吊次,并综合考虑最大吊重、回转半径、建筑层高等因素,拟在结构施工期间布置一台半径 35 m 塔吊,塔吊的具体位置详见现场施工平面图。

②混凝土机械的选择。考虑到该工程北侧为现场主要运输通道,东侧、南侧场地狭窄,为了便于管理及方便混凝土罐车出入,拟在该楼西侧及东北侧分别设置一台 HB-80 型混凝土输送泵(其中东北侧混凝土输送泵待东侧裙房结构封顶后即可拆除),混凝土罐车到达现场后,通过混凝土输送泵将混凝土泵送至现场操作面,布料杆配合下料。

6

（2）人员的准备

①作业队伍的选择。按择优提前选择劳务队伍，并审查劳务队伍资质。劳务队应按施工所需陆续安排其进场，并在进场时对其进行安全、治安、环保、卫生等方面的教育，并进行针对性的技术、质量标准和现场管理制度的培训，签订工程劳务合同，完善劳务用工手续。

②后勤保障。针对施工现场场地实际情况，为方便施工，项目部管理人员及作业人员尽可能安排在场内的生活区居住。服务设施齐全，力求使施工人员住着方便舒适。

③劳动力安排。根据周进度计划安排，找出关键工序，合理组织劳动力，精心策划优化劳动力组合，确保各工序合理工期，避免在施工中出现因个别工序未完成而影响其他工序造成窝工现象。同时责任落实到人，赏罚分明，对缩短了工序工期的班组予以奖励，影响工序工期的作业班组和个人予以罚款。

④作业队的管理。作业队采取三级管理方式，即一级为作业队长、二级为质检员和施工员、三级为班组长，明确权力，落实责任；专业工种严格执行持证上岗制度，杜绝无证操作。

4.2　资源需要量计划

4.2.1　劳动力需要量计划

为保证本工程施工质量，工程要求，除管理人员要求业务技术素质高、工作责任心强外，根据劳动力需用计划适时组织各类专业作业队伍进场，对作业人员要求技术熟悉，服从现场统一管理，对特殊工种提前做好培训工作，必须做到持证上岗（表 1）。

表 1　劳动力需要量计划

序号	工种名称	高峰期需要人数/人	备注
1	瓦工	39	
2	架子工	16	
3	钢筋工	30	
4	木工	44	
5	混凝土工	45	
6	电焊工	5	
7	塔吊司机	1	
8	测量工	1	
9	电工	2	
10	油漆工	40	
11	普工	40	

4.2.2 主要材料需要量计划

主要材料需要量计划见表2。

表2 主要材料需要量计划

序号	材料名称	规格	需要量		供应开始时间	备注
			单位	数量		
1	钢筋		t	78	2021 年 7 月 26 日	根据各施工阶段的需要量及材料使用的先后顺序进行供应
2	商品混凝土		m³	665	2021 年 7 月 27 日	
3	模板	1 220 mm×2 440 mm	m²	3 426	2021 年 7 月 30 日	

4.2.3 施工机具、设备需要量计划

施工机具、设备需要量计划见表3。

表3 施工机具、设备需要量计划

序号	机具、机械名称	规格、型号	单位	需要数量	备注
1	塔吊	QTZ50	台	1	
2	电渣压力焊机	BX-500F	台	2	
3	电焊机	BX-300	台	2	
4	插入式振捣器	MZ6-50	台	3	
5	钢筋弯曲机	WL-40-1	台	1	
6	钢筋切断机	GL5-40	台	1	
7	圆盘锯	ML106	台	1	
8	平板刨	MB50318	台	1	
9	打夯机	HW-201	台	2	
10	翻斗车		辆	2	

五、施工进度计划

5.1 施工组织及施工进度计划

1.进度计划监督管理

为了保证工程按期完成,本项目坚持施工进度计划监督管理。并根据工程的实际情况制订工程年、季、旬、月、周作业计划及相应进度统计报表,按进度计划组织施工,接受甲方代表、监理对进度的检查、监督。

8

2.施工进度计划

1)项目结构分解

本单位工程划分为3个施工阶段,按照基础工程→主体工程→装饰装修工程进行施工;施工段按照建筑物的自然层进行划分为首层主体、二层主体、三层主体和屋面层主体4个施工层;主体施工以③轴为界限划分为两个施工段,①到③轴为施工段1,③到⑤轴为施工段2,施工流向平面方向为施工段1→施工段2,垂直方向为首层→二层→三层→屋面层;装饰装修施工不分施工段、不分施工层,按照室内、室外两部分分别进行施工。

2)工作活动列项

①基础工程施工:基础工程包括平整场地、基槽挖土、混凝土垫层、支设基础模板、绑扎基础钢筋、浇筑基础混凝土、养护、回填土等施工过程。其中基础挖土采用机械开挖,考虑到工作面及土方运输的需要,将机械挖土与其他手工操作的施工过程分开考虑,不纳入流水。

②主体工程施工:本分部工程主导工序为柱绑扎钢筋,柱、梁、板、楼梯支模板,梁、板、楼梯钢筋绑扎,柱、梁、板、楼梯混凝土浇筑4项工序,对于搭设脚手架、拆模、砌墙这些施工过程可以作为主体过程中的独立过程考虑,安排流水即可,比较灵活。

③装饰装修工程:主要分为块料外墙面、涂料外墙面、拆脚手架、块料内墙面、涂料内墙面、吊顶天棚、门窗工程、楼地面,因工程量不大不再划分流水段施工,外墙施工完成开始内墙面施工。

④本工程施工进度计划不考虑节假日,按照自然月进行施工作业,计划2021年7月24日开工,2021年11月5日完工,总工期105天,历时3个半月时间。依据住房和城乡建设部2016年发布的《建筑安装工程工期定额》(TY01-89—2016),本工程工期定额为165天。整个工程主要由基础、主体、装修、屋面工程、给排水、电器工程等组成。该工程进度计划只考虑了基础、主体、装修、屋面工程4个部分,经过计算本工程基础、主体、装修、屋面工程4个部分工期为105天,小于总工期的4/6(165天×4/6=110天),符合要求。本项目工程施工进度计划如附件1所示。

3.施工协调配合

本工程因其结构特点存在着多工种、多项目、多部位交叉作业。为了保证操作面的宽松而又能有效地利用,使操作工人紧张而有序的工作,水平及垂直运输平稳而又能满足施工需求,使整个现场施工有条不紊地进行,特制订如下制度:

(1)现场项目经理、施工工长应从施工机械的有效利用及操作着手,合理、科学地调配劳动力,各工种、各作业班组应本着局部服从整体原则;辅助工序、穿插工序给关键工序让路的原则,服从项目经理部的统一管理,统一调配。

(2)项目经理部每日及时召开"碰头会",由项目生产副经理主持,及时安排当日工作协调事项和解决施工问题。

(3)每周定期召开一次施工现场协调会,邀请建设单位有关人员和现场监理参加,对整个项目施工进行阶段性协调工作。协调会由项目经理主持,广泛听取各部分项目工程及其

9

他负责人的汇报、要求和意见。考虑整体形象进度以及质量目标等因素,综合平衡工程施工的每个具体环节。

(4)现场经营管理部门,作出切合实际的配合作业计划,安排好各分部分项、各工种之间的工作内容、工作时间、工作地点,尽可能避免工作存在同一时段范围内重叠。

(5)项目经理实行阶梯统一管理模式。现场施工由项目生产经理统一安排、统一协调。项目生产经理的工作安排应科学、合理、周密。

5.2　工期保证措施

1.建立严格的施工进度计划检查制度

施工中严格按照网络计划来控制施工进度与各工种的插入时间,施工管理人员根据总进度计划制订详细的月、旬作业计划,合理安排工序搭接和施工流向。为防止进度落后,项目部每日检查当日的施工进度情况,做到当时进度当时完成,今天不影响明天,上道工序不影响下道工序,对影响进度的关键部位,项目经理亲自指挥。如遇特殊原因或不可抗拒因素延误某项工序的进度,项目部应千方百计抢时间、充分调动各级施工人员的积极性和一切施工力量,在最短的时间内将进度抢上来。

2.保证材料及外加工构件的供应

开工前组织有关人员做好分部分项工程工料分析表,根据施工图预算提出材料、成品、半成品加工订货及供应计划。做好施工机械的落实以及材料的采供工作。根据"施工进度计划网络图"确定材料进场时间。

3.土建与安装的配合协调工作

在施工中,双方要相互创造条件,合理穿插作业,同时要注意保护对方的成品和半成品。在项目经理统一安排下,每周召开一次现场协调会,积极主动解决好各工种之间的配合等方面的问题。选派有多年施工经验,善打硬仗的施工队伍,集中施工力量,充实组织管理机构。按施工进度计划网络图,合理安排劳动力及材料供应工作,提高施工效率。根据工程结构特点,分出主次部位,按照施工顺序、施工工艺进行立体交叉作业,以确保工程按期完成。

4.实行资金专款专用

公司对项目部资金实行专款专用的管理办法,实行"一支笔审批制",工程资金一律由项目经理批准后方可动用,确保本工程资金专款专用。

六、主要分部分项工程施工方案

6.1　测量控制方案

施工测量是整个工程施工的先导性工作和基础性工作。在施工现场建立以主管工长

10

为主的测量施工小组,其中主测人员由 1~2 名专业测量人员担任,负责定位放线、标高传递、变形观测等施工测量工作,建筑定位放线采用苏光 J-2 红外线激光经纬仪,变形观测、找平采用自动安平水准仪,建筑物轴线向上传递采用苏光 J-2 红外线激光经纬仪。

1)施工前的准备工作

在施工准备阶段,测量人员要严格熟悉图纸,掌握工程建设的规模、要求,以及与周边建筑物、构筑物的关系,施工前认真察看和复核由建设单位移交的测量控制点点位及控制点高程,弄清各种关系。在已有控制点的基础上,要根据设计和施工要求,结合现场具体情况,对标志不足、不稳定,被移动或测量精度不符合要求的点位按施工测量要求进行补测、加固、移设或重新测定,并制订严密的施工测量方案,确定坐标系统和高程基准,建立施工控制网。

2)建立施工控制网

施工控制网是为工程的施工放样而建立的。遵循"由整体到局部、由高级到低级、先控制后碎部"的原则。首先建立施工控制网,由施工控制网放样出建筑物的主轴线,再根据建筑物的几何关系,由主轴线放样出辅助轴线,最后放样出建筑物的细部位置。采用这样的放样程序,能保证放样的建筑物各元素间的几何关系,保证整个工程和各建筑物的整体性。

按照建设单位提供的建筑物总平面图和测图控制网中新设置的基线桩、水准点以及重要标志的保护桩,进行三角控制网的复测,并补充加密施工所需要的各种标桩,建立满足施工要求的平面和高程施工测量控制网,并进行平差计算。

3)平面测量定位

根据平面控制网,依次进行主楼、部分地下车库定位,并进行复合验线。

4)轴线传递

在±0.000 以下,将控制点设在基坑底面、侧面、顶面的适当位置上,进行地下室和主楼的轴线投测工作,在±0.000 以上,重新设置控制点,作为"原始点"以后随着结构的增高,要将轴线逐层向上投测,用以作为各层放线和结构竖向控制的依据。本工程将使用激光电子经纬仪采取内控法对高层竖向偏差进行控制。为保证垂直投测,在各楼层施工时,在相应位置上预留 200 mm×200 mm 与原始控制点相对应的小方孔。原始控制点的设置做法为预埋 150 mm×150 mm×6 mm 钢板,钢板十字交叉点位置用电钻钻 2 mm 孔,并用红漆标识。

施测方法:将经纬仪先架设于楼面控制点上,仪器整平对中,通过楼面预留孔将激光束投射到投测孔上的接收靶上,该激光束投射点即为该层的一个控制点,其余的控制点用同样的方法向上传递。经纬仪架设在施工层投测孔上,当经纬仪完成与控制点对中后,瞄准后视控制点进行校核,转 90°校核另一控制点,移动仪器再安置在一个控制点上后,视另一控制点校核是否在一条直线上,旋转 90°照准另一控制点,闭合无误,利用投影法将同一直线上两个控制点的连线延长,在投测孔上弹出十字墨线,然后按设计图纸用钢尺定位出轴线及构件的位置。

5)高程控制

根据建设单位提供的±0.000 点为基准点,利用水准点为高程控制依据,并在现场四周不宜被破坏的地方设立半永久性水准点,从而形成闭合的水准测量控制网,并经常校核。

11

6）沉降观测的控制

根据建筑施工规范规定，为保证大厦结构使用安全，掌握大厦承重后沉降量的变化，同时为以后施工积累经验，对高层建筑要进行沉降观测。根据规范的要求，我们拟用 S1 级精密水准仪配合 2 m 铟钢水准尺对大厦进行沉降观测。观测点要选在建筑物的角点能够正确反映建筑物沉降变化的地方，同时要保证点位稳定牢固，能够长期使用，且通视良好、高度适中、便于观测的地方。沉降观测定期、定人、定仪器、定路线、定方向观测并及时地整理观测数据、绘制压力与沉降发展曲线图。

6.2 土方工程施工方案

①土方作业要服务于基坑支护施工，并遵循"开槽支撑，先撑后挖，分层开挖，严禁超挖"的原则。

②土方作业期间在基坑北侧设置一个出土坡道，根据现场情况，基坑边距离洗车池约 10 m，出土马道采用内外马道相结合的形式，坡道为双向通行坡道，宽为 10.0 m，两侧放坡为 1∶0.7。坡道开出坡度后用挖掘机来回碾压，并分层铺设 500 mm 厚以碎黏土砖和以碎混凝土块为主的建筑垃圾，碾压密实。坡道两侧安装安全护栏与基坑护栏封闭，并安装警示灯。

③由于基坑面积较大，开挖作业分区进行，机械应分组分区域作业。

④机械进场后首先进行场地平整，将表层渣土挖除并现场苫盖。根据现场情况，土方开挖顺序整体由南向北进行，最后在北侧进行收尾。挖土机挖土应配合护坡支护施工，每步开挖至相应护坡施工标高。

⑤土方开挖采取"中心岛"式开挖方案，整体分 4 步进行：

第一步：土方开挖先开挖周圈土钉墙工作面至 1.7 m，第一步土钉墙施工期间，土方开挖基坑中心至 3.2 m，基坑周边预留 12 m 宽土钉墙施工工作面，土钉墙施工完后挖除。

第二步：土方开挖先开挖周圈土钉墙工作面至 4.7 m，第三步土钉墙施工期间，土方开挖基坑中心至 6.2 m，基坑周边预留 12 m 宽土钉墙施工工作面，土钉墙施工完后挖除。

第三步：土方开挖先开挖周圈土钉墙工作面至 7.7 m，第三步土钉墙施工期间，土方开挖基坑中心至 9.2 m，基坑周边预留 12 m 宽土钉墙施工工作面，土钉墙施工完后挖除。

第四步：地源热泵施工完毕后，将基坑内剩余厚度约 1.5 m 土方及泥浆由南向北清除，槽底预留土层厚度为 300 mm。当机械挖土到设计槽底以上 300 mm 时，由测量人员配合共同进行，标高由水准测量控制，不许超挖，以免扰动下部持力地层，预留土层及槽底局部加深部位土层应机械配合由人工清除。

⑥本基坑在北侧进行马道收尾，根据现场情况，外马道外放约 7 m 长，马道收尾时需将马道口开挖至约 5.5 m 深，挖机坐在马道口将基坑内土方全部挖完后，对马道口进行踩草袋回填喷护处理。

⑦土方运输：本土方工程拟采用 2 台挖掘机，配备 20 辆运土车。外运土方消纳点应为政府指定的合法渣土消纳场，运距不超过 20 km。

⑧土方开挖前,先由业主提供的放线控制桩位引线,并结合开槽图施放开挖边线,放线经监理认可验收后,方可进行开挖。挖土时开挖浅部土层,需有人跟铲作业,注意观察周边暗埋物的情况。

⑨标高控制:当护坡做至最后一步时(最后一步土方开挖)应提前作出控制开挖的标高点。先由测量人员给出开挖深度,由挖土机逐步向下开挖,边开挖边测量,配合挖至预留人工清槽土层顶标高。

⑩遇古文物的处理:开挖遇到文物古迹时应及时上报,不得破坏、哄抢、私分隐藏文物,保护好现场,通知业主及有关文物部门进行收集、保护、鉴定,严防违法现象发生。经通知许可后再恢复开挖。需要时可以停工并配合文物保护、考古部门的开挖、清理工作。

6.3　脚手架模板支撑工程

6.3.1　扣件式钢管脚手架模板支撑架构造要求

1.一般构造要求

(1)支撑架立杆下应铺设 5 cm 厚通长木脚手板。

(2)模板安装应按顺序进行拼装,钢管与碗扣支架立柱不得混用。

(3)模板及其支架在安装过程中,必须设置有效防倾覆的临时固定设施。

(4)设在模板支架立杆顶部的可调支撑,其丝杆外径不得小于 36 mm,与立柱钢管内径的间隙不得大于 3 mm,丝杆伸出长度不得超过 200 mm,安装时应保证上下同心。

(5)细部构造要求:

①立杆顶部自由端高度不应大于 500 mm。

②立杆接长应采用对接形式,严禁搭接,对接接头位置应交错布置:相邻立杆接头不应设置在同步内,同步内相隔一根立杆的两个相隔接头在高度方向错开距离应≥500 mm,各接头中心至最近主节点的距离不应大于步距的 1/3(400 mm)。

③纵向水平杆接长可采用对接或搭接的形式进行连接。

对接要求:两根相邻水平杆的接头不应设在同步或同跨内,不同步或不同跨的两个相邻接头在水平方向上错开的距离不应小于 500 mm,各接头中心至最近主节点的距离不应大于中距的 1/3。

搭接要求:搭接长度不应小于 1 m,应等间距设置 3 个旋转扣件固定,端部扣件盖板边缘至搭接纵向水平杆端部距离不应小于 100 mm。

(6)梁下横杆纵距为 450 mm,为满堂架纵横距的一半,所以梁下非通长横杆应延伸至板下支撑架体至少一跨。

2.剪刀撑构造要求

根据《建筑施工扣件式钢管脚手架安全技术规范》(JGJ 130—2011)及《建筑施工模板安全技术规范》(JGJ 162—2008)要求,满堂模板支架的支撑设置应符合下列规定:

(1)纵横间距为 0.9 m×0.9 m,所以在架体外围周边设置由下至上的竖向连续式剪刀撑,在架体内部,纵横向每隔 5 跨(不小于 3 m),由底至顶设置竖向连续剪刀撑,宽度为 5 跨。

13

（2）在竖向剪刀撑顶部和底部扫地杆的设置层,应设置水平剪刀撑。

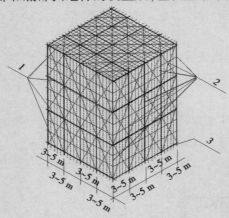

图1　水平、竖向剪刀撑构造示意图

1—水平剪刀撑；2—竖向剪刀撑；3—底部扫地杆设置层

（3）竖向剪刀撑斜杆与地面倾角以及水平剪刀撑与横（或纵）向夹角为45°~60°,剪刀撑斜杆的接长宜采用搭接,搭接长度不应小于1 m,应采用不少于3个旋转扣件固定。

（4）剪刀撑斜杆应用旋转扣件固定在与之相交的横向水平杆的伸出端或立杆上,旋转扣件中心线至主节点的距离不宜大于150mm,底部斜杆的下端应置于垫板上,严禁悬空。

6.3.2　碗扣式钢管支撑架构造要求

1.一般构造要求

（1）碗扣式满堂支撑架底层纵横向扫地杆距地面高度应≤350 mm,立杆自由端高度应≤500 mm,当上部自由端高度≥500时,应加设一排钢管扣件式横杆。

（2）当存在共用碗扣式满堂支撑架立杆的梁支撑架,其下部独立支撑且垂直于梁的每步横杆应与满堂支撑架立杆相连,至少应连接两排立杆。

（3）模板支撑架高宽比>2时,采取下述构造措施以确保架体安全可靠。

2.剪刀撑设置

（1）模板支架从底至顶应设置竖向钢管扣件剪刀撑,其间距应≤4.5 m。

（2）模板支架顶部和底部须设置钢管扣件式水平剪刀撑,设置间距应≤4.8 m。

（3）剪刀撑的斜杆与地面夹角应为45°~60°,斜杆应与每步立杆采用旋转扣件连接。

6.3.3　盘扣式钢管支撑架构造要求

①模板支架搭设高度不宜超过24 m;当超过24 m时,应另行专门设计。

②模板支架应根据施工方案计算得出的立杆排架尺寸选用定长的水平杆,并应根据支撑高度组合套插的立杆段、可调托座和可调底座。

③模板支架的斜杆或剪刀撑设置应符合要求：

当搭设高度不超过8 m的满堂模板支架时,步距不宜超过1.5 m,支架架体四周外立面向内的第一跨每层均应设置竖向斜杆,架体整体底层以及顶层均应设置竖向斜杆,并应在架

14

体内部区域每隔5跨由底至顶纵、横向均设置竖向斜杆或采用扣件钢管搭设的剪刀撑。当满堂模板支架的架体高度不超过4个步距时,可不设置顶层水平斜杆;当架体高度超过4个步距时,应设置顶层水平斜杆或扣件钢管水平剪刀撑。

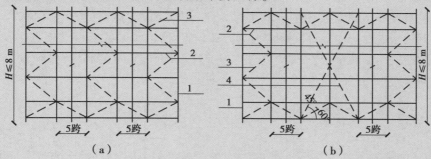

图2　满堂架高度不大于8米斜杆或剪刀撑的设置

1—立杆；2—水平杆；3—斜杆；4—扣件钢管剪刀撑

当搭设高度超过8 m的模板支架时,竖向斜杆应满布设置,水平杆的步距不得大于1.5 m,沿高度每隔4~6个标准步距应设置水平层斜杆或扣件钢管剪刀撑。周边有结构物时,最好与周边结构形成可靠拉结。

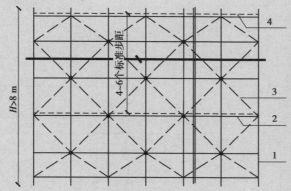

图3　满堂架高度大于8 m水平斜杆设置立面图

1—立杆；2—水平杆；3—斜杆；4—水平层斜杆或扣件钢管剪刀撑

当模板支架搭设成无侧向拉结的独立塔状支架时,架体每个侧面每步距均应设竖向斜杆。当有防扭转要求时,在顶层及每隔3~4个步距应增设水平层斜杆或钢管水平剪刀撑。

④对长条状的独立高支模架,架体总高度与架体的宽度之比H/B不宜大于3。

⑤模板支架可调托座伸出顶层水平杆或双槽钢托梁的悬臂长度严禁超过650 mm,且丝杆外露长度严禁超过400 mm,可调托座插入立杆或双槽钢托梁长度不得小于150 mm。

⑥高大模板支架最顶层的水平杆步距应比标准步距缩小一个盘扣间距。

⑦模板支架可调底座调节丝杆外露长度不应大于300 mm,作为扫地杆的最底层水平杆离地高度不应大于550 mm。当单肢立杆荷载设计值不大于40 kN时,底层的水平杆步距可按标准步距设置,且应设置竖向斜杆;当单肢立杆荷载设计值大于40 kN时,底层的水平杆应比标准步距缩小一个盘扣间距,且应设置竖向斜杆。

15

⑧模板支架宜与周围已建成的结构进行可靠连接。

⑨当模板支架体内设置与单肢水平杆同宽的人行通道时,可间隔抽除第一层水平杆和斜杆形成施工人员进出通道,与通道正交的两侧立杆间应设置竖向斜杆;当模板支架体内设置与单肢水平杆不同宽人行通道时,应在通道上部架设支撑横梁,横梁应按跨度和荷载确定。通道两侧支撑梁的立杆间距应根据计算设置,通道周围的模板支架应连成整体。洞口顶部应铺设封闭的防护板,两侧应设置安全网。通行机动车的洞口,必须设置安全警示和防撞设施。

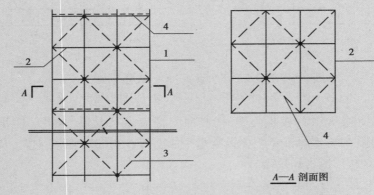

图 4　无侧向拉结塔状支模架
1—立杆;2—水平杆;3—斜杆;4—水平层斜杆

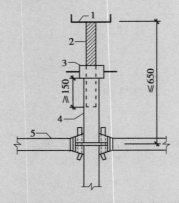

图 5　带可调托座伸出顶层水平杆的悬臂长度
1—可调托座;2—螺杆;3—调节螺母;
4—立杆;5—水平杆

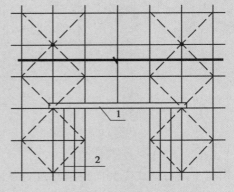

图 6　模板支架人行通道设置图
1—支撑横梁;2—立杆加密

6.4　模板工程

1.模板体系的选用

本工程为结构现浇钢筋混凝土框架剪力墙结构,模板工程是影响工程质量的最关键的因素。为了使混凝土的外型尺寸、外观质量都达到较高要求,利用先进、合理的模板体系和施工方法,满足工程质量的要求。本工程各部位模板体系见表 4。

16

表4　模板及支撑选用表

序号	施工部位		选用模板	选用支撑	其他要求
1	基础底板		外围采用240厚砖胎模	2:8灰土回填	一次性使用
2	地下室外墙、内墙		12厚多层板、木方、钢管背楞	钢管支撑体系	M16止水螺栓
3	弧形墙		12厚多层板木方、钢筋、钢管背楞	钢筋弯弧作为水平背楞	—
4	核心筒墙体		86系列大钢模	钢支腿、钢支撑	对拉螺栓
5	框架柱	地下	15厚多层板、木方、钢管背楞	钢管支撑体系	—
		地上	型钢柱模(部分异形柱用木模)	配套柱箍钢管支撑;钢管支撑体系	
6	楼板		12厚多层板、木方背楞	碗扣、钢管支撑	承重立杆下垫300 mm长50 mm×100 mm木方
7	直梁		梁底及侧模均采用15厚多层板、木方、钢管背楞	碗扣、钢管支撑	—
8	门窗洞口		木模板	木方、钢管支撑	钢包角
9	电梯筒		筒模	钢支腿、钢支撑	
10	楼梯		非标层楼梯用12厚多层板、木方背楞;标准层用定型钢楼梯模板	钢管支撑	—
11	后浇带		12厚多层板、木方背楞	搭设双排碗扣独立支撑架	保持后浇带模板独立支撑体系

2.工艺流程

基底清理→抄平放线→验线→模板清理→刷脱模剂→安装模板→验收→拆模。

3.墙体模板设计

地下室内、外墙体采用木模板,使用12厚多层作面板,50 mm×100 mm木方间距250 mm做次楞,钢管做主楞(弧形墙用φ28 mm的圆钢弯曲),间距500 mm,M16穿墙螺栓间距500 mm×500 mm,使用φ48钢管进行加固支撑。地上部分的核心筒区域剪力墙采用定型大钢模施工,方案另详。地下室外墙及人防墙采用φ16穿墙对拉止水螺栓,内墙采用φ16普通螺栓进行加固处理,竖向间距最大600 mm,横向间距700 mm。计算时按最不利情况进行验算。钢模板之间连接采用U形卡具,采用双排φ48钢管作横竖背楞和支撑,横楞间距600 mm,纵楞间距700 mm。模板设计高度为结构层高减去顶板厚再加上浮浆层厚度30 mm。局部人防套管出墙面,需采用钢木结合模板。

4.顶板、梁模板设计

梁模板采用15厚多层板做面板,用50 mm×100 mm木方做背楞,间距不大于300 mm,100 mm×100 mm木方作主龙骨,间距900 mm,钢管固定支撑。梁底设单排碗口支撑立杆,间距1 200 mm。

17

6.5　钢筋工程

①本工程在场区西北角设置一个钢筋加工厂,以满足施工队伍的钢筋加工需要。

②本工程直径≥16 mm 的钢筋均采用直螺纹接头机械连接,接头的加工、安装及检验应符合以下要求:

直螺纹接头的加工:接头的加工应经工艺检验合格后方可进行,钢筋的端部应切平或镦平后加工螺纹。钢筋丝头应满足企业标准中产品设计要求,公差应为 $0\sim2.0\,p$ (p 为螺距),丝头宜满足 6f 级精度要求,应用专用直螺纹量规检验,通规能顺利旋入并达到要求的拧入长度,止规旋入不得超过 $3\,p$。抽检数量 10%,检验合格率不应小于 95%。

直螺纹接头的安装:安装接头时可用管钳扳手拧紧,应使钢筋丝头在套筒中央位置相互顶紧。标准型接头安装后的外露螺纹不宜超过 $2\,p$。安装后应用扭力扳手校核拧紧扭矩,拧紧扭矩值应符合表 5 规定。

表 5　塔吊和架空线边线的最小安全距离

钢筋直径/mm	≤16	18~20	22~25	28~32	36~40
拧紧扭矩/(N·m)	100	200	260	320	360

直螺纹的检验与验收:接头安装前应检查连接件产品合格证及套筒表面生产批号标识,产品合格证应包括适用钢筋直径和接头性能等级、套筒类型、生产单位、生产日期以及可追溯产品原材料力学行动能和加工质量和生产批号。接头的现场检验应按验收批进行。同一施工条件下采用同一批材料的同等级、同型式、同规格接头,应以 500 个为一个验收批进行检验与验收,不足 500 个也应作为一个验收批。对接头的每一验收批,必须在工程结构中随机截取 3 个接头试件作抗拉强度试验,按设计要求的接头等级进行评定。当 3 个接头试件的抗拉强度均符合相应等级的强度要求时,该验收批应评为合格。如有 1 个试件的抗拉强度不符合要求,应再取 6 个试件进行复检。复检中如仍有 1 个试件的抗拉强度不符合要求,则该验收批应评为不合格。

钢筋连接工程开始前,应对不同钢筋生产厂的进场钢筋进行接头工艺检验,施工过程中,更换钢筋生产厂时,应补充进行工艺检验。工艺检验应符合以下规定:

每种规格钢筋的接头试件不应小于 3 根。

每根试件的抗拉强度和 3 根接头试件的残余变形的平均值均应符合《钢筋机械连接技术规程》(JGJ 107—2016)表 3.0.5 和表 3.0.7 的规定。

第一次工艺检验中 1 根试件抗拉强度或 3 根试件的残余变形平均值不合格时,允许再抽 3 根试件进行复检,复检仍不合格时判为工艺检验不合格。

③本工程采用钢筋原材必须符合施工规范及设计要求,钢筋原材料及接头按北京市要求标准取样送检试验,并按规定比例做见证试验,各主要部位水平和竖向结构(梁、板、柱、墙、基础底板等)钢筋种类及连接方式见表 6。

18

表 6　选用钢筋及连接方式列表

部位	钢筋类型、规格	
基础底板	Φ6、Φ10、Φ12、Φ12、Φ20、Φ22、Φ25、Φ28	
地下结构楼板	Φ6、Φ8、Φ10、Φ12、Φ14、Φ16	
汽车坡道	Φ6、Φ8、Φ12、Φ14	
地上结构楼板	Φ8、Φ10、Φ12	
地下室 （外墙）	竖向分布筋	水平分布筋
	Φ16、Φ22	Φ14
剪力墙 （内墙）	竖向分布筋	水平分布筋
	Φ14、Φ16	Φ10
框架柱、暗柱	竖向受力钢筋	箍筋
	Φ10、Φ12、Φ14、Φ16、Φ18、Φ20、Φ22、Φ25、Φ28、Φ32	Φ8、Φ10、Φ12
次梁、连梁	纵向受力钢筋	箍筋
	Φ14、Φ18、Φ20、Φ22、Φ25	Φ8、Φ10
框架梁	纵向受力钢筋	箍筋
	Φ12、Φ14、Φ25	Φ8

注：柱梁主筋当为同一梁柱或同一梁中时，宜采用相同的衔头方式。

④受力钢筋的最小锚固长度（l_{aE}）见表 7。

表 7　受力钢筋的最小锚固长度表

混凝土强度等级 钢筋种类与直径		二级抗震（l_{aE}）			三级抗震（l_{aE}）		
		C30	C35	≥C40	C30	C35	≥C40
HPB300		27 d	25 d	23 d	25 d	23 d	21 d
HRB335	$d \leqslant 25$	34 d	31 d	29 d	31 d	29 d	26 d
	$d > 25$	38 d	34 d	32 d	34 d	31 d	29 d
HRB400	$d \leqslant 25$	41 d	37 d	34 d	37 d	34 d	31d
	$d > 25$	45 d	41 d	38 d	41 d	38 d	34 d

⑤受力钢筋的最小搭接长度（l_{lE}）见表 8。

表 8　受力钢筋的最小搭接长度表

纵向受拉钢筋绑扎搭接长度 l_{lE}、l_l		注： 当不同直径的钢筋搭接时，其 l_{lE} 与 l_l 值按较小的直径计算。 在任何情况下，l_l 不得小于 300 mm。 式中 ζ 为搭接长度修正系数。
抗震	非抗震	
$l_{lE} = \zeta l_{aE}$	$l_l = \zeta l_a$	
纵向受拉钢筋搭接长度修正系数 ζ		
纵向钢筋搭接接头面积百分率/%	≤25	50	100
ζ	1.2	1.4	1.6

19

⑥钢筋保护层厚度及选用试块见表9。

表9　钢筋保护层厚度及选用试块表

序号	结构部位		保护层厚度	垫块类型
1	基础底板	板底	40	抗渗混凝土垫块
		板顶	40	—
2	地下室外墙	外侧	40	防水砂浆垫块
		内侧	15	砂浆垫块
		外侧	20	砂浆垫块
3	楼板、内墙	地下	15	砂浆垫块
		地上	15	
4	梁	纵筋	25	砂浆垫块
		箍筋	20	
5	柱	纵筋	30	砂浆垫块
		箍筋	20	

6.6　混凝土工程

①本工程结构混凝土全部采用预拌商品混凝土,由北京中实混凝土有限公司供应。混凝土供应前应由项目技术负责人组织,监理单位、建设单位共同参加,对供应本工程混凝土的搅拌站进行实地考察,确保搅拌站供应的商品混凝土符合以下要求:

拌制混凝土所用原材料及检验方法、检查数量必须符合国家相关规范、标准要求,水泥的质量必须符合国家标准《通用硅酸盐水泥》(GB 175—2007)的规定,严禁使用含氯化物的水泥。粗、细骨料的质量应符合现行标准《普通混凝土用碎石和卵石质量标准及检验方法》JGJ53、《普通混凝土用砂、石质量及检验方法标准(附条文说明)》(JGJ 52—2006)的规定。拌制用水水质应符合现行标准《混凝土用水标准(附条文说明)》(JGJ 63—2006)的规定。

外加剂的使用:混凝土中掺用外加剂的质量及应用技术应符合国家标准《混凝土外加剂》(GB 8076—2008)、《混凝土外加剂应用技术规范》(GB 50119—2013)等和有关环境保护的规定。

配合比设计:本工程所用商品混凝土应按现行标准《普通混凝土配合比设计规程》(JGJ 55—2011)的有关规定,根据混凝土强度等级、耐久性和工作性等要求进行配合比设计。对有特殊要求的混凝土,其配合比设计应符合国家现行有关标准的专门规定(见表10)。

表10　混凝土耐久性要求

结构部位	环境类别	最大水灰比	最小水泥用量	最大氯离子含量/%	最大碱含量/($kg \cdot m^{-3}$)
地上部分、地下室内墙、楼板	一	0.65	225	1.0	不限制
基础、地下室外墙	二 b	0.55	275	0.2	3.0

20

②基础底板采用地泵配合车载泵、汽车泵浇筑,其他部位采用地泵、混凝土斗进行浇筑施工。混凝土运输、浇筑及间歇的全部时间不应超过混凝土的初凝时间。混凝土进场后应由监理旁站专业试验员现场做坍落度试验,达到设计要求后方可进行浇筑作业,同一施工段的混凝土应连续浇筑,并应在底层混凝土初凝之前将上一层混凝土浇筑完毕。

③施工缝的留置位置留在结构受剪力较小且便于施工的部位:墙体及柱体水平施工缝留置在顶板底面或梁底面向上 30 mm 处和板顶面(墙体施工时留设好梁窝),地下二层外墙混凝土第一道水平施工缝在基础底板向上 300 mm,内墙留设在基础底板面上,地下外墙竖向施工缝留设在后浇带位置处,地下室内外墙竖向施工缝留设在外墙向内 25~30 cm 处。如果因特殊原因临时设置施工缝时,施工缝应留置在次梁跨度的中间 1/3 范围内,楼梯的施工缝留设在踏步板 1/3 位置处,施工缝的表面应与梁轴线或板面垂直,不准留斜槎。

④在留置施工缝处继续浇筑混凝土时,已浇筑的混凝土其抗压强度不应小于 1.2 MPa。在已硬化的混凝土表面上,应清除水泥薄膜和松动石子以及软弱混凝土层,剔凿至露出石子,并加以充分湿润和冲洗干净,不得积水。浇筑混凝土前,施工缝处宜先铺与混凝土成分相同的水泥砂浆一层。浇筑混凝土时应仔细振捣,使新旧混凝土紧密结合。

⑤混凝土立面、平面结构均采用浇水或覆盖养护的方法,并严格按清水混凝土的有关要求执行:应在浇筑完毕后的12 h 以内对混凝土保温养护。浇水次数应能保持混凝土处于湿润状态。普通混凝土浇水养护时间不得少于 7 d,抗渗混凝土浇水养护时间不得少于 14 d。

⑥混凝土拆模强度见表 11。

表 11 混凝土拆模强度表

结构类型	结构跨度	混凝土强度值
梁、板	<2 m	≥设计混凝土强度标准值百分率50%
	2≤8 m	≥设计混凝土强度标准值百分率75%
	>8 m	≥设计混凝土强度标准值百分率100%
悬臂构件	—	≥设计混凝土强度标准值百分率100%
内墙、柱	—	应能保证其表面及棱角不受损伤

⑦冬施要求:混凝土冬期施工,项目主要控制混凝土的场内运输,入模温度,混凝土的冬季保温、养护及测温等工作。保证混凝土在运输中,不得有表层冻结、混凝土离析、水泥砂浆流失、坍落度损失等现象,保证运输中混凝土降温速度不得超过 5 ℃/h。浇筑混凝土之前,模板及钢筋表面的冰雪、污垢应清除干净,在浇筑墙体混凝土时应检查钢模外侧保温材料是否齐全、有效,不齐全时须补充齐全后再浇筑混凝土。在浇筑楼面混凝土之前先将外墙门窗洞口封闭,以在板下升温,备足覆盖混凝土所用的保温材料,在浇筑混凝土过程中合理安排施工顺序,尽快铺料,在混凝土浇筑完毕后及时进行覆盖。为及时掌握并有效控制混凝土的内外温差,使其控制在 25 ℃ 以内,防止混凝土裂缝的产生,我们将对混凝土的温度进行监测。本工程将采用便携式电子测温仪测温。在混凝土浇筑时,即将预埋式测温线埋入混凝土中,待测温时将测温线与主机插接测得混凝土温度。在常温混凝土试块的基

础上增设 3 组同条件试块:用于临界强度判定一组。用于转入常温养护 28 天的强度,用于备用一组。养护条件与现场混凝土养护条件相同。采用综合蓄热养护法,保证混凝土不受冻。

⑧结构实体检验:结构实体检验应在监理工程师见证下,由施工项目技术负责人组织实施。结构实体检验的内容应包括混凝土强度、钢筋保护层厚度。对混凝土强度的检验,应以在混凝土浇筑地点制备并与结构实体同条件养护的试件强度为依据。

6.7 砌筑工程

1.地上外墙砌筑墙体

多采用 200 mm 厚大孔轻集料 BM 或同类型砌块砌筑,局部不易砌筑的地方采用轻钢龙骨防火石膏板包封,详见平面及墙身剖面图。

2.内隔墙

地下部分采用 200 mm 厚大孔轻集料 BM 砖或同类型砌块墙体,容重<1 000 kg/m³,详见图集《88JZ—18》/《10BJZ58》,构造做法仍参见图集 88J2—2(2005)《墙身-框架结构填充轻集料混凝土空心砌块》。防火墙采用 250 厚加气混凝土砌块,用 M10 砂浆砌筑。做法详见 88J2-3A《墙身-加气混凝土》。卫生间、厨房等有防水要求的房间内隔墙采用 100 厚轻集料砌块,用 M5 砂浆砌筑,墙根部做 C20 混凝土导墙,高度 150 mm。在散热器、厨房、卫生间等设备的卡具安装处砌筑的砌块,在施工前用 C20 混凝土将孔洞灌实。立管竖井处墙体采用 100 厚轻集料砌块墙体,应待立管安装后再砌筑。立管安装后应按结构图纸把楼板洞封堵严实。

3.工艺流程

墙体放线→制备砂浆→砌块排列→铺砂浆→砌块就位→校正→镶砖→竖缝灌砂浆→勒缝。

4.砌筑方法

砌砖宜采用铺灰砌砖法,即满铺满挤操作法。砌砖时砖要放平、跟线(200 墙单面挂线),"上跟线,下跟棱,左右相邻要对平"。砌体水平灰缝厚度一般为 15 mm,垂直灰缝宽度为 20 mm。每砌一皮砌块,就位校正后,用砂浆灌垂直缝,随后进行灰缝的勒缝(原浆勾缝),深度一般为 3~5 mm。墙体砌筑到梁或板下要待下部平砌砖墙沉实后,再斜砌剩余部分。

5.留槎

外墙转角处应同时砌筑。内外墙交接处必须留斜槎,槎子长度不应小于墙体高度的 2/3,槎子必须平直、通顺。分段位置应在门窗口角处。隔墙顶应用立砖斜砌挤紧。

6.预留孔洞和墙体拉结筋

门窗安装的预留洞、硬架支撑、暖卫管道均应按设计要求预留,不得事后剔凿。墙体抗震拉结筋的位置、钢筋规格、数量、间距长度、弯钩等均应按设计要求留置,不应错放、漏放。

7.构造柱做法

凡设有构造柱的地方,在砌砖前,先根据设计图纸将构造柱位置进行弹线,并把构造柱插筋处理顺直。砌多孔砖墙时与构造柱联结处砌成马牙槎,"三退三进,先退后进"。砖墙与构造柱之间应按设计要求用水平拉结钢筋连接,每边伸入墙内不应少于 1 m。

6.8 装饰、装修工程

1. 楼地面工程

楼地面部分执行《建筑地面设计规范》(GB 50037—2013)。凡有轻集料混凝土垫层的，材料配比不得随意改变，垫层的厚度只可增加以补足面层的差值。有找坡要求的地面，须按图放坡，保证排水通畅。留洞位置应严格按各专业图纸事先预留，不允有找后剔凿。地面装饰材料分格或铺贴应遵循居中对称原则，墙面应与地面对缝施工。楼地面构造交接处和地坪高度变化处，除图中另有注明者外均位于齐平门扇开启面处。楼地面施工应在地下管道、地沟、预埋件施工完成后进行。

2. 墙面及顶棚施工

砌筑墙面应抹灰平整，或刮腻子找平交活，再进行精装修。施工前明确分工交接部位，交活标准，处理交接手续后方可进入下道工序。不同材料墙体在粉刷前，应在交接处铺钉金属网，并绷紧牢固(饰面材料层薄者，粘贴针织网布)，金属网(针织布)与两边墙体搭接宽度不小于100。嵌入砌体、防火墙箱柜穿透墙体时，露明处应在箱体固定后，将背面墙洞采用相应耐火极限的防火板进行封堵，满足墙体自身的防火要求，再用钢板网封闭并粉刷。

设有抹灰的顶棚，现浇混凝土应确保拆模后平整光滑，无空鼓麻面时可直接刮腻子，有吊顶的顶棚应注意协调洞口、水、电等管道位置与标高，发生错碰时应与设计师协商，绝不允许随意降低吊顶高度。

3. 幕墙工程

①建筑幕墙的物理性能应满足《建筑幕墙》(GB/T 21086—2007)中的规定。幕墙用料、加工与安装必须符合以下行业技术规范、规程：《玻璃幕墙工程技术规范》(JGJ 102—2003)；《建筑玻璃应用技术规程》(JGJ 113—2015)；《建筑安全玻璃管理规定》(发改运行〔2003〕2116号)。

②本工程技术要求：风压变形性V级、空气渗透性Ⅱ级、雨水渗透性Ⅱ级、保温性Ⅲ级、隔声性Ⅱ级。玻璃幕墙距地面800 mm之内的安全玻璃应有安全防护抗撞击功能。

③幕墙与主体结构连接的预埋件应在主体结构施工时按幕墙公司的设计要求埋设，必须牢固、准确，不允许后补。基层墙体内部空腔及建筑幕墙与基层墙体、窗间墙、窗槛墙及裙墙之间的空间，应在每层楼板处采用防火封堵材料封堵，封堵形式见详图。

④玻璃幕墙承包商应考虑土建施工中可能产生的误差，并在建筑结构主体施工完成后对实际尺寸进行校核，调整原设计方案。玻璃幕墙承包商应考虑玻璃安装过程中接缝变形情况，确定玻璃及接缝的正确尺寸及形状。

⑤外廊等临空处均设置栏杆，高度为1 100；凡窗台高度<800的玻璃幕墙或外窗内，均加设防护栏杆，或于900高设置水平推力大于1 kN/m的横梃。

4. 门窗工程

①本楼外窗采用辐射率小于等于1.5LOW-E中空玻璃断桥铝合金窗。厚度为6(LOW-E镀膜玻璃)+12(空气间层)+6(厚白玻璃)，窗的传热系数不大于2.0 W/(m² · K)，综合遮阳系数经计算为0.352。

②所有门窗五金件均为不锈钢配件,窗的开启扇加隐形纱扇,玻璃与框连接采用优质硅酮密封胶,外门窗与墙体固定方法采用干法施工。

③除注明者外,外立面上所有金属制品(铝合金门窗、铝板、铝合金龙骨)外表面氟碳内表面为静电喷涂。木门及木装修详二次装修图。

④外门窗的物理性能要求:应达到现行国家标准《建筑外门窗气密、水密、抗风压性能检测方法》(GB/T 7106—2019)中的规定。不应低于以下标准:气密性能等级 6 级标准;水密性能等级 3 级标准;抗风压性能等级 4 级标准。门窗需由生产厂家按规定的风压强度采用核算和测试方法以确定基本窗和组合梃件的用料规格,确保符合变形和强度的安全要求。

⑤门窗立面及详图均表示洞口尺寸,门窗加工尺寸应按照装修面厚度予以调整。内门窗立樘,除特殊注明外,均居中安装,外门窗根据墙身详图确定安装位置。

⑥管道井检修门定位与管道井外墙表面平,管井门底距楼地面 100 mm 高,做 C15 混凝土门槛,宽同墙厚。厨房门在二次设计时需按《建筑设计防火规范(2018 年版)》(GB 50016—2014)为乙级防火门。卫生间,厨房的门底距装修完成地面留 30 mm 的缝隙。卫生间外窗玻璃为磨砂玻璃。

⑦防火墙上的门为甲级防火门,管道检修门为丙级防火门。空调机房、水泵房、变配电室等机房门为甲级防火隔音门,防火卷帘采用包括背火面温升作耐火极限判定条件的双层无纺布特级防火卷帘,其耐火极限不低于 3 h。一层及以上的防火卷帘尾板及导轨为不锈钢制作。幕墙的防火窗采用钢骨框包铝合金防火玻璃窗及钢龙骨,整体耐火极限应满足防火规范要求。除特殊注明者外,所有甲、乙级防火门(不包括检修门)均须安装闭门器,双扇的还应安装顺序器,水暖电等井道门为钢制丙级防火门。

⑧门窗需由生产厂家按规定的风压强度采用核算和测试方法以确定基本窗和组合梃件的用料规格,确保符合变形和强度的安全要求。

⑨门窗工程具体施工做法及其他要求详见《门窗工程施工方案》。

6.9 屋面工程

本工程屋面防水等级为 I 级,按功能不同分类,有种植屋面、上人屋面、不上人屋面 3 种屋面做法。施工中必须按照《屋面工程技术规范》(GB 50345—2012)中有关防水屋面、保温隔热屋面等项目的有关构造详图及施工要求进行施工。

1.种植屋面

①主要构造做法:种植土屋面的保温层采用 50 厚硬泡聚氨酯保温,上部防水构造采用 3 厚 BAC 双面自粘卷材加 4 厚 SBS 改性沥青耐根刺防水卷材,种植土下设置一道过滤布及塑料排水凸片,凸片向上(按覆土高度不同设置相应高度的凸片),具体构造做法详建筑图及图集《19BJ5-1》中相应做法。

②种植屋面挡墙施工时,留设的泄水孔位置应准确,并不得堵塞。

③种植屋面防水层施工必须符合设计要求,不得有渗漏现象。检验方法:蓄水至规定高度观察检查。进行蓄水试验是为了检验防水层的质量,经检验合格后方能进行覆盖种植介质。

24

2.普通上人及非上人屋面均采用倒置式屋面做法

①主要构造做法:防水层采用 3 厚 BAC 双面自粘卷材,卷材防水上做 100 mm 厚防水保温一体化硬泡聚氨酯Ⅲ型,0.4 厚聚氯乙烯塑料薄膜隔离层(不上人屋面不设置)。屋面面层采用陶瓷空心微珠为填料的陶瓷隔热保温涂料作为面层。具体构造做法详建筑图及图集《19BJ5-1》中相应做法。

②出屋面管道、设备基础、预埋件等应在防水层施工前完成,防水材料应上翻。按施工图有关节点详图施工或参考图集《19BJ5-1》中相应做法。

③天沟、檐沟的防水构造应符合下列要求:

a.沟内附加层在天沟、檐沟与屋面交接处宜空铺,空铺的宽度不应小于 200 mm。

b.卷材防水层应由沟底翻上至沟外檐顶部,卷材收头应用水泥钉固定,并用密封材料封严。

c.在天沟、檐沟与细石混凝土防水层的交接处,应留凹槽并用密封材料嵌填严密。

④檐口的防水构造应符合下列要求:

a.铺贴檐口 800 mm 范围内的卷材应采取满粘法。

b.卷材收头应压入凹槽,采用金属压条钉压,并用密封材料封口。

c.檐口下端应抹出鹰嘴和滴水槽。

⑤女儿墙泛水的防水构造应符合下列要求:

a.铺贴泛水处的卷材应采取满粘法。

b.混凝土墙上的卷材收头应采用金属压条钉压,并用密封材料封严。

⑥水落口的防水构造应符合下列要求:

a.水落口杯上口的标高应设置在沟底的最低处。

b.防水层贴入水落口杯内不应小于 50 mm。

c.水落口周围直径 500 mm 范围内的坡度小应小于 5%,并采用防水涂料或密封材料涂封,其厚度不应小于 2 mm。

d.水落口杯与基层接触处应留宽 20 mm、深 20 mm 凹槽,并嵌填密封材料。

⑦变形缝的防水构造应符合下列要求:

a.变形缝的泛水高度不应小于 250 mm。

b.变形缝内应填充聚苯乙烯泡沫塑料,上部填放衬垫材料,并用卷材封盖。

c.变形缝顶部应加扣混凝土或金属盖板,混凝土盖板的接缝应用密封材料嵌填。

⑧伸出屋面管道的防水构造应符合下列要求:

a.管道根部直径 500 mm 范围内,找平层应抹出高度不小于 30 mm 的圆台。

b.管道周围与平层或细石混凝土防水层之间,应预留 20 mm×20 mm 的凹槽,并用密封材料嵌填严密。

c.管道根部四周应增设附加层,宽度和高度均不应小于 300 mm。

d.管道上的防水层收头处应用金属箍紧固,并用密封材料封严。

⑨屋面工程其他质量要求。

a.防水层不得有渗漏或积水现象。

b.使用的材料应符合设计要求和质量标准的规定。

c.找平层表面应平整,不得有酥松、起砂、起皮现象。

d.保温层的厚度、含水率和表观应符合设计要求。

e.天沟、檐沟、泛水和变形缝等构造,应符合设计要求。

f.卷材铺贴方法和搭接顺序应符合设计要求,搭接宽度正确,接缝严密,不得有皱褶、鼓泡和翘边现象。

g.嵌缝密封材料应与两侧基层粘牢,密封部位光滑、平直,不得有开裂、鼓泡、下塌现象。

h.检查屋面有无渗漏、积水和排水系统是否畅通,应在雨后或持续淋水 2 h 后进行。有可能作蓄水检验的屋面,其蓄水时间不应少于 24 h。

6.10 季节性施工

1.冬期施工

(1)施工准备

组织管理人员学习冬施规范标准、进行冬施方案交底,进行防火、防触电的安全教育,提高冬施安全、质量、技术等意识,避免在冬施中造成损失,特别是后台操作人员、掺外加剂人员、试验工、计量工及测温人员,组织学习本工作范围内的有关操作规程知识,明确职责,测温人员及时测量大气温度并作好记录,密切关注天气预报,防止寒流的突然袭击。

(2)物资准备

物资准备见表 12。

表 12 物资准备表

序号	料具名称	单位	数量	备注
1	阻燃毛毡(满足北京市消防局的要求)	m^2	2 000	用于混凝土保温
2	塑料布	m^2	2 500	用于混凝土覆盖
3	彩条布	m^2	1 500	用于各种洞口封闭防风
4	电子温度计	支	2	经检验合格
5	普通温度计	支	20	测温
6	测温管	m	100	混凝土测温
7	加热水箱	个	1	泵管冲洗
8	暖风机	个	2	清除钢筋污雪
9	劳动保护用品(手套、棉大衣等)	套	50	作业人员防寒保暖
10	手电筒	个	10	夜间测温用

(3)主要施工方法

①钢筋工程。在负温条件下使用的钢筋,施工时应加强检验。钢筋在运输和加工过程中应防止撞击和刻痕。

26

钢筋冷拉温度不宜低于−15℃。钢筋负温冷拉方法可采用控制冷拉率方法,其冷拉率控制在 4%以内,在负温下冷拉后的钢筋,应逐根进行外观质量检查,其表面不得有裂纹和局部颈缩。

钢筋直螺纹丝头加工采用的冷却液(水溶性切削润滑液)须为防冻型。保证−20℃以上不受冻仍可使用。

混凝土在浇筑前,应用暖风机清除模板和钢筋上的冰雪和污垢。

②模板工程。本工程冬施期间均为地下工程施工,所用模板均为木模,进入冬施时为减慢混凝土入模后温度逐渐降低的速度,模板外侧必须进行保温。

顶板模板支完后,根据现场实际情况在浇筑混凝土之前对外侧柱间搭接脚手架、用彩条布将外侧全部封闭,即操作面下层全封闭。

模板拆除控制:在混凝土强度达受冻临界强度并冷却到 5 ℃后方可拆除。若墙体拆模后混凝土温度与环境温度温差大于 20 ℃时,拆模后的混凝土表面应继续覆盖保温,使其缓慢冷却。顶板模板的拆除以同条件养护试块的强度为准控制。其他模板的拆除控制参见表 13。

表 13　模板拆除控制参数

模板类型	结构跨度/m	同条件养护试块达设计的混凝土立方体抗压强度标准值的百分率/%	混凝土表面温度与外界环境温度差/℃
梁、板侧模	—	—	≤20
墙体模板	—	—	≤20
柱子模板	—	—	≤20
板底模	≤2	≥50	—
	>2,≤8	≥75	—
	>8	≥100	—
梁底模	≤8	≥75	—
	>8	≥100	—

③混凝土工程。本工程冬施混凝土均采用北京中实混凝土有限公司生产的商品混凝土,混凝土冬期施工应优先选用硅酸盐水泥和普通硅酸盐水泥。混凝土冬期施工,项目主要控制混凝土的场内运输,入模温度,混凝土的冬季保温、养护及测温等工作。

混凝土进场后,在浇筑混凝土前,必须安排专职试验人员会同监理单位旁站人员对混凝土质量进行检查,混凝土的坍落度及出罐温度必须符合要求方可进行浇筑。

浇筑混凝土之前,模板及钢筋表面的冰雪、污垢应清除干净,在浇筑墙体混凝土时应检查模板外侧保温材料是否齐全、有效,不齐全时须补充齐全后再浇筑混凝土。在浇筑楼面混凝土之前先将作业面及板下作业层外围封闭,备足覆盖混凝土所用的保温材料,在浇筑混凝土过程中合理安排施工顺序,尽快铺料,在混凝土浇筑完毕后及时进行覆盖。

a.混凝土试块留置。在常温混凝土试块的基础上[标养 28 天、同条件拆模、600°(C·d)实体检验]增设两组同条件试块:用于临界强度判定一组(对有抗渗要求的混凝土,不宜小于设计混凝土强度等级值的50%);用于同条件养护28天后转入标准养护28天的强度测定一组;养护条件与现场混凝土养护条件相同。

b.混凝土养护。采用综合蓄热养护法:少量防冻剂与蓄热保温相结合。

墙混凝土养护:先覆盖一层塑料布,再覆盖一层或二层干燥的阻燃毛毡,利用对拉螺栓孔,塞入小木条,用8#铅丝固定阻燃毛毡,上部也需要封闭严实。

顶板混凝土养护:先覆盖一层塑料布,然后覆盖一层或二层干燥的阻燃毛毡,阻燃毛毡块与块之间搭接不得少于10 cm,层与层搭接不得少于10 cm,初次收光时即边抹边覆盖,覆盖保温层必须及时,尽量减少热量和水分的损失,保证新浇筑混凝土的质量,对混凝土边角部位的保温厚度应增大2~3倍厚,保温层表面压方木或钢管,防止起大风时将保温材料刮走。

混凝土的强度达到临界强度且混凝土冷却到5 ℃以后及和环境温差不大于20 ℃,方可解除保温。

c.混凝土测温。测温孔应设在有代表性的结构部位和温度变化大易冷却的部位,如墙迎风面、板表面。

顶板:每流水段楼板设3个测温孔,孔深为板厚度的1/2,测温孔全部编号。

墙:每流水段墙体,设3个测温孔,孔深10 cm。

表14　现场测温安排

测温项目	测温条件	测温次数	测温时间
混凝土养护温度	临界强度前	昼夜12次	每2 h一次(根据浇筑时间)
	临界强度后	昼夜4次	每6 h一次(根据浇筑时间)
大气温度	布置在作业面及试验室门前	同养护测温	同养护测温
入模温度	现场实测	每一工作台班不少于4次	混凝土浇筑时

注:表中临界强度用同条件试块来判定。

2.雨期施工

①施工准备。平整现场场地,做好现场排水。以排为主,堵、抽为辅,排、抽、堵相结合。施工现场主要道路硬化处理,保证道路畅通无阻,保证路面不滑、不陷、不存水,做好道路两旁的排水设施。

大雨来临前,检查办公区、宿舍及材料库屋面有无漏水现象,对漏水的部位及时修补好;材料库房等做好地面加高处理,对于易受潮物品专门采取保护措施(架空或覆盖保护);检查食堂、厕所等的排水沟,及时疏通污水管道。

检修电气设备线路,测试接地保护和绝缘性能。并采取必要的防雨、防潮、防淹措施。配电箱、电闸箱及手持电动工具的漏电保护装置一定要安全可靠。雨期前应测试所有接地电阻,并记录。

检查基础牢固稳定状况,发现问题及时整改。

雨期施工中,在防雨防汛的同时,更要注意防止火灾发生,消防保卫部必须准备好消防器材,按有关规定设置,放在明显处并要经常检查。

28

②物资准备见表15。

表 15 物资准备表

序号	料具名称	规格	单位	数量
1	塑料薄膜	—	m²	500
2	雨衣	—	件	40
3	雨靴	—	双	40
4	绝缘手套	—	双	10
5	绝缘鞋	—	双	10
6	锹	—	把	40
7	镐	—	把	10
8	彩条布	100 m×2 m	m²	200
9	苫布	3 m×6 m	块	10
10	手推车	—	辆	20
11	对讲机	—	个	10
12	手电筒	—	个	20
13	编织袋	—	条	500
14	级配砂石	—	m³	200

③施工方法。基坑四周设挡水墙。在距基坑边 300 mm 处用砖砌一道挡水墙,比道路高 200 mm,防止路面雨水、施工污水流入基坑,挡水墙外做散水坡,坡度为 1%。并在雨期前期对基坑边坡稳定情况进行一次全面检查,发现问题立即加固或修补,防止坑上雨水灌入坑内。

清除坡顶周围 4 m 范围内所有堆放的材料,严禁超载堆放,以免由于堆载过大而引起边坡失稳,确保基坑安全。

边坡位移要定期观测,并做好水平位移观测记录。在雨季施工时,每次下雨以后,必须测量一次,并做好记录,发现水平位移突然增大等异常情况,立即上报相关部门采取加固措施。每次大雨过后,加大对降水井内的水位的观察,并做好记录,杜绝因为水位过高造成边坡溢水而导致边坡塌方的事故发生。

现场准备足够的编织袋与砂石料,以便发生塌坡事故后及时回填。

④安全保证措施。施工现场设专人维护电气线路和设备,保持其绝缘良好,收工时,要清理工作现场,切断各种机具设备的电源。防汛抢险救护小组定期组织活动(每周一次),学习有关防汛知识,提高人员素质,遇到险情会处理一般问题。大风、暴雨后,对电气线路等逐一加以检查,发现有松动、断线处应立即修理完善,方能继续施工。

做好防暑降温、开水供应及食堂饮食卫生工作。施工现场要准备应急药品。工地食堂中生食与熟食,原料与成品、半成品、食品与杂物严格分开。食堂管理应有健全的卫生管理制度,单位领导要负责,食堂的炊管人员必须按有关规定进行健康检查,并取得健康合格证。食品加工机械、用具、炊具、容器应有防蝇、防尘设备。食堂应有相应的更衣、消毒盥洗、采光、照明、通风和防蝇、防尘设备,以及通畅的上下水道。下雨时,禁止进行焊接,气割作业。操作人员带雨施工应穿好雨衣、雨裤及雨鞋。

七、施工现场平面布置图

根据本工程的特点:工程量不大,施工工期短,并结合施工现场实际情况,本着对施工现场合理利用,并有利于施工中的节约,以施工组织的科学理论为指导,精心设计施工总平面图,以此提出施工现场管理目标,并作为施工现场的管理依据,从而实现创建安全文明施工工地目标。

7.1 布置原则

根据本工程周围环境的特殊性,不但对噪声、粉尘要求非常严格,而且场地的交叉使用也是影响场地使用的一个关键因素。因此,现场平面布置应充分考虑各种环境因素及施工需要,布置时应遵循原则如下:

①现场平面随着工程施工进度进行布置和安排,阶段平面布置要与该时期的施工重点相适应。

②由于受场地的限制,在平面布置中应充分考虑好施工机械设备、办公、道路、现场出入口、临时堆放场地等的优化合理布置。

③施工材料堆放应尽量设在运输机械覆盖的范围内,以减少发生二次搬运为原则。

④中小型机械的布置,要处于安全环境中。

⑤临电电源、电线敷设要避开人流量大的楼梯及安全出口,以及容易被坠落物体打击的范围,电线尽量采用暗敷方式。

⑥本工程应着重加强现场安全管理力度,严格按照公司相关管理制度要求进行管理。

⑦本工程要重点加强环境保护和文明施工管理的力度,使工程现场远处于整洁、卫生、有序合理的状态。

⑧控制粉尘设施排污、废弃物处理及噪声设施的布置。

⑨充分利用现有的临建设施,尽量减少不必要的临建投入。

⑩设置便于大型运输车辆通行的现场道路并保证其可靠性。

⑪施工现场、生活区的设置应符合《北京市建设工程施工现场生活区设置和管理标准》《建设工程施工现场安全防护、场容卫生、环境保护及保卫消防标准》的规定。

7.2 施工机械现场布置

本工程施工机械的现场平面布置综合考虑了工程的现场情况,工程量及施工进度的要

30

求,以达到充分满足现场施工的目的。其具体布置详见施工平面布置图。

7.3　现场临时设施

现场临时设施以有利于施工现场管理,有利于施工中材料的运输、使用,根据施工现场拟建工程的位置及施工现场的具体情况进行合理现场临时布置。

临时设施包括大门、运输道路、钢筋堆场、木工棚、搅拌站棚、水泥罐、砂堆场、砌块堆场、周转材料堆场、灰膏池、门卫室、排水系统、临时水电管线等。

砂(石)堆场在 3 个方向砌挡墙以增加储量。

1.现场办公室、宿舍

在施工现场,采用 2 层彩钢临时房屋作为办公用房和职工宿舍。外施队伍工人宿舍在场地北侧设置 2 层菱镁板临时房屋,具体位置和面积见平面布置图。

2.食堂、库房、试验室、警卫室,食堂设隔油池

现场设置一个大门,在场地东侧,大门处设置警卫室。库房、实验室、食堂等设置在场地北侧搭建。食堂旁边设隔油池。

3.临时厕所

在现场搭建一座 20 个蹲位的临时厕所即可满足使用要求,由专人进行定期清扫、消毒,保证施工现场的文明施工。

4.现场道路、料场

为满足施工过程中大型运输车行驶的需要,在施工现场铺 5 m 宽 100 厚的 C10 混凝土道路,由中间向两边放坡;其他地面铺设石子,基本做到黄土不露天;并且每天用水铺洒路面,避免尘土飞扬。

7.4　施工垃圾的处理

现场施工垃圾采用层层清理,集中堆放,专人管理,统一清运的办法。

7.5　施工用电、水、道路

在施工场地设总配电房一间,施工用水、电由甲方接通到现场。施工道路按甲方指定的路进入现场。

施工现场设专用施工道路,沿建筑周边及道路两侧设排水沟及沉砂井,场地污水经沉砂井沉淀后由甲方指定点排出场外,沉砂井定期清理。施工现场临时道路地面压实后铺 8 cm 厚 C20 混凝土,其他堆场地面、加工场区地面平整夯实后浇注 C15 混凝土 8 cm 厚。

各临时设施的施工平面布置详见附件 2 施工平面布置图。

31

八、施工技术保障措施

8.1 保证质量措施

8.1.1 钢筋工程

钢筋工程是结构工程质量的关键,要求进场材料必须由合格分供方提供,并经过具有相应资质的试验室检验合格后方可使用。在施工过程中需对钢筋的绑扎、定位、清理等工序采用规矩化、工具化、系统化控制。钢筋绑扎实测项目见表16。

表 16　钢筋绑扎实测项目

项次	项目		允许偏差/mm		检查方法
			国家规范标准	结构长城杯验收标准	
1	网的长度、宽度		±10		尺量检查
2	箍筋、构造筋间距		±20	±10	尺量连续3档取其最大值
3	绑扎网眼尺寸				
4	骨架宽度、高度		±5		尺量检查
5	骨架长度		±10		
6	受力主筋	间距	±10		量两端中间各一点取最大值
		排距	±5		
		弯起点位置	20	±15	尺量检查
7	受力筋保护层	基础	±10	±5	
		柱、梁	±5	±3	
		墙、板	±3		
8	焊接预埋件	中心位置	5		
		平整度	+3,0		
9	直螺纹连接	外露整扣	1个	≥1个	目　测
		外露半扣	—	≥3个	
10	梁板受力钢筋搭接锚固长度	入支座、节点搭接	—	+10、-5	尺量检查
		入支座、节点锚固	—	±5	
11	无粘结筋位置垂直偏差	板内	±5		尺量
		梁内	±10	±5	
		垂直度	—	0	

具体控制措施:

①为保证钢筋与混凝土的有效粘结合,防止钢筋污染,在混凝土浇筑后均要求工人立即清理钢筋上的混凝土浆,避免其凝固后难以清除。

32

②为有效控制钢筋的绑扎间距,在绑板、墙筋时均要求操作工人先划线后绑扎。

③工人在浇筑墙体混凝土前安放固定钢筋,确保浇筑混凝土后钢筋不偏位。

④在钢筋工程中,我们总结和研究制订了一整套钢筋定位措施,能根治钢筋偏位这一建筑顽症。通过垫块保证钢筋保护层厚度;钢筋卡具控制钢筋排距和纵、横间距。

⑤钢筋绑扎后,只有土建和安装质量检查员均确定合格后,经监理检验合格后方可进行下道工序的施工。

8.1.2 模板工程

模板体系的选择在很大程度上决定着混凝土最终观感质量。本项目对模板工程进行了大量的研究和试验,对模板体系的选择、拼装、加工等方面都已趋于完善、系统,能够较好地控制了模板的胀模、漏浆、变形、错台等质量通病。模板工程允许偏差项目见表17。

表 17 模板工程允许偏差项目

项目		允许偏差/mm		检查方法
		国家规范标准	结构长城杯验收标准	
轴线位移	柱墙梁	5	3	钢尺
底模上表面标高		±5	±3	水准仪或拉线、钢尺
截面内部尺寸	基础	±10	±5	钢尺
	柱、墙、梁	+4,-5	±3	钢尺
层高垂直度	不大于 5 m	6	3	经纬仪或吊线、钢尺
	大于 5 m	8	5	经纬仪或吊线、钢尺
相邻两板表面高低差		2	2	钢尺
表面平整度		5	2	2 m 靠尺和塞尺
阴阳角	方正	—	2	方尺、塞尺
	顺直	—	2	线尺
预埋铁件中心线位移		3	2	拉尺、尺量
预埋管、螺栓	中心线位移	3	2	拉尺、尺量
	螺栓外露长度	+10,-0	+5,-0	
预留孔洞	中心线位移	+10	5	拉尺、尺量
	尺寸	+10,0	+5,-0	
门窗洞口	中心线位移	—	3	拉线、尺量
	宽、高	—	±5	
	对角线	—	6	
插筋	中心线位移	5	5	尺量

模板质量具体控制措施:

①为保证模板最终支设效果,模板支设前均要求测量定位,确定好每块模板的位置。

33

②通过完善的模板体系和先进的拼装技术保证模板工程的质量。

8.1.3　混凝土工程

为保证工程质量,选用有信誉、质量有保障的商品混凝土供应商,提供优质的商品混凝土。在施工中采用流程化管理,严格控制混凝土各项指标,浇筑后成品保护措施严密,每个过程都存有完整记录,责任划分细致,配合模板体系后,保证了混凝土工程内坚外美的效果。混凝土工程允许偏差项目见表18。

表18　混凝土工程允许偏差项目

项次	项目		允许偏差/mm		检查方法
			国家规范标准	结构长城杯验收标准	
1	轴线位移	基础	15	10	尺量
		独立基础	10	10	尺量
		墙、柱、梁	8	5	尺量
2	垂直度	层高≤5 m	8	5	经纬仪 吊线 尺量
		层高>5 m	10	8	
		全高(H)	$H/1\,000$,且≤30	$H/1\,000$,且≤30	
3	标高	层高	±10	±5	水准仪、尺量
		全高	±30	±30	水准仪、尺量
4	截面尺寸	基础宽、高	+8,−5	±5	尺量
		墙、柱、梁宽、高	+8,−5	±3	尺量
5	表面平整度		8	3	2 m 靠尺和塞尺
6	角、线顺直度		—	3	拉线、尺量
7	保护层厚度	基础	—	±5	尺量
		柱、梁、板、墙	—	+5,−3	
8	楼梯踏步板宽度、高度		—	±3	尺量
9	电梯井筒	筒长、宽对定位中心线	+25,−0	+20,−0	经纬仪、尺量
		筒全高(H)垂直度	$H/1\,000$,且≤30	$H/1\,000$,且≤30	经纬仪和尺量
10	阳台、雨罩位置		—	±5	吊线、尺量
11	预留孔、洞中心线位置		15	10	尺量

质量控制的具体措施:

①混凝土到场后必须每车检测坍落度,并做好记录。同时记录混凝土的出厂时间、进场时间、开始浇筑时间、浇筑完成时间,以保证混凝土的质量浇筑的整体性。

②浇筑混凝土时为保证混凝土分层厚度,制作有刻度的尺杆。晚间施工时还配备足够照明,以便给操作者全面的质量控制工具。

③混凝土浇筑后做出明显的标识,以避免混凝土强度上升期间的损坏。

34

④为保证混凝土拆模强度,从下料口取混凝土制作同条件试块,并用钢筋笼保护好,与该处混凝土同等条件进行养护,拆模前先试验同条件试块强度,如达到拆模强度方可拆模。

8.1.4 砌筑工程

砖砌体尺寸、位置的允许偏差见表 19。

表 19 砖砌体尺寸、位置的允许偏差

项次	项目			允许偏差/mm		检查方法
				国家规范标准	结构长城杯验收标准	
1	轴线位移			10	10	尺量
2	标高	基础顶面		±15	±10	水准仪或拉线尺量
		楼面		±15	±15	
3	垂直度	每层		5	5	经纬仪 吊线、尺量
		全高	≤10 m	10	8	
			>10 m	20	15	
4	表面平整度			8	5	用 2 m 靠尺和楔形塞尺检查
5	门窗洞口	高、宽		±5	±5	拉线、尺量
		上下口偏移		20	10	
6	水平灰缝			10	7	拉线、尺量

质量控制的具体措施:

①测量放出主轴线,砌筑施工人员弹好墙线、边线及门窗洞口的位置。

②墙体砌筑时应单面挂线,每层砌筑时应穿线看平,墙面应随时用靠尺校正平整度、垂直度。

③墙体每天砌筑高度不宜超过 1.8 m。

④注意配合墙内管线安装。

⑤墙体拉结筋按照图纸施工。

⑥横平竖直,砂浆饱满,错缝搭接,接槎可靠。

8.2 安全文明施工措施

8.2.1 安全生产组织机构

安全生产是本工程施工过程中必须始终常抓的大事,为切实做到安全施工,项目经理是工程施工安全第一责任人的原则,并在项目经理部成立之后建立安全工作小组。

8.2.2 安全用电管理措施

①电源从建设单位配电室中引出,接入施工现场总配电箱中,在现场分设主干线、分路供电、分柜控制,在每个施工段里,均设有为小型施工机械供电的电源箱。施工现场总箱、开关箱、设备负荷线路末端处设置两级漏电保护器,并具有分级保护的功能,防止发生意外伤害事故。

35

②现场电源电缆埋入地下 50 cm 深,线路采用三相五线制,并进行保护接零,所有保护线末端均作重复接地。

③施工现场实行分级配电,动力配电箱与照明配电箱分别设置。分配电箱与开关箱距离不超过 30 m,开关箱与所控设备水平距离不超过 3 m。

④开关箱内设一机一闸,每台用电设备有自己的开关箱。

⑤施工现场的配电箱安装要端正、牢固,楼层的移动电箱要装在固定的支架上,固定配电箱距地面 1.8 m,移动配电箱距地 1.6 m。

⑥配电箱内的各种电器应按规定紧固在安装板上,箱外架空线及箱内线采用绝缘导线,绑扎成束,并固定在板上。

8.2.3 现场保卫治安安全措施

①现场设立由 8 人组成的现场治安保卫小组,其中由一人担任组长。夜间轮流巡逻,重点是仓库、工棚、现场机械设备、成品、半成品等。

②门卫值班室,由 3 人轮流值班,白天对外来人员和进出车辆及所有进出物资登记,凭证件出入,夜间值班护场。

③加强对外来民工的管理,入住现场民工检验其身份证,并办理暂住证,非本工程的施工人员不得住在施工现场,特殊情况需保卫科负责人批准。施工现场建立门卫和巡逻护场制度,护厂人员佩戴执勤标志。

④办公区、宿舍、食堂设专人管理,制订防范措施,防火、防爆、防毒、防盗,严禁赌博,打架斗殴。

8.2.4 施工现场机械设备安全措施

①现场机械设备的安全必须符合有关验收标准。

②现场机械设备的使用操作必须符合有关操作规程。

③机械设备操作人员必须持上岗证。

④经常注意现场机械设备检查、维修、养护,严禁机械带病作业,超期限作业。

⑤尤其注意本工程现场塔吊,施工井架的防雷、避雷装置有效齐全。

⑥现场各类机械操作人员在施工前要进行书面安全技术交底。对使用各种机械及小型电动工具的人员,先培训,后操作,由专人现场指导,对违章操作的人,应立即停止并严肃批评。

⑦每周由项目经理组织有关施工人员对现场机械安全措施的落实情况进行检查。

8.2.5 建筑施工安全措施

①现场各级管理人员认真贯彻"预防为主,安全第一"的方针,严格遵守各项安全技术措施,对进入施工现场的人员进行安全教育,树立安全第一的思想。

②各项施工班组应做好前进、班后的安全教育检查工作,安全文字交底,并实行安全值班制度,做好安全记录,施工现场设专职安全员。

③进入施工现场的施工人员注意使用"三宝"(安全帽、安全带、安全网)。不戴安全帽不准进入施工现场。

④对本工程的"四口"(楼梯口、电梯井口、预留洞口、通道口)要焊接铁栅栏门或者用钢管架进行围护,并悬挂警示牌。

⑤楼梯踏步及休息平台要设置防护栏杆,立面悬挂安全网。

⑥本工程底层四周及建筑物出入口处搭设防护棚。

⑦外侧钢管架要制订搭设方案,对施工人员要进行文字交底和专人管维修理。

⑧高处作业时严禁抛投物料。

⑨各分部分项工程施工前,必须进行书面的安全技术交底,项目经理每周组织一次检查。

8.2.6 消防保卫管理措施

①严格遵守有关消防、保卫方面的法律、法规,配备专、兼职消防保卫人员,制订有关消防保卫管理制度,完善消防设施,消除事故隐患。

②现场设有消防管道、消防栓,楼层内设有消防栓,并由专人负责,定期检查,保证完好备用。

③坚持现场用火审批制度,电气焊工作要有灭火器材,操作岗位上禁止吸烟,对易燃、易爆物品的使用要按规定执行,指定专人设库存放分类管理。

④新工人进场要和安全教育一起进行防火教育,重点工作设消防保卫人员,施工现场值勤人员昼夜值班。

⑤把消防安全、保卫工作在此项目上提高到政治影响的高度上去考虑,现场杜绝出现安全隐患,这是进入现场施工压倒一切的重要工作。

⑥工地成立义务消防队,设专人负责此项工作,并制订相应的消防措施及责任制。制订例会制度,定期进行消防教育,并作好记录,认真落实责任制。

⑦现场配备消防器材,并设立明显标志。消防器材要经常维修保养,保证使用时灵活有效。任何人不得随意动用消防器材。任何人不得在现场内吸烟,对违禁者实施重罚,并清退出场。任何地方不得堆放杂物,保持消防通道的畅通。

⑧施工操作人员要认真遵守防火安全交底和操作规程。必须牢记火警电话 119,并在工地显要位置设置 119 火警标志。

⑨不得乱拉电源,未经许可不得使用大功率电热器具,电焊要双线到位,不得以钢筋、铁件当回路电线,以防火灾。

⑩进场的易燃、易爆物品,应设专库由专人负责保管,严格履行进出库手续,防止各种不安全事故发生。

⑪在装修施工时,凡使用易燃材料作业的场所,必须配置灭火器。凡容易被盗的装修材料,要采取交工前一次性安装的措施,不能最后安装的,要随层随进度分层、分区派人看管。

⑫现场设置门卫,并制订施工现场管理措施,加强对民工队的管理,掌握进场人数并办理暂住证,建立治安组,尤其是现场要害部位要制订保卫措施,确保安全。非施工人员不得住在现场,施工现场内严禁赌博、酗酒、传看淫秽物品和打架斗殴。

8.2.7 本工程的施工安全问题、危险点及采取的措施

(1)楼梯口、电梯井口防护

《建筑施工高处作业安全技术规范》(JGJ 80—2016)规定:进行洞口作业以及因工程工序需要而产生的,使人与物有坠落危险或危及人身安全的其他洞口进行高处作业时,必须按规定设置防护设施。

楼梯口应设置防护栏杆;电梯井口除设置固定栅门外(门栅网格的间距不应大于15 cm),还应在电梯井内每隔两层(不大于 10 m)设置一道安全平网。平网内无杂物,网与井壁间隙不大于 10 cm。当防护高度超过一个标准层时,不得采用支手板等硬质材料做水平防护。

防护栏杆、防护栅门应符合规范规定,整齐牢固,与现场规范化管理相适应。防护设施应在施工组织设计中有设计、有图纸,并经验收形成工具化、定型化的防护用具,安全可靠、整齐美观,周转使用。

(2)预留洞口、坑、井防护

按照《建筑施工高处作业安全技术规范》(JGJ 80—2016)规定,对孔洞口(水平孔洞短边尺寸大于 2.5 cm 的,竖向孔洞高度大于 75 cm 的)都要进行防护。

各类洞口的防护具体做法,应针对洞口大小及作业条件,在施工组织设计中分别进行设计规定,并在一个单位或在一个施工现场中形成定型化,不允许由作业人员随意找材料盖上的临时做法,防止由于不严密不牢固而存在事故隐患。

较小的洞口可临时砌列或用定型盖板盖严;较大的洞口可采用贯穿于混凝土板内的钢筋构成防护网,上面满铺竹笆或脚手板;边长在 1.5 m 以上的洞口,张挂安全平网并在四周设防护栏杆或按作业条件设计更合理的防护措施。

(3)通道口防护

在建工程地面入口处和施工现场在施工程人员流动密集的通道上方应设置防护棚,防止因落物产生的物体打击事故。

防护棚顶部材料可采用 5 cm 厚木板或相当于 5 cm 厚木板强度的其他材料,两侧应沿栏杆架用密目式安全网封严。出入口处防护棚的长度应视建筑物的高度而定,符合坠落半径的尺寸要求。建筑高度 $h=2\sim5$ m 时,坠落半径 R 为 2 m。建筑高度 $h=5\sim15$ m 时,坠落半径 R 为 3 m。

8.3 降低成本措施

(1)严把加工订货、材料计划关

根据预算部门的材料分析,编制单位工程月材料采购计划,加工订货由专人负责,编制具体详细的加工图,预算、器材、技术等部门采用计算机网络化管理,实行多级把关,确保材料数量、规格、型号正确。

(2)严把材料采购关

除规定统一采购的材料(包括水泥、钢材、外加剂等)外,其余都通过材料供应商招标,在确保质量、价格合理、手续齐全的前提下选用,以真正做到优质优价。

（3）严把进场材料管理关

进场材料由专人负责管理，严格执行材料领用计划；加强成本管理，预算、器材、技术等部门采用微机网络化管理。采用现场搅拌混凝土节约材料费。

（4）组织技术攻关小组

在保证满足使用要求和设计意图的前提下，对施工方案优化技术经济指标，节省造价。

（5）编制优化施工方案

根据设计要求及工程特点，编制经优化的各分项工程施工方案，提高机械化作业水平，提高生产率。

（6）均衡流水施工工艺

运用均衡流水施工工艺划分流水段，施工过程中特别是装修阶段，合理科学安排工序样板引路，一次成优。采取"平面流水，立体交叉"法，科学组织，确保各阶段计划的落实。参照施工预算提供的材料设备数量，结合施工进度计划，合理安排材料设备进场时间，减少对大型机械、周转材料、资金的占用，同时降低保管费用。

（7）综合管理

①尽量堆放在塔吊回转半径内，减少二次搬运。

②减少暂设的投入量，利用盒子房和原有设施。

③土方工程由本公司内部承担，可降低部分费用。

④工期提前，减少周转材料、机械设备等使用周期，降低了成本。

8.4　季节性施工措施

8.4.1　冬季施工

当室外日平均气温连续 5 天稳定低于 5 ℃即进入冬期施工；当室外日平均气温连续 5 天高于 5 ℃时解除冬期施工。遵循"因地制宜、方便施工、节约能源、经济合理"的原则，制订技术先进、合理可行的冬期施工方案。该工程特点是单层面积大，结构复杂，质量要求高，冬施意义重大。

根据北京市地区的气候特点，工程预计将于 11 月 15 日进入冬期施工，涉及的冬期施工有主体结构工程和装修工程，本工程采用综合蓄热法。

1.冬季施工技术准备工作

①冬季施工一般规定：坚持提前一周电话查询和每天收听天气预报，密切注意天气变化，进行生产安排时一定要考虑天气情况对工序的影响。安排专人进行气温观测并作记录，及时接收天气预报，防止寒流突然袭击。

②凡日平均气温连续五天低于−5 ℃时，即进入冬期施工。北京地区一般在每年 11 月 15 日—次年 3 月 15 日为冬施期。

③成立以项目经理、主任工程师挂帅的冬施领导小组，结合工程的特点，全面布置冬施各项工作，以确保冬期质量。

④组织工程各部门管理人员、试验人员及外包队骨干学习冬施规范，熟悉各自职责、任务，并加强质量教育，并向操作工人现场交底。

⑤成立冬施安全防火领导小组，昼夜值班，发现隐患马上解决。

⑥冬施前认真查看现场总平面布置图、平面临水布置图（临时排水沟、临水管线等）及相关资料，了解各类临时地下地上管线、管沟平面位置及标高，找出要加深的地下管线、要保温的地上管线及要保温的管沟等，并按施工方案保温。

2.冬季施工生产准备工作

①保证室外工程施工的各项措施：现场施工用水管道、消防水管接口要用管道保温瓦进行保温，防止冻坏。

②冬季施工安全措施：凡使用的取暖炉，必须符合要求，经安全检查合格后方能投入使用，并注意防止煤气中毒。

③通道等要采取防滑措施，要及时清扫通道上的霜冻、冰块及积雪，防止滑倒出现意外事故。

④冬期风大，物件要做相应固定，防止被风刮倒或吹落伤人。机械设备按操作规程要求，五级风以上塔吊应停止工作。

⑤高空作业人员不得穿硬底及带钉的鞋，必须衣着灵便，所有高空作业人员必须系挂安全带。

⑥外加剂与水泥分类堆放并建立领发制度，实行专门管理，标明品名，防止错用。配制外加剂的人员，佩戴好防护用具。

⑦保温材料必须符合环保和消防要求。

⑧大雪后必须将架子上的积雪清扫干净，并检查有无松动下沉现象，务必及时处理。施工使用电气焊作业，应严格遵守消防规定。电源开关、控制箱等要加锁，并由电工专门管理，防止漏电触电。易燃性材料及辅助材料库和现场严禁烟火并配备足够的灭火器。

8.4.2 雨季施工

1.雨季施工技术准备工作

（1）雨季施工前认真查阅施工图纸、方案及相关的安全质量规范，认真查看现场总平面布置图、平面临水临电布置图，找出雨季施工中要进行的分项工程及所用的人、机、料、施工工艺、安全质量施工注意点等。

（2）雨季施工前认真组织有关人员分析雨季施工生产计划，根据雨季施工项目编制雨季施工措施，所需材料要在雨季来临前准备好。

（3）成立防汛领导小组，制订防汛计划和紧急预案措施，其中包括现场和与施工有关的周边地区。

2.雨季施工生产准备工作

（1）夜间设专职值班人员，保证昼夜有人值班并做好值班记录，同时要设置天气预报员，负责收听和发布天气情况。应做好施工人员的雨期施工培训工作，组织相关人员进行一次全面检查，施工现场的准备工作，包括临时设施、临电、机械设备防护等项工作。

（2）检查施工现场及生产生活基地的排水设施，疏通各种排水管道，清理排水口，保证雨天排水通畅。

40

（3）现场道路两旁设排水沟,保证路面不积水;随时清理现场障碍物,保持现场道路畅通。道路两旁一定范围内堆放的物品,高度不宜超过 1.5m,保证视野开阔,道路畅通。

（4）检查外用电梯基础是否牢固,脚手架立杆支座必须设置垫木或混凝土垫块,并加设扫地杆,同时保证排水良好,避免积水浸泡。

（5）施工现场的工棚、仓库、食堂、办公等暂设工程应在雨期前进行全面检查和整修,保证基础、道路不塌陷,房间不漏雨,场区不积水。

（6）在雨期到来前,做好各高耸构件防雷装置,在雨期前要对避雷装置做一次全面检查,确保防雷安全。

（7）在雨季,应注意外用电梯的固定和防雷。

附:1.施工平面图
　　2.施工进度计划表

41

8.1.5　任务总结

从施工的角度看,单位工程施工组织设计是科学组织单位工程施工的重要技术、经济文件,也是建筑企业实现管理科学化,特别是施工现场管理的重要措施之一。同时,它也是指导施工和施工准备工作的技术文件,是现场组织施工的计划书、任务书和指导书。在编制单位工程施工组织设计过程中要做好施工现场等相关资料的调查工作,重点是编制施工组织设计"一图一案一表"的三大核心内容。

参考文献

[1] 李思康,李宁,冯亚娟.BIM 施工组织设计[M].北京:化学工业出版社,2018.

[2] 朱溢镕,李宁,陈家志.BIM5D 协同项目管理[M].北京:化学工业出版社,2019.

[3] 鄢维峰,印宝权.建筑工程施工组织设计[M].2 版.北京:北京大学出版社,2018.

[4] 张洁.施工组织设计[M].2 版.北京:机械工业出版社,2017.